기초

식품화학

기초

식품화학

안덕준 저

보무각

안덕준

연세대학교 식품공학과 학사 졸업
미국 뉴저지 주립대 식품과학과 식품포장학 전공 석사
미국 뉴저지 주립대 식품과학과 식품포장학 전공 박사
선문대학교 식품과학과 교수

기초
식품화학

초판발행 2014년 1월 20일
초판인쇄 2014년 1월 15일

지은이 안덕준
펴낸이 이호동
발행처 보문각
블로그 http://blog.naver.com/bomungak
e-mail bomungak@naver.com
주소 서울시 광진구 구의동 26-20 프레빌 201호
등록번호 302-2003-00085
전화 02)468-0457
팩스 02)468-0458

값 13,000원

ISBN 978-89-6220-199-4 93570

머리말

과거와 현재의 산업이 발전해 나가는 방향을 생각해보면 그 발전 속도가 빠르다는 것과 함께 많은 유행을 따라간다는 점을 발견하게 된다. 또한 그 추세는 점점 빨라지고 있으며 어쩌면 우리의 능력은 그 변화와 발전 속도를 따라가기에 부족할 수도 있다. 그러한 산업의 특징 가운데서 꾸준하면서도 지속적으로 성장하는 분야가 있다면 그것은 식품산업이라고 생각된다. 급속한 경제발전시기에 우리는 식품산업을 발전 가능성이 크지 않고 속도도 느리기 때문에 중요한 산업으로 여기지 않는 경우도 있었다. 그러나 경제가 어느 수준에 도달하고 양적인 팽창보다 질적인 향상에 초점을 맞추는 상황에서 식품산업의 바로 그 지속성과 꾸준함이 주목받고 있으며 이런 현상은 식품 분야 특히 식품과학과 식품산업의 중요성을 더욱 높여주고 있다.

이러한 국가경제의 추세 변화와 함께 일반인들의 생활패턴의 변화는 식품산업의 변화와 발전을 그저 부차적인 중요성으로 보는 것이 아니라 선도적이고 일차적인 중요성을 부여 받는 산업으로 변모시키고 있다. 우리보다 앞서서 산업화를 이루고 지금은 조정 국면 또는 안정화 국면의 사회를 이루고 있는 선진국에서의 식품산업의 중요성이 날로 커지고 있는 상황은 유사한 경제 상황을 맞이하게 될 우리에게 식품산업에 대한 선제적인 관심과 투자 그리고 심층적인 연구를 요구하고 있다.

식품산업의 기초를 튼튼하게 하는데 핵심이 되는 것은 젊은 학생들의 식품에 대한 관심을 높이고 그들이 식품을 쉽고 바르게 이해하도록 도와주는 것이 기본이 될 것이다. 이러한 생각을 바탕으로 저자는 식품과학 분야의 핵심이라고 할 수 있는 식품화학 분야를 식품을 전공하는 학생들이 쉽게 이해하고 관심을 가질 수 있도록 기존의 단순암기식 서술방식과 달리 강의를 듣는 방식으로, 즉 많은 설명을 곁들이는 이해에 중심을 두는 저술방식으로 출판하고자 한다.

이번에 출판하는 기초식품화학이 식품을 전공하는 많은 식품 꿈나무들에게 식품이 어려운 분야가 아니고 재미있고 흥미로운 분야라는 인식을 주기를 희망한다.

저자 씀

목 차

contents

제 1 장

식품산업의 발전방향

식량 자원이 충분하지 못한 우리나라의 자연적인 조건에서 현재와 같은 풍부한 식생활을 누릴 수 있는 가장 큰 원인은 가공식품 산업의 급속한 발전이라고 할 수 있다. 국내의 식품산업은 국내에서 생산되는 원재료뿐만 아니라 해외의 다양한 재료를 수입해 이를 가공 처리하여 부가가치를 높여 국내외의 수요에 신속하게 대응하고 있다. 이를 바탕으로 국내의 단순한 식량 수요를 충족시키는 것은 물론이고 가공 기술의 발전으로 맛과 저장기간 그리고 건강기능까지 포함한 다양한 식품군들을 생산해내고 있다. 또한 이런 기술 발전은 외국 식품시장 개척에도 성공을 거두어서 해외 교포들을 상대하던 소극적 마케팅에서 외국인들의 기호까지 고려하는 적극적인 마케팅으로 식품산업의 수출 산업화에도 크게 기여하고 있다.

이미 진행되고 있는 세계 각국과의 자유무역협정을 통한 교역의 자유화는 불가피하게 해외의 풍부하고 저렴한 식품 원료들을 수입할 수 있는 기회를 식품 업계에 제공하고 있다. 이것은 역설적으로 국내의 앞선 식품가공 및 저장기술을 활용하여 다양한 식품을 대량생산할 수 있는 기회를 제공하고 있으며 그 추세는 더욱 더 확대될 것이다. 더구나 최근에 세계 각국에 불고 있는 한류 바람은 한식의 세계화를 더욱 급속도로 확대 · 발전시키고 있으며 이를 통한 우리 가공식품에 대한 수요 증대와 고급제품으로의 인식은 우리 식품산업을 자동차와 전자산업에 버금가는 대한민국의 대표 산업으로 키우고 있다.

이러한 호기를 맞고 있는 식품 업계는 현재의 발전에 머무르지 않고 그동안의 양적인 대량생산 체제방식에 더해서 제품의 가치를 높인 고부가가치 제품과 식품 이용의 편리성을 높인 즉석식품, 그리고 웰빙시대에 적합한 건강기능식품 개발에 초점을 맞추고 있다.

1. 고부가치화

소득 수준의 급격한 향상 그리고 이에 따른 소비자의 품질에 대한 높은 기대는 기업의 가공식품 개발의 가능성과 폭을 더욱 넓히고 있다. 1980년대까지 우리나라 소비자의 식품 소비패턴은 특정한 제품에 대한 가격 저항성이 매우 커서 그 이상의 가격의 고품질 제품을 생산하기가 매우 어려웠던 것이 현실이었다. 한 예로 대량생산된 아이스크림의 가격이 500원이라는 것에 대한 저항성이 당시에 존재했던 것이 사실이다. 이러한 특정 제품군의 가격에 대한 저항성은 식품업체의 새로운 제품에 대한 개발 가능성을 매우 위축시켰으며 일부 고소득 소비자의 해외 제품에 대한 구매를 부추기는 부정적인 결과를 초래하였다. 그것은 결과적으로 국내 식품업체의 신제품 개발 의욕을 떨어뜨리고 선진국 수입 식품의 범람을 초래하였으며 부수적으로 유통조건이나 유통기간이 확인되지 않은 제품을 소비자가 소비함으로써 국민 건강에도 부정적인 영향을 주었다.

그러나 소득 증가와 더불어 고급제품을 찾는 소비자의 수요가 꾸준하게 늘어나고 해외 유명 고급 아이스크림 체인점의 출현은 기존 고급 제품에 대한 소비자의 수요를 충족시키는 것은 물론이고 고품질 제품에 대한 새로운 수요를 창출하게 되었다. 결국 이것은 식품업체의 고급제품 개발의 필요성을 높여 주었고 소비자의 만족감을 높여 식품 산업의 발전으로 이어지게 된 것이다.

또 다른 사례로는 최근에 소비자의 높은 선호도를 얻고 있는 생면 시장이라고 할 수 있다. 과거에는 가정에서 냉면이나 메밀면을 먹기 위해서는 누군가의 대단한 수고가 필요하였다. 이러한 번거로움 때문에 냉면이나 메밀을 식당에서 사먹는 경우가 대부분이었고 여름철에는 식중독과 같은 식품 위생상의 문제점을 주는 경우가 많았다. 그러나 소득 수준의 증가와 위생에 대한 소비자의 높은 관심으로 대형 식품가공 업체에서 다양한 고품질의 냉면과 메밀면을 비롯한 생면이 등장함에 따라 소비자는 전문 음식점에 버금가는 품질의 면요리를 상대적으로 저렴한 가격에 그리고 위생적으로 즐길 수 있게 된 것이다. 이것은 식품 가공업체에게 과거 밀가루와 같은 식품 소재를 판매할 때와 비교할 때 매우 높은 부가가치를 얻을 수 있는 기회를 제공해 주는 것이다.

이러한 고급 제품의 출현은 현재 아이스크림과 생면은 물론이고 스낵류, 껌 그리고 라면을 포함한 건면류 등으로 급격하게 넓혀지고 있으며 품질만 우수하다면 특정 제품에 대한 소비자의 가격 저항성은 현저하게 낮아지는 것이 현재의 대량생산 식품시장의 현실이다. 이러한 식품의 고부가가치화는 소득의 양극화와 더불어 일부 소비자들에게 기본적인 먹을거리에 대한 소외감을 느끼게 할 수 있으나 식품산업의 발전이라는 면에서 본다면 가공기술의 발전과 저장기술의 향상 그리고 이에 따른 식품 포장기술의 발전이라는 긍정적인 측면이 강하다고 판단된다.

2. 편리성

현재 국내 식품산업의 또 하나의 화두는 역시 즉석 조리식품으로 표현되는 가공식품의 이용 편리성이라 할 수 있다. 1950~60년대에는 모든 음식 조리가 가정에서 이루어졌고 그것이 당연하게 받아들여졌다. 그것은 우리의 전통적인 식품 소비문화와 함께 풍부한 노동력과도 관련이 있어서 가정에서 주부의 가사노동의 강도를 높이는 주된 요인이었다. 김치는 물론 간장, 된장을 만드는 작업, 그리고 심지어 김 굽는 작업과 같은 마늘을 만드는 모든 작업이 수작업으로 진행되었다.

그러나 여성의 사회참여 확대를 통한 사회 구조의 선진화 그리고 사회의 변혁으로 다양한 즉석 편의식품의 등장하였으며 그것은 결과적으로 다시 여성의 사회참여를 더욱 확대시켰다. 이로 인해 가정의 소득이 증가하여 더욱 더 많은 즉석식품의 개발 필요성이 식품업체에 부여되고 있다. 이러한 즉석식품은 식품업체에 입장에서는 앞에서 언급한 것처럼 고부가가치화와도 밀접하게 연관이 있어서 매우 매력적인 제품군이라고 볼 수 있으며 따라서 많은 식품회사들이 새로운 고품질의 즉석조리식품 개발에 많은 연구 인력을 투입하고 있다.

즉석조리식품의 상업적 시작은 스낵면으로부터 시작되었다고 볼 수 있는데 초기에는 면발의 품질 문제 그리고 스프의 저장성 문제 등으로 많은 어려움을 겪었으나 즉석식품의 필요성은 확인할 수 있었다. 그 후 한국 특유의 신속함과 급격한 경제 발전 그리고 1인 또는 2인 핵가족의 급격한 증가 등으로 큰 시장이 형성되어 즉석조리식품의 기술개발을 촉진하게 되었다. 현재 라면시장의 경우만 보아도 봉지라면 시장은 정체되어 있는 반면에 즉석면 시장은 상대적으로 높은 가격에도 불구하고 매년 20%에서 30% 이상 시장 규모가 성장하고 있다. 이러한 편리성을 강조하는 우리의 식생활 문화는 다양한 레토르트 제품의 등장으로 식품의 조리가 3분 만에 조리가 가능하다는 3분 문화로 일부 바꾸어 놓았으며 커피 문화를 커피 믹스라는 간편한 제품으로 바꾸어 놓았다. 우리의 커피 믹스 문화는 우리보다 훨씬 앞서서 커피 문화를 접한 서양에도 수출되어 그 나라 커피 문화를 다양화하는데 일조를 하고 있다.

그러나 그 동안의 즉석식품의 문화가 높은 품질보다는 간편성이나 편리성에 강조를 둔 시간 절약이라는 측면에 있었다면 최근에는 신속성과 편리성은 물론이고 높은 품질이라는 측면을 강조한 제품들이 소비자의 높은 사랑을 받고 있다. 대표적인 제품은 즉석밥이라고 할 수 있는데 레토르트 가공과정을 거쳐서 만들 경우 품질저하가 생길 수 있으므로 높은 기술수준을 요구하는 무균화 처리과정을 거쳐서 90년대 후반에 제품으로 나왔다. 가정과 단체급식 업체에서 편리성은 물론이고 높은 품질로 시장 규모가 급격하게 커지고 있으며 제품의 종류도 매우 다양해지고 있다. 또한 앞에서 고부가가치화에서 언급한 즉석면의 경우처럼 즉석 유탕면의 고급화는 물론이고 전문 식당에서나 아니면 가정에서 힘들게 만들어야 했던 다양한 생면류들이 즉석조리식품으로 생산되어 고품질로 시장에 선보이고 있으며 소비자의 높은 만족도와 높은 수익을 식품업체에 줄 수 있으므로 그 개발 추세는 더욱 더 빠르게 증가할 것이다.

과거에 팝콘을 먹기 위해서는 팝콘용 옥수수를 후라이팬에 넣고 가열해서 튀겨 먹었던 적이 있었는데 지금은 이렇게 팝콘을 먹는 사람은 거의 없고 전자레인지용 팝콘을 구입해서 전자레인지에 조리해서 먹을 것이다. 과거의 팝콘용 옥수수의 가격과 전자레인지용 팝콘의 가격을 비교해 보면 식품업체는 편리성을 소비자에게 주는 대신에 얼마나 많은 부가가치를 얻는 지를 짐작해 볼 수 있을 것이다.

이러한 품질을 겸비한 고가의 즉석조리식품의 등장은 소비자와 기업 모두에게 큰 이득을 주고 있으며 소득 증대를 통한 소비자의 수요가 뒷받침되어서 지속적으로 그리고 보다 폭넓게 가능해지고 있으며 앞으로도 고품질 즉석조리식품의 발전 가능성은 매우 높다고 할 수 있다.

3. 건강 식품화

고부가치화와 편리성 이 두 가지만으로 현재의 국내 식품산업의 현주소를 설명하기에는 부족한 점이 있는데 그것은 소비자의 건강에 대한 열망이다.

소득 증가가 필연적으로 가져오는 욕구 중의 하나는 건강이며 의식동원(醫食同原)이라는 말이 있듯이 우리가 섭취하는 식품은 건강과 매우 밀접한 관련을 가질 수밖에 없다. 따라서 소비자는 건강식품에 대한 높은 관심과 수요를 가지고 있으며 건강식품이라는 것은 식품업체의 입장에서는 식품의 매출과 이익을 한 번에 높일 수 있다는 점에서 매력적인 상품군이라고 할 수 있다. 그러나 과거에는 건강식품이라고 하면 성분이 과학적으로 검증되지 못한 사례를 이용하는 경우가 많아서 불량식품과 함께 식품의 가치를 떨어뜨리는 중요한 요인이 되기도 하였다. 그러나 최근에는 부작용 없이 대중적으로 섭취가 가능하고 과학적으로 그 지속적이고 꾸준한 효과가 밝혀진 다양한 건강식품군들이 대량으로 식품업체에서 경쟁적으로 생산되고 있으며 최근에 식품회사들은 건강보조식품이라는 이름으로 다양한 건강식품을 개발함과 동시에 기존의 식품에도 건강 개념을 추가하여 소비자의 관심을 얻고자 많은 노력을 하고 있으며 건강식품의 개발 및 생산 방향은 크게 2가지로 나누어질 수 있다.

하나는 의약품의 위치에 있던 제품이나 성분을 자연에서 추출하여 이를 부작용이 없는 건강식품으로 개발하는 것인데 비타민 C의 경우를 이런 대표적인 사례라 할 수 있다. 또한 한방 기록에 기초한 다양한 소재의 연구개발로 효용성이 있는 성분을 추출하여 이를 그대로 섭취하거나 적절한 식품에 투입하여 지속적인 섭취를 통해서 의약품이 가지고 있는 부작용을 최소화하면서 효과를 내는 경우도 볼 수 있다.

다른 하나는 기존 식품이 가진 건강기능을 과학적으로 밝혀서 해당 성분을 강화하거나 홍보하여서 이를 강조한 제품으로 개발 · 판매하는 것이다. 대표적인 사례가 카레인데 카레 성분의 하나인 강황 가루의 뛰어난 약리 효과를 입증하고 홍보하여 카레가 확고한 건강식품으로 자리매김한 경우이다. 또한 매실 음료를 포함한 다양한 음료도 여기에 해당되는데 각 식품회사들의 건강을 강조한 건강음료가 거의 매년 새롭게 개발되어 소비자의 선택권을 높여주고 기업의 입장에서는 큰 이익을 남겨주고 있다. 이러한 식품회사나 제약회사들을 통한 다양한 건강식품들의 대량생산은 그동안 높은 가격에 판매되던 건강식품들의 가격을 현저하게 낮추고 있으며, 그 효과의 검증성도 과거에 비하여 소비자의 높은 신뢰를 받고 있다.

저렴해진 가격과 높아진 신뢰를 바탕으로 식품 회사들은 건강식품 개발 및 생산에 더욱 연구의 초점을 맞추고 있으며 이는 결국 소비자의 건강식품 소비확대로 이어지고 있으며 정부에서도 건강식품의 생산 및 판매 관리를 효과적으로 진행하기 위한 다양한 대책을 시행하고 있다.

제 2 장 가공식품의 준비 요소

1. 식품 성분

식품을 쉽고 간단하게 생각하는 경우가 있는데 사실 식품은 그 어떤 사물보다도 복잡한 물질이라고 할 수 있다. 그것은 식품이 많은 성분들로 이루어져 있으며 그 성분들은 살아 움직이면서 서로 반응하기 때문이다. 이러한 복잡하면서도 살아 숨 쉬는 식품을 제대로 이해하기 위해서는 식품을 구성하고 있는 식품 성분들을 우선 제대로 이해하는 것이 필요하다. 식품을 구성하는 대표적인 성분으로는 수분, 탄수화물, 단백질 그리고 지방을 들 수 있다. 그리고 이를 보완해주는 식품 첨가물로는 비타민, 색소 등이 있으며 식품 성분들 간의 반응 및 연결고리 역할을 수행하는 효소가 있다. 이런 다양한 식품 성분들이 유기적으로 연결되어야 훌륭하고 소비자에게 선택받는 식품이 탄생할 수 있으므로 기본적으로 식품 성분의 특징을 파악하고 이해하는 것은 식품에 대한 이해의 첫 시작이라고 할 수 있다.

2. 가공방법

아무리 재료가 좋아도 요리를 못하면 음식이 맛없는 것처럼 식품을 구성하는 또 하나의 중요한 요소는 가공방법이다. 현재 식품업체에서 사용 중인 가공방법으로는 통조림이나 레토르트 방법을 가장 많이 사용하고 있으며 최근에는 품질유지 능력이 좋은 무균공정 방법이 점점 늘어나고 있는 상황이다. 가공방법의 변화 추세는 과거에는 저장기간을 늘리는데 중심이 있었으나 최근에는 품질유지에 초점을 맞추는 모습을 보이고 있다. 즉 무작정 저장기간을 늘릴 수 있는 장시간 가열살균보다는 가열온도를 높이면서 가열시간을 줄이는 방법이나 초고압과 같은 비열처리 방법을 통하여 저장기간이 과거에 비하여 오히려 줄더라도 품질을 더 유지하는 상업적인 가공 방향으로 변하고 있다. 또한 유통 중의 조건을 세밀하게 설정하여 제품의 품질유지 및 저장기간 증가에 도움을 줄 수 있는 온도와 습도 조절 및 제품에 적합한 포장방법의 설정 등도 가공의 장점을 살려주는데 도움을 주고 있다.

3. 관능검사

가공식품의 성공은 소비자 선택의 정도로 결정된다. 아무리 우수한 재료를 가지고 첨단 가공방법으로 식품을 만들었어도 소비자가 외면하면 그 제품은 시장에서 바로 사라지게 된다. 그런데 소비자가 어떤 가공식품을 선택하는 데 중요한 기준은 무엇보다도 관능적으로 소비자에게 만족도를 주는 것이다. 약은 효과가 우수하면 아무리 써도 선택받지만 식품은 매일 일상적인 조건에서 섭취해야 하기 때문에 관능적으로 매력적이지 못하면 소비자는 외면하게 된다. 여기서 관능이란 것은 식품이 가지고 있는 맛, 향, 색 그리고 조직감 등을 말하는 것으로 가공식품의 맛을 어떻게 결정하는가는 그 식품의 성공 여부를 결정짓는, 즉 요리사의 요리 솜씨를 맛으로 결정하는 것처럼 매우 중요한 요소라고 할 수 있다. 과거에는 제품의 맛이 회사의 경영권자에 의해서 결정되는 경우가 많았지만 최근에는 전문적인 연구팀에 의해서 제품의 주 소비 타켓의 성별, 연령별 그리고 취향까지 객관적으로 반영하여 제품을 맛을 결정하는 경우가 늘어나고 있어 관능검사의 중요성은 매우 커지고 있다.

4. 포장

식품을 좋은 재료를 이용해서 소비자가 좋아하는 맛을 내도록 가공한 후에는 반드시 포장이라는 과정을 거친다. 과거에 포장의 역할이 단순히 제품을 담는 역할이었다면 최근에 포장의 역할은 품질을 유지하면서 제품을 소비자에게 전달해주는 것과 함께 조리기구로서의 역할도 함께 하는 것으로 변하고 있다. 즉 포장을 통해서 외부 환경의 영향으로부터 제품을 완벽하게 보호함으로써 높은 품질의 식품을 소비자에게 전달함과 동시에 최근에 유행하고 있는 즉석조리식품의 경우처럼 조리기구로서의 역할도 수행하는 것이다. 따라서 과거 포장의 단순하고 저부가가치의 개념은 사라지고 정성들여 제조한 가공식품을 시장성 있게 유지하는데 필수적이고 핵심적인 요소로 포장이 자리 잡고 있다.

제3장

수분

수분은 우리 일상생활에서 없어서는 안 될 중요한 물질로 인체 내에서 체온을 일정하게 조절하고 영양분 및 분비물 수송의 역할을 수행한다. 이러한 수분은 크게 액체, 고체, 기체의 세 가지 상태로 존재하고 있으며 대부분 식품의 총질량의 60~95%를 차지하고 있을 정도로 식품에서도 매우 중요한 역할을 하고 있다. 식품에 있어서 수분은 탄수화물, 지방 그리고 단백질과 함께 매우 중요한 영향을 주고 있을 뿐 아니라 미생물의 생육에 밀접한 관련을 가지고 있으며 화학 반응의 주체 및 중간 역할로서 식품의 여러 화학 반응에도 중요한 역할을 한다.

이런 수분의 중요성으로 인하여 식품을 수분함량에 따라 구분하기도 한다. 물론 다양한 구분이 가능하기도 하지만 수분이 많은 식품과 수분의 적은 식품 그리고 인공적으로 수분을 적게 한 식품으로 다음과 같이 나누기도 한다.

1) 수분이 많은 신선 식품 및 일차 가공식품

수분이 많은 식품으로는 야채, 과일, 우유, 어패류, 육류와 같은 신선 식품 그리고 치즈와 햄 같은 일차 가공식품 등이 있다. 이런 식품들은 일반적으로 조직감은 부드럽지만 저장기간이 그다지 길지 않은 특징을 가지고 있어 냉장보관을 기본으로 하고 저장이나 포장에 많은 신경을 쓸 필요가 있다.

2) 수분이 아주 적은 자연건조식품

특별한 건조과정을 거치치 않고도 수분함량이 20% 이하인 식품으로는 쌀, 보리, 콩, 땅콩, 호도 등을 들 수 있으며 수분이 많은 식품에 비하여 저장기간이 충분한 특징을 가지고 있어 상온보관을 주로 하고 조직감은 매우 딱딱한 특징을 가지는 것이 일반적이다.

3) 수분을 적게 한 인공건조식품

수분이 많은 자연 상태의 식품을 저장기간 증대를 목적으로 인공적으로 건조한 식품에는 오징어, 명태나 황태를 비롯한 일부 건조 생선류, 곶감을 비롯한 건조 과일, 분유, 시리얼 등이 있다.

위 식품 분류에서 보듯이 수분함량의 정도에 따라 식품의 저장기간에 많은 차이가 있으며 이것은 결국 식품에 존재하는 수분의 함량이 저장기간 결정에 영향을 미치는 여러 요인들에 큰 영향을 준다는 것을 보여주는 것이다.

1. 수분의 구조 및 화학적인 특징

수분은 화학 구조가 H_2O이며 분자량이나 화학 구조면에서는 매우 간단한 물질이고 개별적으로는 산소 원자 1개와 수소 원자 2개가 공유결합을 통하여 존재하는 물질이다. 그러나 실질적으로 식품 속에 존재하는 수분은 단독으로 존재하기 보다는 주변의 다른 물 분자와 역동적인 수소결합을 통하여 자유수의 형태로 존재하거나 다른 식품 성분들과 이온결합이나 공유결합을 통하여 보다 강하지만 정적인 결합수의 형태로 존재한다. 이러한 수분의 독특한 존재 특성은 수분이 자체적으로 가지고 있는 단순한 구조, 즉 H_2O가 가질 수 있는 특징을 훨씬 뛰어넘는 독특하고 다양한 물리적 화학적 특징을 주고 있으며 이로 인하여 수분의 식품에서의 중요성은 더욱 커지는 것이다.

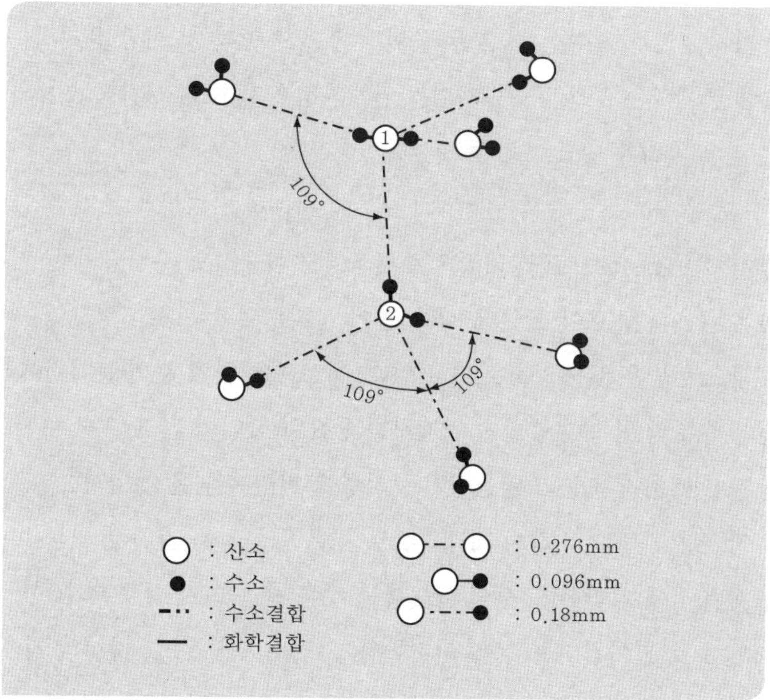

그림 3-1▶ 수분의 화학적 구조

지금부터는 수분이 가지고 있는 독특한 특성들인 분자량에 비하여 상대적으로 높은 끓는점, 다른 물질에 비하여 훨씬 큰 표면장력, 그리고 물을 구성하는 산소와 수분의 큰 전기 음성도의 차이가 주는 영향 등에 관하여 설명하고자 한다.

1) 식품이 가지고 있는 수분은 왜 유지되는 것일까?

그것은 기본적으로 수분이 분자량에 비하여 높은 끓는점을 가지고 있기 때문이다.

수분은 아주 간단한 화학 구조 즉 H_2O라는 매우 가벼운 분자량을 가지고 있음에도 불구하고 일반적으로 식품 속에 있는 수분은 모두 증발되지 않고 일부분은 남아있다.

식품이 가지고 있는 수분은 왜 모두 증발되지 않고 일정 양 이상 유지되는 것일까?

식품 속에 존재하는 수분을 증발시키는 건조과정은 왜 오랜 시간이 소요되고 가열이나 감압과 같은 처리를 필요로 하는 것일까?

일반적으로 물질의 끓는점은 분자량의 크기에 비례하는 경향을 보인다. 그러나 수분은 분자량이 18.01gram으로 상대적으로 적음에도 불구하고 분자량이 큰 다른 물질에 비하여 높은 끓는점을 보이고 있다. 예를 들어 분자량이 84gram 정도인 헥산에 비하여도 상대적으로 높은 끓는점을 보이고 있다. 바로 이러한 수분의 분자량에 비하여 높은 끓는점은 수분의 급속한 증발을 억제하는 중요한 요인이 된다.

그러면 무엇 때문에 수분의 끓는점이 분자량에 비하여 높은 것일까?

수분이 작은 분자량에 비하여 상대적으로 높은 끓는점을 가지고 있는 이유는 바로 수분의 존재 특성에 기인한다. 물이 끓는다는 것은 수분 입자 상호간의 결합력을 파괴하고 공기 중으로 날아간다는 것을 의미한다. 그런데 수분은 그 자신의 자체분자량은 작지만 단독으로 존재하지 않고 무수하게 많은 수소결합의 연결과 깨짐을 통해서 주위의 다른 수분들과 결합하여 존재하고 있다. 다시 말하면 수분은 단독으로 존재하는 것이 아니라 다른 물 분자, 즉 일반적으로 수분 상태일 때 다른 4개의 물 분자와 수소결합을 유지하고 있어서 자신의 분자량을 크게 늘리는 효과를 가지게 된다. 또한 그 수소결합 자체도 고정된 것이 아니라 계속 다른 물분자와 수소결합의 결합과 깨짐을 반복함으로써 증발되어야 할 분자량을 실제 수분 분자량보다 훨씬 크게 만드는 것이다.

이러한 수분의 존재 특성은 두 가지 측면에서 수분의 증발 온도를 높여 증발을 어렵게 만든다. 하나는 증발되어야 할 자신의 몸무게, 즉 실질적인 분자량을 늘려서 증발을 어렵게 하는 것이고 다른 하나는 주변의 수분들과 수소결합을 활동적으로 유지하는 것이다. 수소결합을 통해 분자량을 늘려 증발에 필요한 에너지를 추가적으로 필요로 하게 되고 이것은 결국 수분의 증발을 어렵게 만드는 중요한 이유가 되는 것이다. 쉽게 말하면 무거울수록 높이 날아갈 수가 없는 것과 같은 원리이다.

또 다른 측면은 다른 수분들과의 결합과 깨짐을 지속적으로 반복한다는 것이다. 즉 수분은 그 자체의 결합력은 약하지만 주위의 다른 3~4개의 수분과의 수소결합의 형성과 파괴를 반복할 뿐만 아니라 그 결합에 관여하는 수분도 이미 결합에 관여한 수분만 참여하는 것이 아니라 전혀 새로운 수분도 끊임없이 수소결합에 관여한다. 이러한 수분 사이의 결합력을 모두 제거하고 수분을 기화시킨다는 것이 얼마나 많은 에너지를 필요로 하는지 이해할 수 있을 것이다. 수분을 증발시킨다는 것이 수분과 수분사이의 결합을 완전히 깨뜨려서 공기 중으로 날려 보내는 것이라는 점에서 다음과 같이 설명할 수도 있다. 우리에게 지금 접착제가 있는데 이 접착제를 이용하여 나무와 나무의 한 부분을 접착시켰다고 가정하자. 나무와 나무의 접착 부분이 매우 넓고 강하면 이 접착 부분을 떼어내기 위해서 우리는 많은 힘을 사용해야 할 것이다. 즉 물질을 기화시키기 위해서는 보다 많은 열을 가해야 할 것이다. 그런데 결합 부위가 여러 곳이고 한 부분을 떼어내면 새로운 다른 부분과 계속 결합하는 자동 접착제라면 그 결합력이 작더라도 결합을 떼어내기 위한 우리의 노력은 더욱 더 필요할 것이고 결과적으로 더 많은 일을 가해야 할 것이다. 바로 이러한 수분의 수소결합 특성은 수분의 끓는점을 분자량에 비하여 높게 만들고 있으며 우리 인체나 자연에서 수분이 항상 존재하게 하는데 중요한 역할을 하고 있다.

바로 위에서 언급한 대로 수분이 가지고 있는 고유한 특성 즉 분자량은 작지만 쉽게 기화되지 않는 성질로 인해서 우리 인체는 물론이고 식품에서도 수분이 모두 다 기화되지 않고 존재할 수 있으며 자연에서도 액체의 상태로 수분을 쉽게 접할 수 있게 되는 것이다.

2) 수분은 왜 다양한 식품 성분들과 어울릴 수 있을까?

수분의 식품에서의 중요한 역할 중의 하나는 다른 식품 성분들 간의 반응을 연결하여 주는 매개체로서의 역할이다. 이런 역할을 수분이 할 수 있는 이유는 수분의 성질이 다른 여러 물질들과 쉽게 어울릴 수 있는 성질, 즉 외향적 특성이 있기 때문이다.

이런 특성이 있는 이유는 수분을 구성하는 원자의 특성에서 찾아볼 수 있다. 즉 수분을 구성하고 원자는 산소와 수소인데 전기 음성도의 측면에서 보면 산소와 수소는 매우 다른 특성을 가지고 있다. 전기 음성도란 전자를 끌어당기는 능력을 말한다. 아래의 전기 음성도의 크기 순서에서 보듯이 산소와 수소는 전기 음성도 즉 전자를 끌어당기는 능력에서 큰 차이를 보이고 있다.

F 〉O 〉N 〉Cl 〉Br 〉C 〉S 〉I 〉H 〉P

전자를 끌어당기는 능력이 다른 원자보다 크다는 것은 전자를 더 많이 끌어당길 수 있다는 것을 의미하고 이것은 음 전하를 띠게 되는 원인이 된다. 반대로 전자를 끌어당기는 능력이 적은 것은 양 전하를 띠게 되는데 전기 음성도의 크기 순서에서 보듯이 산소는 전기 음성도가 커서 음전하를 띠고 산소는 반대로 양전하를 띠게 된다. 그런데 수분은 이러한 전기 음성도의 차이가 큰 두 원자가 근접해 함께 존재하여 다양한 전하 특성을 가진 식품 성분들과 모두 잘 어울릴 수 있는 특징을 가지게 되는 것이다. 전기 음성도의 차이가 큰 원자들이 함께 존재하면 극성 정도가 다른 다양한 식품 성분들과 결합하여 손쉽게 원하는 곳으로 이동시킬 수 있을 뿐만 아니라 멀리 떨어져 있던 식품 성분들을 만나게 해주어서 반응을 일으키도록 도와주는 역할을 할 수 있다. 예를 들어 물리만 잘하는 사람이라면 그 친구들은 거의 물리 분야의 특성과 잘 어울리는 사람들일 것이고 다른 분야 즉 축구에 대해서는 잘 모르고 아는 사람도 별로 없을 것이다. 그러나 여러 분야에 관심 있는 사람이라면 즉 수학도 잘하고 야구도 잘하는 사람이라면 그 사람과 어울리는 사람은 수학에도 관심 있고 야구에도 관심 있는 사람일 것이다. 바로 그러한 이유에서처럼 수분은 전자를 끌어 당기는 능력에서 매우 성질이 다른 산소와 수소로 구성되어 있기 때문에 전기 음성도의 차이가 다른 다양한 식품 성분들과 결합을 형성해서 이동시킬 수 있는 것이다.

따라서 수분의 이러한 성질은 식품의 화학반응에서 다양한 식품 성분의 수송과 연결이라는 중요한 역할을 수분이 할 수 있는 이유가 된다.

3) 큰 것과 작은 것 중에 누가 더 잘 움직일 수 있을까?

수분은 움직임이 매우 좋은데 그것은 수분이 표면장력이 커서 자기 자신을 작게 만드는 능력이 크기 때문이다.

밀도가 높은 공간, 즉 빈틈이 적은 공간을 움직일 때는 덩치가 큰 물질보다는 작은 것이 훨씬 더 효율적이다. 더구나 식품처럼 구성 성분자체가 탄수화물, 지방 그리고 단백질처럼 거대 분자인 경우는 더욱 더 작은 분자의 이동 편리성이 커진다고 할 수 있다. 수분이 식품의 화학반응에 크게 관여하는 또 다른 이유 중의 하나는 수분이 식품 성분 속을 자유자재로 이동하면서 여러 물질들을 수송해주는 역할을 할 수 있기 때문이다. 다시 말하면 수분은 여러 화학반응에 중요한 역할을 수행한다. 그 이유 중의 하나는 다양한 식품 성분들을 이동시킬 수 있어서 가능한 것인데 그런 이동성을 뒷받침할 수 있는 이유는 다양한 물질들과 결합하여 물질들을 이동시킬 수 있는 능력과 함께 자기 자신을 작게 할 수 있는 능력이 크기 때문이다. 수분이 이처럼 자유자재로 식품 속을 움직일 수 있는 능력을 우리는 표면장력이라고 한다.

식품에서 화학반응이라는 것은 두 성분들을 만나게 함으로써 진행된다고 말할 수 있다. 그런 멀리 떨어져 있는 성분들을 만나게 하기 위해서는 해당 성분들을 어떤 정해진 장소로 옮겨야 한다. 성분들을 옮기기 위해서는 앞에서 언급한 대로 전기 음성도의 차이가 큰 원자로 구성되어 있어서 극성 정도가 다른 여러 식품 성분들과 결합할 수 있는 것도 중요하지만 자기 자신을 작게 하여서 밀도가 높은 식품 속에서 반응물질들을 원하는 장소로 신속하게 이동하는 능력도 매우 중요하다. 아무리 다양한 성분들과 결합을 한다고 해도 자기 자신의 크기가 너무 크면 밀도가 높은 식품 성분 속에서 자신과 결합된 물질들을 가지고 원하는 장소로 옮길 수 없기 때문이다. 이러한 면에서 수분은 자기 자신을 작게 하는 능력인 표면장력이 커서 다양한 식품 성분들을 원하는 반응 장소로 잘 이동시켜 줄 수 있는 특징을 가지고 있어서 식품의 화학반응에 매우 중요한 역할을 할 수 있는 것이다.

2. 수분의 물리적인 특징

식품에서 말하는 물리적인 특징은 식품의 부드러움과 딱딱함과 같은 조직감을 말한다. 수분은 존재하는 다양한 형태에 따라 식품의 조직감에 많은 영향을 주게 되며 결국 이러한 조직감의 변화는 식품의 맛에도 매우 중요한 영향을 주어 소비자의 제품 선택에 중요한 요소로 이해되고 있다.

1) 부피변화에 따른 물리적 변화 (냉동과 해동)

기체상태의 수분인 수증기는 수분과 수분과의 수소결합 정도가 매우 약하고 이로 인해 매우 유연한 구조를 형성하고 있다. 이러한 기체상태의 수분은 주위의 온도가 내려가거나 압력이 증가함에 따라 액체로 변하게 되는데 액체상태의 수분은 기체에 비하여 상대적으로 많은 수소결합을 유지하게 되어 유연성도 기체에 비하여 줄어들게 된다. 유연성이 줄어든다는 것은 정해진 공간 안에 들어갈 수분의 수가 줄어든다는 것을 의미한다. 달리 표현하면 기체에서 액체로 수분의 존재형태가 변하게 되면 같은 수의 수분이라도 수분 속에서 차지하는 공간, 즉 부피가 증가하게 된다는 것이다. 액체상태의 수분이 온도 또는 압력의 변화로 인하여 고체로 변하게 되면 이 때 형성된 수소결합은 고정된 형태를 취하고 유연성도 액체에 비하여 줄어든다. 이런 현상은 정해진 공간 안에 들어갈 수 있는 수분 입자의 수를 줄여 결과적으로 부피 증가를 초래하게 되는 것이다. 예를 들어, 기체의 경우 1이라는 공간에 10개의 수분 입자가 들어갈 수 있다면 액체로 변하게 된 경우 같은 공간에 들어갈 수 있는 수분 입자는 8개로 줄어들게 되며, 이것이 고체로 변하면 다시 같은 공간에 들어갈 수 있는 수분 입자는 6개로 줄어들게 되는 것이다. 다시말해 고체상태의 수분이 10개의 수분 입자를 모두 수용하기 위해서는 거의 2배의 공간이 필요해지는 것이다. 이와 같이 냉동 시에 수분 입자를 모두 수용하기 위해서 식품 내부의 공간이 확장되고 이런 공간 확장은 식품의 조직감 파괴를 초래하게 된다.

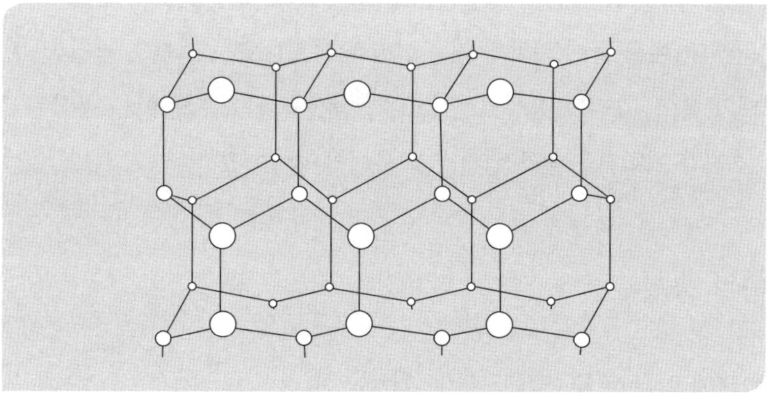

그림 3-2▶ 수분의 냉동 시 구조

해동 시에는 동결되었던 고체상태의 수분은 그 특유의 이동성과 움직임으로 다시 원래의 상태인 액체상태로 돌아올 수 있지만 식품 성분은 동결 전의 원래 상태로 구조적으로 돌아올 수 없게 된다. 결과적으로 이런 현상은 식품 조직에 큰 변화를 주어 맛에 큰 영향을 주는 조직감에 부정적인 요인으로 작용한다. 동결된 배추나 과일처럼 일정량 이상의 수분을 가진 식품이 해동 시에 해동 전과 전혀 다른 조직감을 보이는 것도 바로 이러한 이유이다.

2) 수분의 존재 유무에 따른 물리적 변화 (건조)

액체상태의 수분은 수소결합의 역동성과 작은 크기로 인하여 움직임이 자유롭고 매우 활동적이기 때문에 그 자체가 매우 부드러운 성질을 식품에 주게 된다. 따라서 식품에 존재하는 수분의 양에 따라 식품의 조직감은 많은 영향을 받게 되며 일반적으로 같은 식품이라도 수분함량이 적은 건조식품이 수분함량이 많은 식품에 비하여 딱딱하고 거친 조직감을 보여준다. 이런 현상은 우리가 일상생활에서 접할 수 있는 많은 식품에서 확인할 수 있다. 저장기간을 늘리기 위하여 수분함량을 줄인 식품들의 경우를 보면 건조되기 전에 비하여 훨씬 조직감이 단단해진 것을 확인할 수 있으며 이것은 해당 식품의 품질 변화의 주요한 이유가 되고 주로 소비자의 제품 선호도에 있어서 부정적인 면으로 작용한다. 예를 들어 과채류로는 신선한 과일(포도)과 건조 과일(건포도), 어패류로는 생태와 북어, 그리고 육류로는 소고기 신선육과 육포 등이 수분함량 감소로 인한 식품의 조직감 변화, 즉 물리적 변화의 사례라 할 수 있다.

3. 수분의 종류

1) 존재형태에 따른 분류 (액체, 고체, 기체)

수분은 수소결합의 정도와 접하고 있는 온도 그리고 압력에 따라 3가지 존재형태, 즉 고체, 액체 그리고 기체로 존재하고 있다. 수분의 존재형태는 기본적으로 온도의 영향을 가장 많이 받고 온도의 상승에 따라 고체에서 액체로 그리고 기체로 단계별로 형태 전환을 가져오는 것이 일반적인데 압력의 급격한 변화에 따라서는 고체에서 기체로 변화는 현상도 발생할 수 있다. 단계적인 수분의 존재형태 변화는 물론이고 급격한 변화는 수분의 식품에서의 역할을 자유롭게 조절하는데 효과적으로 활용할 수 있는 현상으로 식품 연구분야에서 유용한 위치를 차지하고 있기 때문에 수분의 존재형태에 기본적인 이해는 매우 중요하다고 할 수 있다.

(1) 얼음(고체)의 특성

고체의 형태로 존재하는 모든 물 분자는 4개의 다른 물 분자와 결합하고 있으며, 모든 2개의 산소 분자 사이에는 반드시 1개의 수소 분자가 위치하고 있다. 모든 산소 분자 사이의 거리는 2.76Å이고 산소-산소-산소 각도는 109도로 이루어져 있는 매우 엄격한 규칙성 및 정렬성을 수분의 고체상태인 얼음은 보여주고 있다.

이처럼 얼음상태에서 존재하는 수소결합은 움직임 없이 고정되어 있으며 이런 고정적인 수소결합은 수분이 가지고 있는 기본적 성질인 물질을 이동시키는 능력과 다른 물질과의 반응성을 막는 결과를 초래하게 된다. 따라서 수분이 고체상태로 존재하게 되면, 즉 식품이 동결상태를 유지하게 되면 수분의 고유한 특징인 화학반응에 관여하지 못하게 되며 고전적 의미에서의 저장기간 연장효과를 가지게 되는 것이다. 또한 이런 고체상태의 수분을 진공과 같은 감압 처리를 해주면 가열 없이도 액체상태를 거치지 않고 바로 기체로 승화 · 건조되어 가열로 인한 품질 손상이 없는 건조 효과를 볼 수도 있다.

(2) 물(액체)의 특성

앞에서 주로 언급된 수분의 역할이나 특성은 액체상태, 즉 물의 특성을 중심으로 설명되었으며 우리가 일상생활에서 가장 많이 접하는 수분의 형태도 액체상태인 물이다. 고체에 비하여 액체상태의 수분은 결정구조가 부서져 있으며 물 분자가 가까이 결합된 상태로 얼음에 비하여 주위에 따라 큰 영향을 받는 유연한 구조라고 할 수 있다. 액체상태에서도 수분은 일정한 정도의 수소결합을 유지하며 이 결합은 매우 dynamic하며 결합과 깨짐을 반복하고 일정한 정도의 결합 강도를 유지하는데, 결합 정도는 온도에 따라 좌우된다. 즉 온도가 높아지면 높아질수록 수분 입자간의 수소결합의 정도는 약해지고 수분 입자들의 운동 정도가 늘어나면서 부피가 증가하고 궁극적으로는 공기 중으로 기화된다. 반면에 온도가 낮아지면 수분 입자간의 수소결합의 정도는 많아지고 움직임도 줄어들면서 결합은 점차 고정되고 결국 얼음의 상태를 가지게 된다.

이러한 많은 움직임을 가지고 있는 액체상태의 수분인 물은 수분이 가지고 있는 특징인 자기 자신의 이동성과 다른 물질의 수송 능력 그리고 큰 표면장력 등 수분의 화학반응에 관여하는 성질을 그대로 가지고 있다. 또한 수분의 물리적 성질, 즉 식품에 부드러움을 주는 성질도 액체상태로 존재할 때 나타나게 된다. 따라서 식품에서 말하는 수분의 역할은 대부분 수분이 액체상태로 존재할 때 나타나고 있으며 식품에서 수분의 역할을 제거한다는 것은 수분을 제거한다는 것만을 의미하는 것이 아니라 액체 상태의 수분이 자신의 역할을 할 수 없도록 존재형태를 움직임이 없는 고체로 변화시키는 것도 포함할 수 있다.

(3) 수증기의 특성

수분의 구조 중에서 가장 수소결합이 약한 상태의 수분을 가진 구조가 수증기, 즉 기체이다. 고체상태에서 가열을 통하여 액체상태의 수분으로 변한 수분에 지속적으로 열을 공급하면 기체 상태의 수분인 수증기로 변한다. 물론 앞에서 언급한 대로 열을 가하지 않고 진공도를 높이는 방법으로도 고체나 액체 상태의 수분을 기체 상태로 변하게 할 수 있다.

에너지를 가하면 기본적으로 수분 내부에 존재하는 수소결합은 점차 끊어져 결합력이 감소하게 되고 수분의 분자 운동이 더욱 활발해져서 결국은 수증기로 변하며 기체는 가장 많은 에너지를 가지게 된다. 그래서 끓는 물보다는 수증기가 더 많은 열량을 가지고 있고 우리를 이런 수증기, 즉 스팀을 이용해서 높은 조리 온도가 필요한 음식을 요리하는데 사용하는 것이다.

앞에서 언급한 대로 수분은 수소결합의 정도와 결합과 깨짐의 정도에 따라 고체, 액체, 기체의 3가지 형태의 종류가 결정된다. 수소결합이 가장 고정되어 있고 움직이지 않는 상태를 고체(얼음)의 상태로 규정하고 이 상태에서 열을 공급받아 수분들 사이의 수소결합이 서서히 깨지면서 움직임이 증가하면서 액체상태의 수분(물)이 만들어진다.

여기에 지속적으로 열이 공급되면 수분들 사이의 결합력은 완전히 와해되고 수분은 무게가 가벼워지면서 활동성이 높아지고 결국 기체로 변하게 되는 것이다.

식품에 존재하는 수분의 형태는 주로 물 또는 얼음의 상태이지만 기체 상태의 수분에 대한 충분한 이해는 식품을 효과적으로 건조하는데, 즉 액체나 고체의 수분을 기체로 변경하는데 많은 도움을 줄 수 있는 것이다. 수분을 기체로 전환하는 방법은 앞서서 언급한 대로 가열이라는 인위적인 방법이 있으나 가열은 결국 식품의 품질을 저해시키는 중요한 요인이 될 수 있다. 따라서 단순한 가열보다는 진공을 이용하는 방법을 함께 사용하여 위에서 누르는 힘을 줄여서 수분의 분자 운동이 더 쉽게 일어날 수 있도록 하는 것도 효과적인 건조방법이라고 할 수 있다.

수분의 종류는 결합하는 물질의 종류 및 그 운동성에 따라 자유수와 결합수로 나누어 질 수 있다.

2) 결합형태에 따른 분류

식품 속에 존재하는 수분은 결합되어 있는 상대에 따라 크게 2가지로 나눌 수 있다. 하나는 주위의 다른 수분과 결합하고 있는 수분인 자유수이고 다른 하나는 탄수화물이나 단백질 등과 같은 거대 식품 성분들과 결합하고 있는 수분인 결합수이다. 자유수와 결합수는 같은 수분이기는 하지만 결합 물질 등 존재하는 상태가 다르고 기본적인 성질 자체도 매우 다르다.

(1) 자유수

우리가 일상생활에서 만나는 물의 대부분은 자유수라고 할 수 있다. 수돗물도 자유수이고 마시는 생수도 자유수이고 육류나 생선류에서 자연스럽게 나오는 물도 대부분 자유수라고 할 수 있다. 이런 자유수의 존재 결합방법은 자신들끼리의 결합, 즉 주변의 다른 수분들과의 수소결합이다. 이런 수분 상호간의 결합인 수소결합은 그 결합력 자체가 이온결합이나 공유결합에 비하여 크지 않고 결합 지속시간도 매우 짧다. 따라서 한 번 이루어진 수분 상호간의 수소결합은 오래 유지되지 않고 지속적으로 결합의 깨짐과 결합을 반복하게 된다. 이런 과정에서 수분들은 서로 짝을 바꿔서 수소결합을 지속적으로 만들어 내거나 파괴하게 되며 이것은 필연적으로 수분 자체에 움직임을 주어서 이동성을 수분에게 주게 되는 것이다. 결국 자유수는 이동성을 갖게 되고 이런 이동성으로 인하여 다른 물질에 대하여 용매로 이용될 수 있기 때문에 식품 화학반응에 관여하는 등 식품 저장에 밀접한 영향을 주고 있다. 따라서 이러한 식품 저장에서의 중요성 때문에 식품에서 자유수의 함량을 수분 활성도(Aw)라는 용어로 따로 구분해서 표현하고 있다.

식품에 존재하는 자유수(수분 활성도)를 계산하는 방법은 다음과 같다.

수분활성도 = (용질의 몰수) / ((용질의 몰수) + (용매의 몰수))

이와 같은 몰수를 이용한 방법이외에도 실제 식품을 샘플로 이용할 수 있는 수분활성도 측정기가 많이 보급되어 이용되고 있다. 이 기기는 식품에 존재하는 전체 수분 중에서 자유수의 특징인 움직임(압력)으로 자유수를 찾아내어 수분활성도의 값을 간단하게 계산한다.

(2) 결합수

자유수와 달리 식품의 구성 성분인 단백질, 전분과 같은 거대 분자들과 이온결합이나 공유결합을 통하여 결합하고 있는 수분을 결합수라고 한다. 결합 대상이 단백질이나 전분과 같은 거대 분자일 뿐만 아니라 결합력 자체도 이온결합이나 공유결합같이 수소결합에 비하여 상대적으로 결합력이 큰 결합으로 연결된 특징을 가지고 있다. 결합수에서 보이는 상대적으로 강한 결합은 결합의 지속 시간을 늘려주며 이런 결합을 끊어내고 수분을 자유롭게 한다는 것은 자유수에 비하여 훨씬 많은 노력을 필요로 하게 된다. 따라서 거대 분자와 결합되어 있는 수분인 결합수는 자유수에 비하여 결합이 고정되어 있기 때문에 결합의 형성과 깨짐 현상에서 부수적으로 발생하는 이동성이 현저하게 떨어지게 된다. 이것은 다른 물질에 대한 용매로도 이용되지 않는다는 의미이고 미생물의 번식이나 식품 성분 간의 화학적 반응에 관여하지 않게 되는 것을 뜻한다. 이러한 특성 때문에 식품 성분과 결합하고 있고 그 결합력이 강해서 이동성이 없는 결합수는 식품 저장에 부정적인 요인을 주지 않는다. 따라서 앞에서 언급한 대로 어떤 식품의 저장기간을 예측하는데 있어서 결합수와 자유수의 양을 모두 합한 수분함량이라는 개념보다는 자유수의 양만을 표시하는 수분 활성도의 개념이 더욱 더 실용적이라고 할 수 있다. 이러한 수분함량과 수분 활성도와의 관계를 표시한 곡선을 등온 곡선이라고 한다.

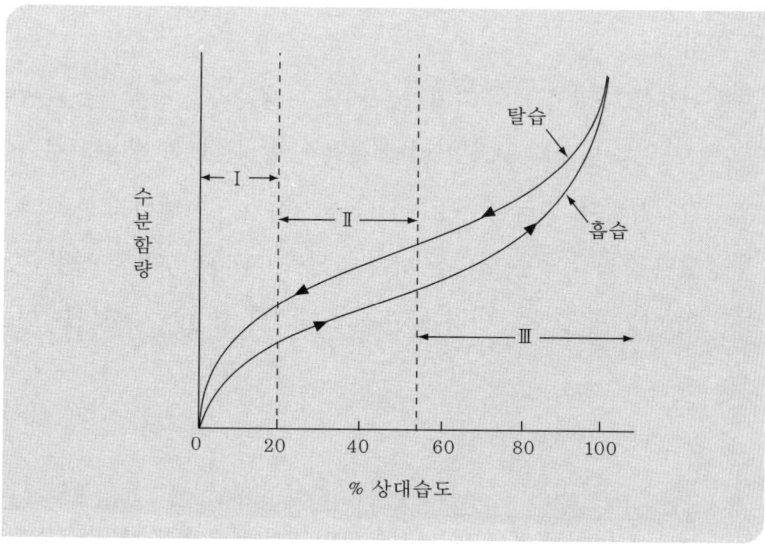

그림 3-3▶ 식품의 전형적인 등온 곡선

또한 결합수가 거대 분자와의 결합을 끊고 기화되기 위해서는 자유수에 비하여 훨씬 많은 열량 공급이 필요하기 때문에 결합수는 자유수에 비하여 잘 증발되지 않는 특성을 가지고 있다. 그리고 거대 분자의 단열 효과로 인하여 영하 30~40도의 저온에서도 동결이 잘 안 되는 특징을 가지고 있어 증발(수분의 존재 유무)이나 동결(수분의 존재 형태)에 의한 식품 조직감의 변화에도 영향을 거의 주지 않는다.

이처럼 결합수는 우리가 일상적으로 알고 있는 일반적인 물로서의 성질이나 역할을 가지고 있지는 않지만 식품과의 결합으로 인하여 식품 성분들 간의 충돌을 완화해주거나 완충 작용을 통한 나름대로의 역할이 있을 것으로 추측되며 추가적인 연구가 필요한 분야라고 할 수 있다.

4. 식품에서 수분의 중요성

1) 수분의 의미

수분의 존재 여부에 따라 식품의 화학적 그리고 미생물학적 저장기간은 많은 영향을 받게 된다. 특히 자유수 함량의 증가는 여러 화학적 미생물학적 반응을 증가시켜 식품의 저장기간을 감소시킨다. 그러나 저장기간을 증가시키기 위해서 수분을 제거하면 식품의 물리적 성질인 조직감에 큰 영향을 미치게 된다. 따라서 수분의 적절한 조절은 식품의 저장기간 향상에 큰 영향을 미치게 되는데 이러한 영향이 나타나는 이유는 다음과 같다.

(1) 화학적 의미

수분은 화학 변화에 있어서 용매 또는 성분들의 운반체로서의 기능을 수행하고 있으며, 수분 그 자체가 직접 반응 성분으로서 화학적 변화를 유발할 수 있다. 이것은 표면장력이 커서 이동성이 좋아지고 전기 음성도의 차이가 큰 원소들로 이루어져서 여러 성질의 식품 성분들을 움직일 수 있기 때문에 가능한 것이다.

(2) 식품 조직에 변화 (물리적 의의)

탈수나 건조과정을 통한 수분함량의 변화는 식품의 조직, 밀도 및 기타 물리적인 구조의 변경을 유발하며 이는 식품의 품질저하로 연결된다. 식품에 존재하는 수분의 건조는 식품의 조직을 경화시켜서 조직감을 건조 전보다 딱딱하게 만드는 경우가 많다. 또한 수분의 동결로 인한 부피 증가는 식품의 조직감을 파괴하여 품질을 떨어뜨리는 경우를 유발한다.

(3) 미생물학적인 의의

수분 중에서 특히 자유수는 미생물들이나 독성성분 생성 미생물들의 성장과 직접 연관되어 있어 식품의 고전적 의미에서의 식품의 변질을 촉진하게 된다. 습도가 높은 장마철에 식중독이나 식품의 미생물학적인 변질이 빈번하게 일어나는 것도 바로 이런 이유이다.

(4) 경제적 의의

수분함량은 식품의 중량을 감소시키고 이는 제품 수송비를 절감하고 위에서 언급한 대로 저장기간을 증가시키는 경제적 효과를 줄 수 있다. 더구나 우리나라처럼 수송비 부담이 크고 소비자가 제품 저장기간에 민감한 경우는 경제적으로 수분이 주는 역할은 더 크다고 할 수 있다.

(5) 영양학적 의의

식품 중의 많은 영양 성분들, 특히 비타민 B, C 그리고 일부 단백질, 아미노산 들이 식품 중에서 수용성의 형태로 존재하고 있으나, 식품의 수분함량이 변함에 따라 형태와 성질이 변하여 일부 영양학적인 가치가 떨어질 수 있다.

2) 수분의 역할

수분은 식품에 매우 중요한 역할을 하고 있으며 그 대표적인 것은 조직감과 같은 식품 품질에 영향을 준다는 점과 식품의 저장기간에 중요한 역할을 한다는 것이다.

(1) 품질 변화요인

식품에 존재하는 수분은 수분의 존재형태 및 존재유무에 따라 품질에 많은 영향을 줄 수 있다.

① 존재 유무

수분이 식품에 있고 없음에 따라 식품의 조직감은 많은 영향을 받게 된다. 존재하던 수분이 증발이나 기화와 같은 작용으로 없어지면 식품의 조직감은 부드러움을 상실하면서 딱딱해지게 된다. 예를 들어 물오징어와 마른오징어를 보면 물오징어의 경우 부드러운 성질을 가지고 있지만 수분이 제거된 마른오징어의 경우는 매우 딱딱한 조직감을 가지게 된다. 이와 반대의 경우도 있는데 수분함량이 적고 기름에 튀겨서 딱딱하고 바삭바삭한 스낵과자의 경우는 장마철에 수분을 흡수하면 과자가 물렁물렁해지면서 원래의 조직감을 상실하게 된다. 이처럼 수분의 존재 유무는 식품의 중요한 품질 지표인 조직감에 많은 영향을 주게 된다.

② 존재형태

앞서서 언급한 대로 수분은 액체에서 고체로 변하여 동결되면 부피 증가가 생긴다. 이러한 수분 동결 시에 발생하는 부피 증가는 수분 주위에 촘촘하게 배치되어 있는 다른 식품 성분들의 구조자체도 물리적으로 변형시키게 되며 결국 이것은 식품 조직감의 파괴와 같은 품질 변화를 유발하게 되고 경우에 따라서는 저장기간에도 영향을 줄 수 있다. 예를 들어서 사과를 얼리게 되면 사과 속의 수분이 동결되면서 부피 증가가 일어나고 이것은 결국 사과의 전체적인 조직을 물리적으로 파괴하게 된다. 따라서 얼린 사과를 다시 해동한다고 해도 이미 파괴된 전체의 사과 조직을 원래대로 회복시킬 수 없게 되어 사과의 초기 조직감을 찾을 수 없고 사과의 품질은 급격하게 저해되는 것이다. 같은 원리로 냉해를 입어 동결된 배추는 다시 해동한다고 해도 원래의 바삭바삭한 배추의 조직감을 가질 수 없기 때문에 상품성을 잃어버리게 되는 것이다. 또 다른 예로는 대표적인 탄산음료인 콜라를 들 수 있다. 동결된 콜라는 동결 시에 발생된 수분의 부피 증가로 인하여 가지고 있던 탄산을 음료 밖으로 밀어내게 되고, 배출된 탄산은 콜라가 다시 해동된다고 해도 다시 자발적으로 들어오지 않기 때문에 탄산음료인 콜라의 품질이 급격하게 떨어지게 되는 것이다.

수분의 부피 증가에 의한 변화는 저장기간에도 나타날 수 있다. 수분의 부피 증가로 인하여 다른 식품 성분들은 압력을 받게 되어서 형태 자체의 변형이 생기거나 일정 정도의 부피 증가가 발생할 수 있다. 이러한 변화는 일정한 거리를 두고 존재하던 식품 성분들을 효소의 도움 없이도 직접적으로 접촉시키는 효과를 줄 수 있다. 이러한 식품 성분 상호간의 접촉, 즉 화학반응의 촉진은 식품의 저장기간에 주로 부정적인 요인으로 작용할 수 있다.

이와 같이 식품에 존재하는 수분의 존재형태는 식품의 품질 및 저장기간 등 여러 가지로 많은 영향을 줄 수 있다.

(2) 저장기간 변화요인

앞서서 간단하게 언급한 대로 자유수 함량의 증가는 여러 화학적 그리고 미생물학적 반응을 증가시켜 식품의 저장기간을 감소시킨다.

① 화학적 요인

식품 성분들 상호간의 화학적 반응은 긍정적인 결과를 초래하기도 하지만 저장적인 면에서는 부정적인 경우가 많다. 이러한 화학적 반응은 주로 효소라는 매개체를 이용해서 식품 성분 상호간의 접촉을 유도하고 결과적으로 여러 화학반응에 이른다. 효소라는 매개체가 떨어져 있던 식품 성분들을 만나게 해주는 이동의 역할을 수행하는 것처럼 수분 중 특히 자유수도 자체적으로 가지고 있는 이동성의 성질과 전기 음성도의 차이가 큰 성질을 이용해서 다양한 식품 성분들을 만나게 해주는 역할, 즉 화학반응을 촉진할 수 있다. 이러한 역할은 주로 식품의 저장기간을 단축하는 역할을 한다. 즉 수분 활성도의 증가는 저장기간의 변화에 화학적으로 많은 영향을 주게 되는 것이다.

② 물리적 요인

가열과 같은 인공적인 건조가 아니더라도 식품은 저장 중에 자연스럽게 외부 환경과의 교류로 인하여 수분을 흡수하기도 하고 수분을 방출하기도 한다. 이러한 수분의 양, 즉 자유수의 변화는 식품의 저장 중 품질에 많은 영향을 줄 수 있다. 예를 들어 스낵 과자의 경우 장마철에 수분을 흡수하면 특유의 조직감을 상실하게 돼서 저장기간에 부정적인 영향을 준다. 또한 반대로 쌀의 경우 저장 중에 수분의 재흡수나 건조과정을 거치면 쌀의 외형적인 파괴를 유발하여 밥맛을 떨어뜨리는 경우가 발생할 수 있다.

③ 미생물학적 요인

미생물의 번식 및 이로 인한 식품의 부패 그리고 저장기간의 단축은 고전적인 의미에서 식품의 저장기간을 단축시키는 대표적인 방법이다. 식품에 존재하는 대부분의 미생물은 생육과 번식을 위해서 매우 높은 수준의 수분 활성도, 즉 자유수 값을 요구한다. 일반적으로 요구되는 수분활성은 보통세균 0.91, 보통효모 0.88, 보통곰팡이 0.80, 내건성곰팡이 0.65 정도이다. 따라서 수분활성도가 충분히 높을 경우에는 미생물의 생육이나 번식이 매우 활발하게 일어나서 식품의 저장기간을 단축시키게 되는 것이다.

5. 수분 역할 제거 방법

기본적으로 식품 속에 존재하는 수분은 식품의 특성과 저장 형태에 따라 긍정적인 효과를 주기도 하고 부정적인 효과를 줄 수도 있다. 이런 경우 긍정의 효과를 극대화하고 부정의 효과를 반감시키기 위한 다양한 식품가공 및 저장방법이 사용되는데 대표적인 방법이 건조와 동결이라고 할 수 있다.

1) 건조의 일반적 특징

수분의 역할 중에서도 화학반응을 촉진시키고 미생물의 번식을 활성화시켜 저장기간을 감소시키는 역할로 인한 문제점을 줄이기 위해 오래전부터 사용된 방법은 건조이다.

건조는 고전적으로 가장 광범위하게 사용되고 있는 저장 방법의 일종으로, 기화나 승화 과정을 거쳐 수분을 제거하여 자유수를 감소시키는 과정을 폭넓게 말한다. 건조과정을 통하여 식품의 중량이 감소하여 수송이 편리해지고 수분의 이동성 상실로 인하여 수분의 화학반응 유발 및 미생물 번식의 역할이 없어짐에 따라 식품의 저장 기한을 늘리게 된다. 그러나 이러한 건조과정은 수분 감소에 따른 조직감의 상실을 유발하여 식품의 품질을 저하시킬 수 있는 문제점이 있다. 또한 건조속도를 높이기 위하여 사용되는 가열과정은 그 과정 자체가 조직감, 향, 색 그리고 영양가와 같은 품질 지표의 저하를 초래할 수 있다. 따라서 수분 건조로 생기는 저장기간 증가의 이익과 가열로 생기는 품질저하를 잘 조화시키는 것이 매우 중요하며, 가열을 최소화하면서 건조속도를 높일 수 있는 방법 개발이 현재의 식품공정에서 매우 시급하고 중요한 과제라고 할 수 있다.

(1) 건조과정

건조는 기화나 승화 과정을 거쳐 자유수를 제거하여 공기로 배출하는 과정이라고 할 수 있다. 이러한 수분증발은 먼저 식품 표면에 있는 수분이 증발되고 나서 수분 확산 현상으로 식품 내부에 있던 수분이 수분 농도 차이에 따라 수분함량이 줄어든 표면으로 이동하고 이렇게 표면으로 이동한 수분이 다시 증발하는 과정을 거치게 된다.

식품 표면에서의 수분의 공기로의 증발 → 식품 표면과 내부와의 수분 농도 차이 → 모세관 현상으로 인한 수분의 식품 표면으로의 확산 → 공기로의 증발

따라서 식품 내부에 지방질과 같은 식품 성분들이 고농도로 존재할 경우에는 식품 내부에 존재하는 수분의 확산이 저해되어 건조속도를 떨어뜨리게 된다.

(2) 건조속도를 높이는 방법

같은 온도, 같은 습도인 경우에는 공기와의 닿는 면적을 증가시킬 때 건조속도를 높일 수 있다. 우리가 빨래를 건조할 때도 넓게 펼쳐서 건조하는 것이 효과적인 것처럼 식품도 공기와의 닿은 면적을 최대한 증가시키는 것이 건조속도를 높이는 좋은 방법이 될 수 있는 것이다. 또한 두꺼운 옷 보다는 얇은 옷이 건조가 잘되는 것을 우리는 경험으로 알 수 있다. 그것은 옷 내부에 있는 수분이 건조되기 위해서는 옷 표면으로 이동해야 하는데 얇은 옷에 비하여 두꺼운 옷은 수분의 표면으로의 이동 거리가 길어서 건조에 더 많은 시간이 소요되는 것이다.

즉 건조속도를 높이기 위해서는 공기와의 접촉 면적을 증가시키는 것이 필요하고 이를 위해서는 식품의 크기와 모양 선택이 매우 중요하다. 건조대상 식품의 표면을 넓게 하는 것이 건조속도에는 유리하다고 할 수 있다. 표면이 크면 클수록 접촉 면적 증가로 수분의 증발이 촉진되고 식품의 두께가 얇을수록 수분의 내부에서 표면으로의 이동이

신속하게 이루어지므로 건조 효율은 높아진다. 같은 이유로 지방함량이 높은 제품일수록 수분의 이동속도가 늦어져 건조 효율이 떨어지게 된다. 결론적으로 건조하고자 하는 식품의 모양은 작고 얇게 썰어서 건조하는 것이 좋고 식품 성분은 지방함량이 적을수록 건조 효율이 높아지게 된다. 이런 경우에서 보듯이 식품의 건조속도를 높이기 위하여 식품은 가능하면 넓고 얇게 썰어 건조하는 것이 건조 효율을 높이는 방법이라 할 수 있다.

건조하는 식품뿐만 아니라 건조의 주변 조건도 건조 효율에 많은 영향을 미친다. 우선 공기의 속도가 빠르고 공기의 온도가 높을수록 수분의 증발 속도가 증가하게 된다. 또한 건조실 또는 주위 환경이 건조할수록 건조속도는 높아지게 된다.

(3) 건조 시 유의 사항

다른 제품과는 달리 식품은 건조 시 세밀한 주의가 필요하다. 건조속도를 높이기 위해서 가열 온도를 높일 경우에 식품의 품질(맛, 색, 향, 영양가)을 저하시킬 뿐만 아니라 조직감에도 나쁜 영향을 미치는 경우가 종종 발생할 수 있다. 우리는 찰흙을 가지고 조형물을 만든 경험을 가지고 있다. 그런 찰흙 조형물을 급한 마음에 아주 뜨거운 곳에 두면 건조가 제대로 이루어지지 않고 찰흙 표면이 갈라지는 현상을 보기도 하고 가뭄이 심한 날씨에는 논바닥이 갈라지는 경우를 보곤 한다. 이러한 현상이 발생하는 이유는 표면에서 일어나는 수분의 증발 속도가 식품 내부에서 수분이 표면으로 이동하는 속도보다 매우 크기 때문이다. 이렇게 표면에서 수분이 급격하게 증발되는 상황에서 내부로부터의 수분증발이 원활히 이루어지지 않는 경우에 식품 표면이 갈라지는 현상이 발생하는 것을 표면피막경화현상(case hardening skin effect)이라고 한다. 이런 현상은 초기 건조 온도가 너무 높은 경우뿐만 아니라 식품의 성분이 농축되어 있거나 지방함량이 많은 경우에 일어나며 수분의 식품 내부에서 표면으로의 이동을 지연시켜 이런 표면피막경화현상이 발생하곤 한다. 이런 현상을 최소화하기 위해서는 식품을 얇게 썰어 건조하거나 그늘에서 서서히 건조하는 것이 좋은 방법이라고 할 수 있으며 최근에는 진공건조방법이나 전자레인지 건조방법 등이 표면피막경화현상을 억제할 수 있는 방법으로 알려져 있다.

(4) 효과적인 건조방법

대량생산을 통한 대량소비가 일반화되고 있는 식품산업에서 빠른 건조속도를 가지면서 품질 손실을 최소화 할 수 있는 방법의 개발 및 적용은 품질 향상을 통한 고부가가치 식품개발과 저장기간의 효과적인 증가를 위해서도 매우 중요하다. 가열을 통한 건조는 가열로 인한 품질저하를 유발하게 되며 따라서 이런 단점을 가지지 않는 효과적인 건조방법의 개발은 매우 산업적으로 필요하다. 그 방법으로 주목 받는 방법이 진공건조방법과 분무식 건조방법이라고 할 수 있다.

① 진공건조

고온 가열을 통한 건조는 식품의 열 변성을 유발하게 되어 식품의 색, 맛, 향이 변화되면서 조직의 복원성도 떨어진다. 따라서 가열을 최소화하면서 건조하는 것이 매우 중요하다. 건조과정에서 언급한 것처럼 건조를 쉽게 하는 방법에는 표면적을 넓게 하고 얇게 썰어주는 것과 같은 식품의 모양과 형태를 변형시키는 방법이 있으며 이것은 공기와 접촉하는 면적을 늘려준다는 점에서 효과를 볼 수 있다. 그것과 더불어 중요한 건조 포인트는 필요 에너지를 최소화한다는 점이다. 수분이 증발되는 과정을 살펴보면 위에서 누르는 힘, 즉 대기압을 뛰어 넘을 수 있는 에너지가 필요한데 이 에너지는 가열을 통해서 공급받는다. 그런데 이 가열과정은 가공식품의 품질에 부정적인 요인을 주는 경우가 대부분이므로 가열을 최소화하면서 건조하는 것이 필요하다. 가열을 최소화하면서 건조속도를 높일 수 있는 방법에는 앞에서 언급한 건조하고자 하는 식품의 모양이나 형태를 변경하는 방법뿐만 아니라 감압이나 진공을 하는 방법이 있다. 감압이나 진공을 적용하면 위에서 눌러주는 힘이 줄어들어 식품 표면에 있는 수분이 적은 가열로도 쉽게 증발되고, 식품 내부에 있는 수분도 표면으로 보다 쉽게 이동되어 건조를 촉진하게 되고 표면피막경화현상도 최소화할 수 있는 장점이 있다. 진공이라는 것은 수분이 증발하는 데 장애물이라고 할 수 있는 위에서 눌러주는 힘, 즉 대기압을 줄여줌으로써 품질 변화를 최소화하면서 효과적인 건조를 할 수 있도록 도와주는 것이다.

물론 이러한 진공건조방법도 무시할 수 없을 정도의 열을 가해야 하고, 상압 조건으로 회복되었을 때 수분의 재흡수 가능성이 높고 조직의 복원성이 좋지 않다는 단점은 가지고 있다. 그러나 최근에 많이 적용되고 있는 포장 기술의 적용은 이런 문제점의 발생을 많이 줄여주고 있다.

② 분무식 건조방법(spray dryer)

건조속도를 높이고 이를 통해서 생산성과 품질 향상을 높일 수 있는 방법으로 많이 이용되는 건조방법이 분무식 건조방법이다. 일정한 형태를 가지고 있는 반건조 상태의 식품을 건조하는 일반적인 열풍건조방법과 달리 액체 형태로 존재하는 식품이나 건조과정을 통하여 식품의 형태와 모양을 변경할 필요가 있을 때 사용하는 방법이 바로 이 분무식 건조방법이다. 대표적으로는 커피, 분유 또는 분말주스 건조방법 등이 이에 해당 된다. 예를 들어 분유의 경우 우유의 건조과정을 통하여 단순히 수분만을 제거 하는 것이 아니고 분유사용 시 물에 잘 녹을 수 있도록 입자의 크기를 조절하고 필요한 물질을 첨가할 필요가 있는데 이를 위해서는 분무식 건조방법(spray dryer)이 매우 효과적이다.

분무식 건조방법은 액체상태의 식품을 입자의 형태로 분무하며 그 순간에 열풍을 가하여 입자의 형태로 액체를 건조시키는 방식이라고 정의할 수 있다. 이 방식을 사용하는 제품은 주로 분유나 커피 그리고 프림 같이 용해도가 제품의 사용 편리성에 중요한 영향을 주는 것들이다. 이러한 용해도 증가의 장점 이외에도 분무식 건조방법은 작은 입자를 가열처리하여 건조하므로 건조효율이 매우 높아 열 변성으로 건조식품의 품질 변화를 최소화 할 수 있는 장점이 함께 있다. 즉 입자의 크기가 작아서 공기와 접촉하는 면이 늘어나고 이로 인해서 건조시간이 매우 단축될 수 있어서 건조과정에서 발생할 수 있는 가열로 인한 품질 변화를 줄일 수 있는 장점을 가지고 있는 것이다. 이런 장점으로 인하여 분무식 건조방법은 높은 설비비에도 불구하고 주스, 커피 그리고 분유와 같이 가열로 인한 품질 변화가 심하게 발생하고 품질에 대한 소비자의 민감도가 높은 제품에 폭넓게 사용되고 있다.

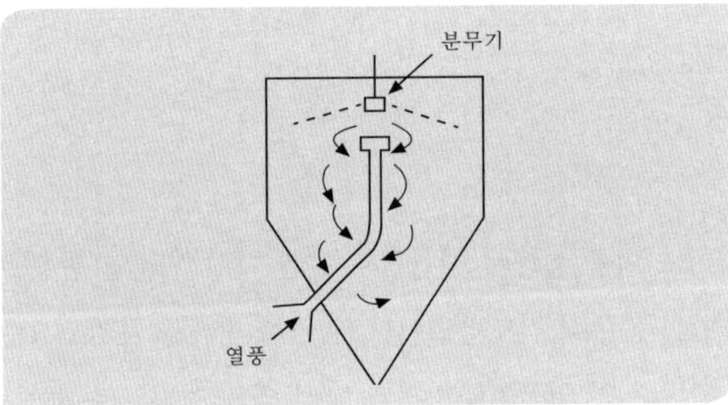

그림 3-4▶ 분무식 건조방법

2) 동결의 기본 원리

건조는 식품의 수분 활성을 제거하여 식품의 저장성을 높이는 역할을 할 수 있으나 수분 건조 시 열을 가하는 과정에서 식품의 품질 변화를 필연적으로 초래하는 단점이 지적되고 있다. 또한 건조 후에는 공기 중의 수분이 다시 식품으로 이동할 수 있는 문제점을 가지고 있어서 포장 등과 같은 저장조건에도 신경을 기울여야 한다. 이러한 건조의 단점을 일부 보완할 수 있으면서 수분 활성을 제거하는 또 다른 방법은 냉동이라고 할 수 있다. 수분의 냉동은 건조처럼 수분을 완전히 제거하지는 않지만 수분이 식품에 존재하는 상태에서도 수분의 형태를 고체로 변형시켜서 수분의 움직임 그리고 미생물의 이용 가능성을 제거하는 효과를 낼 수 있는 또 다른 저장기간 증가의 좋은 방법이다.

그러나 냉동방법 또한 단점을 가지고 있는데 이것은 수분의 동결 과정에서 부피가 증가하여 식품의 조직감 상실 및 색이나 향 등의 품질 변화를 유발하는 단점이 있으며 저장조건을 항상 냉동으로 유지해야하므로 유지비 부담을 증가시킬 수 있다는 점이다. 따라서 가장 좋은 방법은 열사용을 최소화하면서 수분의 활성을 제거하고 제거 후에는 상온에 저장할 수 있는 것이 좋다. 또한 냉동을 하더라도 수분의 부피 증가로 인한 품질 변화를 최소화하면서 해동 시에 수분의 재흡수 시 복원성을 향상시킬 수 있어야 한다. 이러한 요구조건을 충족시키기 위하여 개발되고 적용되고 있는 방법이 바로 얼음의 승화에 의한 건조방법인 급속동결 진공건조방법으로 다음과 같은 단계로 이루어지고 있다.

식품을 급속동결시킴 → 진공건조실 → 얼음의 승화에 의한 건조

기본적인 과정을 설명하면, 우선 식품을 영하 30도 내지 40도 이하의 낮은 온도로 급속하게 냉동시킨다. 급속냉동은 수분의 일반적인 동결 과정에서 발생하는 부피의 증가를 최소화 할 수 있다. 수분의 저장 온도가 서서히 내려가면 수분은 규칙적인 배열을 만들 시간을 가지면서 일정한 골격을 형성하면서 자신이 차지하는 부피를 증가시키며 얼음으로 변하는 과정을 거친다. 그러나 저장 온도가 급격하게 매우 낮은 영하 30도 이하로 내려가면 수분은 배열을 갖추기 전에 움직임이 정지되면서 이동성을 잃어버리게 된다. 또한 배열을 만들 시간을 갖지 못하기 때문에 부피 증가가 생기지 않고 움직임을 멈추게 된다.

따라서 급속냉동을 하게 되면 수분 활성 특히 그 중에서도 식품 변질에 중요한 요인이 되는 수분의 이동성을 제거하고 동시에 부피 증가 없이 동결이 일어나게 된다. 따라서 조직감과 같은 품질 변화 없이 저장조건을 늘릴 수 있으며 다른 용질의 이동도 억제

하여 필요 시 수분의 재흡수를 용이하게 하여 식품의 조직감의 원상회복 정도를 높여 줄 수 있다.

그러나 이러한 급속냉동 방법도 식품을 계속 냉동상태로 저장해야하므로 관리비용을 증가시키고 장기간 냉동으로 발생하는 색이나 향의 변질을 초래할 수 있어 단점을 가지고 있다. 이런 단점을 극복하기 위해 도입된 방법이 급속동결한 제품에 진공을 적용하는 방법(급속동결 진공건조방법)이다. 이 방법의 기본 원리는 진공을 적용했을 때 수분증발이 잘 이루어진다는 점을 이용한 것이다. 영하 30도 이하의 낮은 온도에서 급속 냉동한 식품을 우선 진공실에 보낸 뒤에 온도를 영하의 상태에서 약간 높여주면 위에서 눌러주는 힘이 없으므로 동결된 수분까지도 자발적으로 기화를 하게 되는 것이다. 즉 식품의 품질에 전혀 영향을 주지 않을 정도의 약간의 온도 상승만으로도 냉동된 수분은 진공에 의해서 고체상태에서 기체상태로 승화되어 증발하게 된다.

결과적으로 식품은 급속 냉동으로 부피 증가 없이 수분을 고체화시키고 식품 성분들의 이동성을 최소하고 진공을 통하여 매우 낮은 열로 수분을 고체에서 기체로 승화시킴으로써, 식품은 부피의 증가와 가열로 인한 품질변화 없이 필요 시 수분 재흡수가 용이한 저장성이 긴 가공식품을 만들 수 있는 것이다.

이런 급속동결 진공건조방법은 실제로 다양한 식품에 사용되고 있으며 앞으로 사용범위가 확대될 것으로 보인다. 실제로 유탕면의 건더기 스프 같은 경우 급속동결 진공건조방법을 통하여 상온에서 저장기간도 대폭 증가시켰으며 끓는 물을 만나면 원래의 조직감과 유사하게 복원되는 효과를 보여 주고 있다. 물론 이 방법도 저장 중 수분의 재흡수라는 문제점이 생길 수 있으므로 제품의 개별 포장에 많은 신경을 기울여야 한다.

제4장

탄수화물
(Carbohydrate)

식품의 주요 성분 중에 우리에게 가장 친숙한 성분은 아마도 탄수화물이라고 할 수 있을 것이다. 탄수화물의 일반식은 $C_m(H_2O)_n$의 조성으로 표현하며 C, H, O의 3원소로 되어 있고 탄소와 물로 구성된 화합물을 총칭하며 대단히 많은 종류의 화합물을 함유하고 있다.

기능적으로 탄수화물은 지질, 단백질과 같이 동물과 식물의 생명에 기본적인 역할을 하는 중요한 성분이다. 식물체에서는 광합성에 의해 생성되며, 탄수화물의 한 종류인 녹말이나 셀룰로오스는 식물체의 중요한 구성성분이다. 동물은 식물이 만든 것을 섭취하여 간, 근육에서 글리코겐의 형태로 저장하고, 생활에 필요한 에너지원으로 이용한다. 여기에는 녹말과 같이 난용성인 다당류와 포도당 등과 같이 가용성인 단맛을 내는 당이 있다.

1. 탄수화물의 종류

탄수화물은 동양인의 식품 속에 많이 함유되어 있는 중요 영양소로서 곡류와 서류

(고구마와 감자)의 중요한 원료이다. 탄수화물은 탄소와 산소 그리고 수소로만 이루어져 있으며 단백질을 구성하는 아미노산과는 달리 질소를 포함하고 있지 않다.

대표적인 탄수화물에는 당류, 전분, 섬유소(cellulose) 그리고 펙틴 등이 있다. 탄수화물은 당을 구성하는 탄소수에 따라 4탄당, 5탄당 그리고 6탄당으로 구분되거나 당의 수에 따라 단당(monosaccharide), 이당(disaccharide), 그리고 다당류(polysaccharide)로 나누어진다.

1) 단당류

단당류는 다음 그림에서 보듯이 한 개의 carbonyl group을 가진 polyhydroxy alcohol으로 이루어져 있으며 더 이상 가수분해되지 않는 특징을 가지고 있다.

단당류는 구성하는 탄소수에 따라 4탄당, 5탄당 그리고 6탄당으로 나누어지며 이중에서 6탄당이 대표적인 단당류라고 할 수 있다. 이것은 식품이나 자연 상태에서는 6탄당이 높은 구조적인 안정성으로 가장 기본이 되는 구조이기 때문이다. 따라서 6탄당은 자연에 널리 분포하며 식품소재로서도 광범위하게 사용되고 있으며 가공 또는 저장 중에 중요한 역할을 한다. 단당류는 인체에 흡수되며 식품의 맛에도 직접적인 영향을 미치며 따라서 단맛을 나타내는 감미원으로 널리 사용된다.

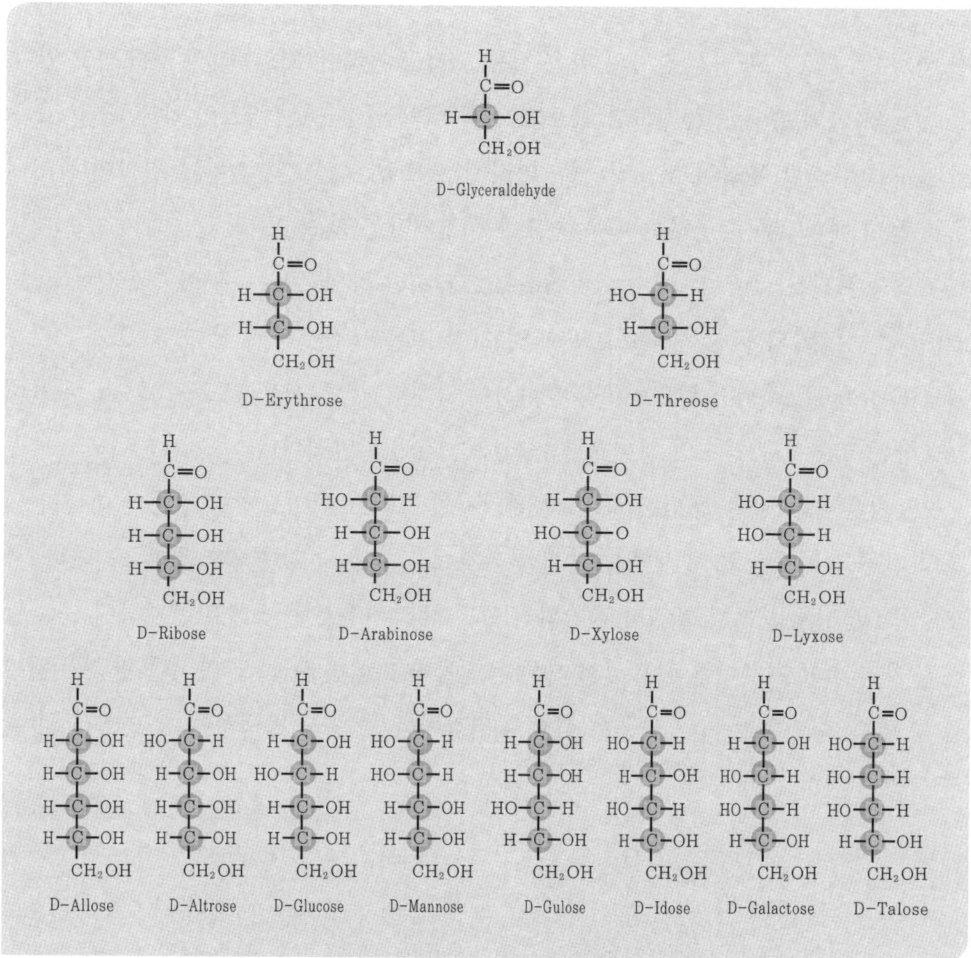

그림 4-1▶ 단당류의 구조

(1) 포도당 (glucose)

우리 일상생활에서 단맛을 내는 설탕의 기본 원료로 그리고 병원에서 환자의 피로 회복 주사로 많이 사용되는 단당류의 대표적인 당류가 포도당이다. 포도당은 이름에서 알 수 있듯이 포도에 많이 존재하는 단맛을 내는 물질로서 시작 물질은 3탄당인 glyceraldehyde이며 여기에 탄소가 3개 결합하여 포도당 구조를 형성한다. 포도를 비롯한 과실류 그리고 고구마, 감자와 같은 서류 그리고 야채류에도 폭넓게 분포하고 있다. 우리 몸의 혈액 속에도 존재하고 있으며 인체 내의 열량 생성 경로인 해당 작용(glycolysis)의 출발 물질이 포도당이다. 따라서 포도당은 단맛의 기본 물질이며 동시에 우리 몸에 에너지를 공급하는 매우 중요한 물질이라고 할 수 있다.

포도당은 전분(starch)이나 glycogen 그리고 설탕의 주요 성분이며 동시에 cellulose(섬유질)의 구성 성분으로 당류의 가장 기본 물질이라고 할 수 있으며 단맛은 과당(fructose)이나 설탕(sugar)에 비하여 약하다. 설탕의 감미도를 100으로 했을때 포도당은 70에서 80정도의 감미도를 나타내는 것이 일반적이다.

포도당은 위와 같은 우리 인체 내의 에너지원 그리고 감미료의 역할뿐만 아니라 식품의 가공이나 저장 중 발생하는 갈색화 과정에도 매우 중요한 역할을 할 수 있다. 포도당의 1번 탄소는 다른 물질과 결합되어 있지 않은 자유로운 상태로 존재하여 환원 능력을 가지고 있으며 이를 이용해서 다른 물질들과 화학반응, 특히 마이얄 반응에 참여할 수 있다. 이러한 마이얄 반응은 식품의 저장이나 가공 중 발생하는 색 변화나 향 발생 그리고 영양 변화 등에 매우 중요한 역할을 할 수 있다,

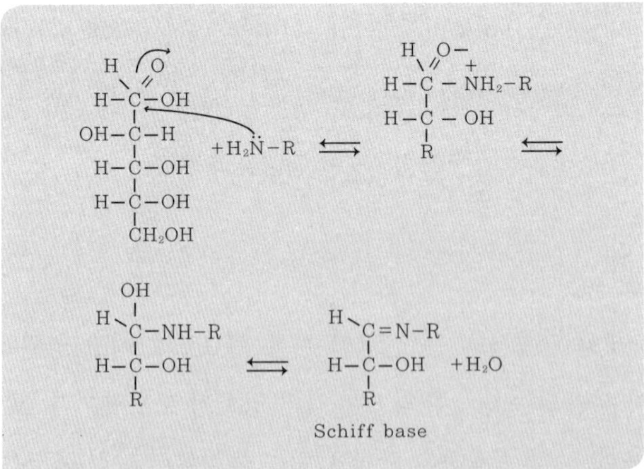

그림 4-2▶ 마이얄 반응의 1단계 과정 (schiff base 형성)

(2) 과당 (fructose)

일반적으로 알려진 당류 중에서 가장 강한 단맛을 내는 물질인 과당은 과실이나 과즙 또는 벌꿀에 존재한다. 과당의 단맛의 정도는 연구방법이나 조건에 따라서 연구자에 따라 상당히 다양하게 기술되고 있으나 모든 연구에서 단맛이 설탕에 비하여 강한 것으로 나타나고 있으며 일반적으로 설탕에 비하여 약 1.4배의 단맛을 지니는 것으로 설명할 수 있다.

포도당처럼 여섯 개의 탄소를 가진 대표적인 6탄당 당류인 과당의 시작 물질은 포도당과 달리 3탄당인 dihydroxyactone(DHA)이며 포도당이나 설탕에 비하여 용해도가 큰 특징과 매우 강한 흡습 조해성을 가지고 있다. 이러한 수분과 잘 어울리는 성질로 인하여 과당은 우리 생활에 고체형의 결정형 구조로 이용하기는 힘들어 시럽 등으로 주로 사용되고 있다. 이러한 액체형태의 존재는 차가운 물에 사용 시에도 높은 용해도를 보여주는 장점은 있으나 다양한 식품에 광범위하게 사용하고자 하는 소비자에게 부분적으로 불편함을 주고 있어 사용에 일부 제한이 있다. 또한 단맛의 정도가 소비자의 선호도 범위를 벗어날 정도로 너무 강한 단점을 가지고 있다. 즉 단맛의 정도가 너무 강하면 소비자는 단맛의 쾌감보다는 피로감이나 불편한 느낌을 가지게 되는데 이것은 우리가 꿀물을 먹었을 때 느끼는 피로감과도 같다고 할 수 있다.

이러한 과당의 장단점을 이용하여 음료 등에 단맛을 내는 식품 첨가물로서 과당은 높은 용해도를 잘 활용해서 음료의 주재료인 물에 희석되어 사용됨으로써 단맛의 강도를 적절하게 조절하면서 사용되고 있다. 또한 과당은 단맛이 상대적으로 약한 포도당과 결합하여 설탕을 만들어 사용함으로써 단맛의 강도를 낮추어 소비자의 선호도를 높여주고 있고 결정형 구조로 만들어 소비자의 사용 편의성을 높여주고 있다.

과당은 또한 효소의 일종인 포도당 이성화효소(glucose isomerase)에 의하여 포도당으로 전환될 수 있으며 포도당 역시 과당으로 상호 전환될 수 있다. 따라서 산업 현장에서는 포도당과 과당의 비율을 필요에 따라 자유롭게 조절하여 90% fructose corn syrup(90% 과당 / 10% 포도당) 또는 55% fructose corn syrup(55% 과당 / 45% 포도당) 또는 45% fructose corn syrup(45% 과당 / 55% 포도당) 등으로 제품의 용도에 맞게 사용할 수 있다.

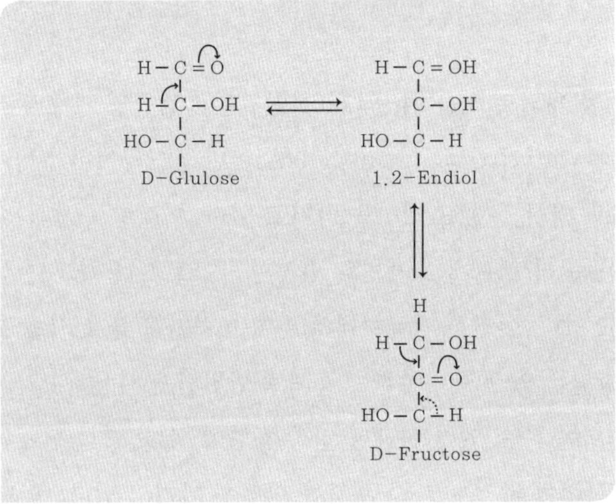

그림 4-3▶ 이성화효소에 의한 포도당과 과당의 전환

(3) 자일로즈 (xylose)

5탄당의 일종인 자일로즈는 나무에서 얻어지는 당으로 최근에 껌 재료로 각광을 받고 있는 자일리톨 성분의 원료가 된다. 자일리톨(Xylitol)은 당알코올성 천연 감미료라고 하는데 인체 내에서는 포도당 대사의 중간 물질로 생성되기도 하지만, 주로 식물에 분포한다. 다음의 그림에서 보듯이 자일로즈에 수소를 첨가하면 자일리톨이 만들어진다. 자일리톨은 체내에서 흡수가 안 되고 미생물이 이용할 수 가 없어서 단맛을 즐기면서도 충치예방에 효과적인 특성을 가진다. 충치는 충치균이 음식물에 들어 있는 포도당 또는 과당 등을 먹고 배출하는 젖산이 치아의 표면을 부식시키는 현상을 말하는데, 충치균은 6탄당은 쉽게 분해하지만 5탄당인 자일리톨은 분해하지 못하고 결국 충치균은 영양소를 섭취하지 못하게 된다. 더욱이 자일리톨은 입안을 시원하게 해 주는 청량 효과까지 있어 침 분비를 촉진하는 등 충치예방에 적합해 충치예방 식품의 첨가물로 이용되고 있다. 또한 자일리톨은 단맛을 내면서도 인슐린과 무관해서 당뇨병 환자의 감미료로서 폭넓게 사용 될 수 있다.

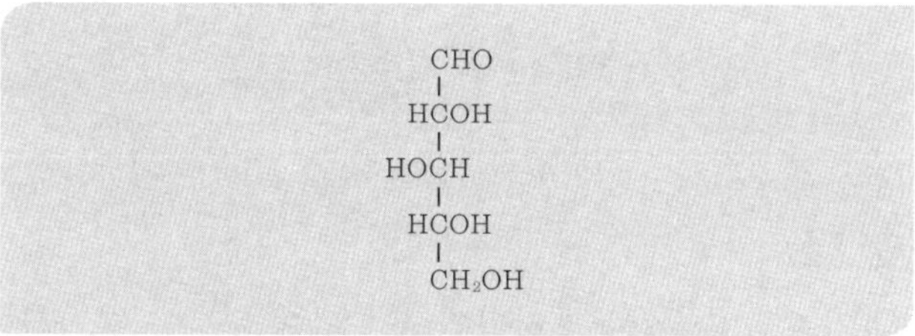

그림 4-4▶ 자일로즈의 구조

(4) 리보스 (ribose)

핵산(ribonulceic acid)이나 ATP(adenosine triphosphate)의 구성 성분인 리보스는 5탄당물질로서 유전정보 발현이나 에너지원으로 쓰이기도 하고, 세포의 구성 물질을 이루기도 한다. 핵산의 기본 단위는 뉴클레오타이드인데 이것은 ribose (RNA) 또는 deoxyribose(DNA) + base(염기) + phosphate(인산)으로 이루어진다. 또한 리보오스는 그 탄소를 분해하여 에너지원으로 쓰이는데 결국 탄소는 이산화탄소로 전환되고 그 과정에서 ATP(adenosin triphosphate)라는 에너지 저장물질을 만들어낸다.

리보스는 또한 식품의 중요한 맛 성분인 조미료 맛 성분에 관여하는 특징을 가지고 있다. 리보핵산(ribonulceic acid)을 분해하여 만든 핵산계 조미료로 IMP와 GMP가 사용되고 있다. IMP는 inosine-5'와 monophosphate를 1대 1의 비율로 혼합하여 만든 것이고 GMP는 guanine-5'와 monophosphate를 1대 1의 비율로 혼합하여 만든 것이다.

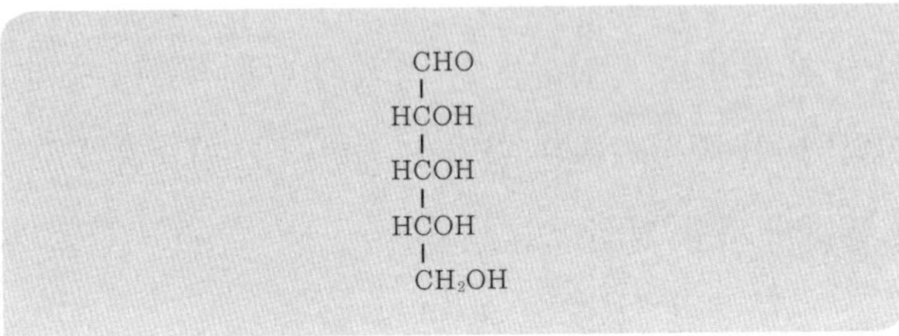

그림 4-5▶ 리보스의 구조

(5) sorbitol (솔비톨)

자일리톨과 마찬가지로 솔비톨은 6탄당인 포도당에 수소를 첨가하여 고압하에서 촉매를 첨가한 후 환원시켜 만들어진다. 6개의 수산기(-OH)를 가진 당알코올로서 D-sorbitol 또는 D-glucitol이라고도 불리는데, 자연계에 광범위하게 존재하며 특히 과실류나 해조류에 다량 함유되어 있다. 하지만 대량생산을 위해서 인공적으로 합성해서 사용하고 있다. 냄새는 없고 단맛이 있으며 기본적으로 분말형태이나 용해도가 높아서 수용액으로 많이 이용된다. 솔비톨(액상)은 설탕에 비해서는 감미도가 낮아서 설탕의 약 70% 수준으로 알려져 있다. 그러나 단맛을 내면서도 미생물에 의하여 발효가 되지 않는 특징을 가지고 있어서 당뇨병 환자의 감미원 물질로서 사용되며 저칼로리 특징이 있어서 다이어트 제품에 많이 사용되고 있다. 또한 보향성이 우수하여 식품 및 음료의 향미를 오랫동안 지속시켜준다. 솔비톨은 단맛 자체는 약하나 소비자의 선호도가 높은 상쾌한 단맛을 주며 또한 비타민 C의 전구체인 ascorbic acid의 원료로도 사용될 수 있다.

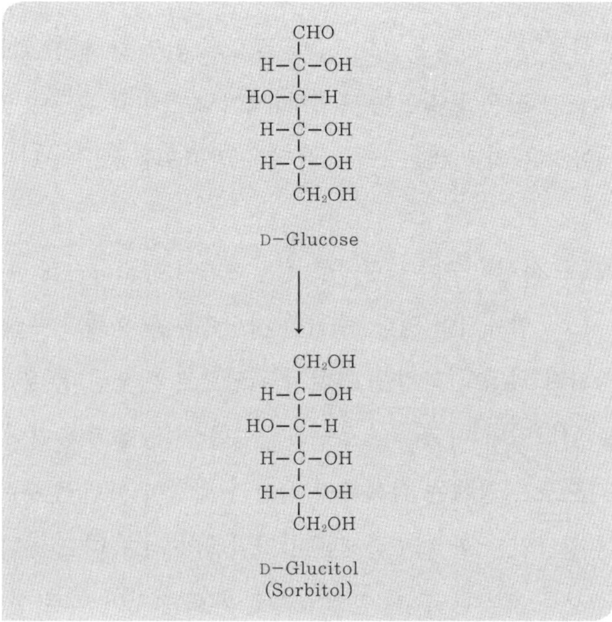

그림 4-6▶ 솔비톨의 구조

2) 이당류

이당류는 두 개의 단당류로 구성되어 있는 물질을 말하며 설탕, 맥아당 그리고 유당이 대표적인 이당류에 포함된다. 중요한 이당류는 모두 기본적으로 포도당을 가지고 있고, 나머지 다른 한 개의 단당이 무엇이냐에 따라 이당류를 서로 구별한다.

(1) 설탕 (sucrose)

대표적인 감미료로 사용되는 설탕은 포도당과 과당의 결합으로 만들어진다. 설탕의 1번 탄소는 과당의 2번 탄소와 수소결합을 형성하면서 설탕과 물을 만들어낸다. 설탕은 온도에 따른 단맛의 변화가 적어서 감미도의 기준 물질로 사용하고 있으며 설탕의 감미도를 100으로 정하여 다른 물질들의 단맛의 정도를 비교하고 있다. 즉 가장 단맛을 내는 물질인 과당은 설탕의 1.2~1.8배 정도의 단맛을 내는 것으로 알려져 있으며 포도당과 과당의 혼합물인 전화당은 0.9~1.2배 정도의 단맛을 내는 것으로 보고되고 있다. 설탕보다 감미도가 낮은 물질로는 포도당, 맥아당 그리고 유당이 있는데 각각 포도당은 약 0.8배, 맥아당은 약 0.4배 그리고 유당은 약 0.2배 정도의 단맛을 내는 것으로 알려져 있다.

설탕은 기본적으로 사탕수수나 사탕무를 결정화하여 제조하는데 사탕수수에는 순수한 설탕이 약 10~15% 함유되어 있다. 수확한 사탕수수는 분쇄와 추출 그리고 정제 과정을 거쳐 결정화되며 결정화 과정을 거쳐서 원당으로 탄생된다. 우리가 수입하는 설탕의 원료가 바로 원당이며 이 원당으로부터 순수한 설탕을 추출하여 여러 가지 설탕을 만든다. 기본적으로 원당에는 갈색류의 색깔과 설탕이 아닌 성분이 대략 2~3% 정도 함유되어 있어 원당의 색깔은 노란색에서 암갈색의 색을 띠고 있다. 원당에 포함되어 있는 비설탕 성분을 제거한 후 흰 분말입자로 만드는 것이 바로 설탕의 제조공정이다. 처음에는 순도 99.9%의 흰설탕(정백당)이 만들어지며 이 정백당이 가열과정을 거치면서 갈변화되는데 이것이 황설탕(중백당)이다. 이 황설탕은 원당의 향이 살아있고 갈색화 과정을 거친 관계로 커피용으로 많이 사용되고 있다. 황설탕에 카라멜을 첨가하여 더욱 더 진한 갈색으로 보이는 설탕이 흑설탕(삼온당)인데 우리의 전통음식인 수정과나 약과 등에 사용되고 있다.

설탕은 효소나 산 그리고 알칼리에 의해 포도당과 과당으로 가수분해되며 포도당과 과당이 결합하지 않고 그냥 혼합되어 존재하는 물질은 전화당이라 하여 따로 구분한다. 설탕을 가열처리하면 갈색화 반응의 일종인 카라멜화(caramelization) 과정을 거치게 된다. 이러한 caramelization 현상은 설탕뿐만 아니라 모든 단당류 · 이당류에서 일어나며 비효소적 갈색화 반응(non-enzymatic browning reaction)의 한 경우이다.

(2) 전화당 (inverted sugar)

앞에서 언급한 것처럼 포도당과 과당이 결합하여 존재하지 않고 함께 혼합하여 존재하는 물질을 전화당이라고 한다. 전화당의 단맛의 정도는 연구자에 따라 다소 차이가 있지만 설탕과 거의 유사하거나 다소 높은 것으로 알려져 있다. 그러나 비효소적 갈색화 반응의 일종인 마이얄(Maillard reaction) 반응의 진행 여부에서는 큰 차이가 있다.

식품의 가공 및 저장 중에 일어나는 갈색화 반응의 한 종류인 마이얄 반응은 기본적으로 단당류와 아미노산의 결합으로 반응이 시작된다. 그 중에서도 대표적인 단당류인 포도당이 마이얄 반응의 시작 물질로 많이 거론되는데, 아미노산의 아미노기(NH_2)와 반응하는 포도당의 가장 중요한 탄소 위치는 1번 탄소이다. 설탕의 경우 이미 포도당의 1번 탄소가 과당의 2번 탄소와 수소결합을 형성하고 있어서 아미노산의 아미노기가 반응할 공간을 갖지 못하여 마이얄 반응이 일어나지 않는다. 이와 반대로 포도당과 과당이 결합하지 않고 그냥 혼합하여 존재하는 전화당의 경우는 포도당의 1번 탄소가 자유로운 상태이므로 아미노산의 아미노기가 포도당의 1번 탄소와 아미노 결합을 형성하여 마이얄 반응을 시작할 수 있게 된다. 따라서 전화당은 단맛의 강도에서는 설탕과 큰 차이가 없지만 마이얄 반응의 진행 여부에서는 설탕과는 매우 다른 특성을 보이며 소화나 흡수가 잘 되서 과자나 사탕 제조 등에 많이 사용되고 있다.

(3) 맥아당 (maltose)

포도당과 포도당이 결합된 구조인 맥아당은 기본적으로 전분의 구성단위이다. 단맛은 설탕에 비하여 30~50% 정도이다. 보리에서 맥아가 발아할 때 생성되며 2분자의 포도당으로 구성된 맥아당은 밥을 오래 씹으면 침에 존재하는 효소인 프티알린(ptyalin)에 의해 전분이 분해되어 생성되는데 이때 단맛이 난다. 맥아당은 포도당 그리고 과당과 함께 환원당에 포함되는데 환원당이라는 것은 아미노산 등과 반응하여 갈색 물질을 만드는 환원 능력을 가지고 있다는 말이다.

(4) 유당 (lactose)

포도당과 갈락토즈로 이루어져 있는 유당은 포유동물의 젖에 존재하며 특히 초유 속에서 많이 발견되고 그 양은 모유에 6.7%, 우유에 4.5% 정도 함유되어 있다. 당류 중에서 가장 단맛이 떨어지며 단맛이 설탕에 비하여 약 20% 정도이다. 한국인의 경우는 유당 분해효소가 없는 lactose intolerance(유당 과민증)라는 lactose 신진대사불능 현상을 가진 사례가 많다. 이런 증상을 가진 경우에는 헛배가 부르고, 복부에 가스가 차고, 복통, 설사 등을 유발하는 등 우유의 소화에 어려움을 겪게 된다.

3) 다당류

가수분해 시 많은 수의 단당류를 형성하는 분자량이 매우 큰 당을 다당류라고 한다. 식품에서 접할 수 있는 대표적인 다당류에는 전분, 섬유소(셀룰로즈) 그리고 펙틴 등이 있다. 다당류는 구성하고 있는 단당류의 종류의 수에 따라 homopolysaccharid와 heteropolysaccharide로 나누어진다. Homopolysaccharide는 한 종류의 단당류로 이루어진 당이며 heteropolysaccharide는 두 개 이상의 종류의 단당류로 이루어진 당이다. Homopolysaccharide에는 전분이나 섬유소가 대표적이며 hete-ropolysaccharide에는 펙틴이 대표적이다.

(1) 전분

전분은 포도당과 포도당이 α-(1,4)-glucoside 결합을 형성하여 만드는 물질로 고구마, 감자 그리고 옥수수에 존재하며 밀에 존재하는 밀가루와는 다르다. 전분은 찬물에는 쉽게 녹지 않지만 뜨거운 물에서는 용해와 응고 과정을 거쳐서 풀과 gel을 형성한다. 전분 입자의 현탁액을 가열하면 입자는 팽윤되고 호화되어 점성이 증가하여 마침내 풀이 되고 이 풀을 냉각하면 gel이 형성된다. 이러한 성질을 이용하여 전분은 식품의 점도를 높이는데 사용되고 있으며 대표적인 식품이 푸딩(pudding)이다. 이렇게 호화된 전분의 온도를 낮추면 전분 입자는 불용성 상태로 노화되는 특징을 보여 준다.

전분은 우리 인체에서 소화효소인 α-아밀라아제(α-amylase)와 아밀로글루코시드 가수분해효소(amyloglucosidase)에 의해서 말토오스나 포도당으로 가수분해된다. α-아밀라아제(α-amylase)는 프티알린이라고도 부르며 주로 여러 포유류의 소화계의 침샘에서 만들어지며 전분(녹말)을 말토오스로 분해한다. 또한 amyloglucosidase는 아밀로스와 아밀로펙틴의 α-(1,4)-glucoside 결합을 공격해서 주로 포도당(D-glucose)을 생산한다.

(2) 섬유소 (셀룰로즈)

섬유소는 포도당과 포도당이 β-(1,4)-glucoside 결합을 형성하여 만드는 물질이다. 구성 성분은 포도당으로 전분과 같지만 포도당과 포도당이 결합하는 방법이 전분과는 다른 특징이 있다. 또한 섬유소는 식물계에 많고 식물조직에서 골격구조로서 작용하며 찬물은 물론 더운 물에도 잘 녹지 않으며 β-아밀라아제(β-amylase)에 의해 분해된다. β-아밀라아제는 효모, 곰팡이, 세균이나 식물의 씨에 많이 존재하며 우리 인체에는 존재하지 않는다. 따라서 사람은 섬유소를 소화할 수 없고 열량을 공급할 수도 없다. 그래서 섬유소가 많은 야채류들은 저칼로리 다이어트 식품으로 현재 많은 인기를 얻고 있다.

(3) 펙틴 (pectin)

식물 세포벽 특히 사과 껍질 안쪽에 주로 존재하는 펙틴은 기본적으로 D-갈락투론산(galacturonic acid)이 α-1,4 glucoside 결합에 의해 연결된 탄수화물로 갈락투론산의 카르복시(carboxyl)기 일부가 메틸에스테르화(methylesterification)되고 일부는 염기에 의해 중화되어 있는 대표적인 heteropolysaccharide 탄수화물이다. 펙틴은 과일의 성숙 정도에 따라 일반적으로 프로토펙틴(protopectin), 펙틴산(pec

-tinic acid) 그리고 펙트산(pectic acid) 3가지 종류로 구분된다. 미숙한 과일에서는 펙틴이 세포벽 내의 셀룰로오스와 결합한 프로토펙틴(protopectin)이라는 형태로 존재한다. 과일이 적당히 성숙함에 따라 효소 프로토펙티네이즈(protopectinase)에 의해 프로토펙틴(protopectin)이 분해되어 펙틴산(pectinic acid)이 생성되며 이로 인해 조직이 연화된다. 과일이 과숙함에 따라 또 다른 효소 펙티네이즈(pectinase)와 펙틴 에스터레이즈(pectin esterase)에 의해 펙틴산(pectinic acid)이 분해되어 펙트산(pectic acid) 생성되며 이로 인해 조직이 더욱 연화된다.

펙틴은 젤리와 같은 식품 등에 점도 증가제로 폭넓게 사용되고 있으며 최근에는 펙틴의 항산화 능력과 장운동 촉진 능력 그리고 다이어트 역할 등이 알려지면서 다양한 건강식품 개발을 위해 많은 주목을 받고 있다.

2. 전분의 특성

전분은 대표적인 식물의 저장 탄수화물(reserve carbohydrate)이며 수많은 포도당으로 이루어진 homopolysaccharide이다. 식물은 포도당, 과당 그리고 맥아당을 포도당으로 전환한 후 전분으로 저장하는 과정을 거친다. 전분은 입자의 형태로 존재하고 전분 입자 상호간에 많은 수소결합을 통하여 강하게 결합되어 있다. 전분을 구성하고 있는 포도당 한 분자는 다른 포도당 한 분자와 수소결합을 형성하는데 크게 2가지 방향으로 수소결합을 형성하고 있다. 하나는 포도당과 1번 탄소와 옆에 위치한 포도당 4번 탄소가 수소결합을 형성하는 1,4 결합방식이다. 또 다른 결합방식은 포도당과 1번 탄소가 아래에 위치하고 있는 포도당 6번 탄소와 수소결합을 형성하는 1,6 결합방식이다. 1,4 방식의 결합은 포도당과 포도당이 좌우로 병렬로 연결시키고 1,6 결합방식의 결합은 포도당과 포도당이 상하로 수직으로 연결시키는 구조를 형성하게 된다. 일반적으로 전분 입자에 있어서 기본이 되는 결합은 1,4 결합방식이며 전분의 저장기간이 늘어날수록 기존에 존재하고 있던 1,4 결합은 더욱 강해지는 반면에 1,6 결합은 점점 약해져서 결합이 와해되는 경우가 많이 발생한다.

1) 구조상 특징 (결정정도에 따른 구분)

전분은 구조에 따라 무정형 구조(amorphous structure)와 결정성 구조(crystalline structure)로 구분할 수 있다. 무정형 구조는 수소결합의 정도가 규칙적이지 못하고 결합의 강도가 결정성 구조에 비하여 떨어진다. 또 빛을 통과시키고 물에 용해되는 특징을 가지고 있다. 이에 반해서 결정성 구조는 수많은 수소결합에 의하여 강하게 그리고 규칙적으로 결합되어 있으며 빛을 반사하고 물에 용해되지 않는 특성을 가지고 있다. 높은 온도로 인하여 전분 입자에 물이 침투하여 소화되기 쉬운 상태로 변하는 호화현상도 사실은 전분의 결정성 구조가 파괴되는 것을 말한다. 반면 온도가 내려가면서 수분이 전분 입자에서 제거되면서 전분 입자가 다시 딱딱해지는 노화현상은 전분 입자의 재결정화라고 볼 수 있다.

2) 성분상 특징 (결합방식에 따른 구분)

전분은 포도당 단일 성분으로 구성되어 있지만 포도당의 결합방식에 따라 아밀로즈와 아밀로펙틴으로 구분된다. 앞에서 언급한 것처럼 포도당이 직선상으로 좌우로 결합된 구조를 아밀로즈라 하고 좌우로 결합된 구조와 함께 위아래로 결합된 구조를 함께 가지고 있는 구조를 아밀로펙틴이라고 한다. 포도당이 1,4결합으로 좌우로 연결된 체인은 좌우로 결합된 또 다른 체인과 촘촘히 체인-체인 결합을 형성하고 있어서 매우 촘촘한 결합을 형성하게 되며 다른 성분들, 즉 물 분자들이 체인 사이에 침투하기 어려운 구조를 형성하게 된다. 반면에 체인과 체인 사이에 위아래로 포도당 1,6결합을 형성하는 아밀로펙틴은 1,6결합으로 인하여 일정한 공간을 유지해야 하는데 이것은 결국 체인과 체인 사이의 결합 거리를 넓혀서 결합력을 떨어뜨리는 원인이 될 수 있다.

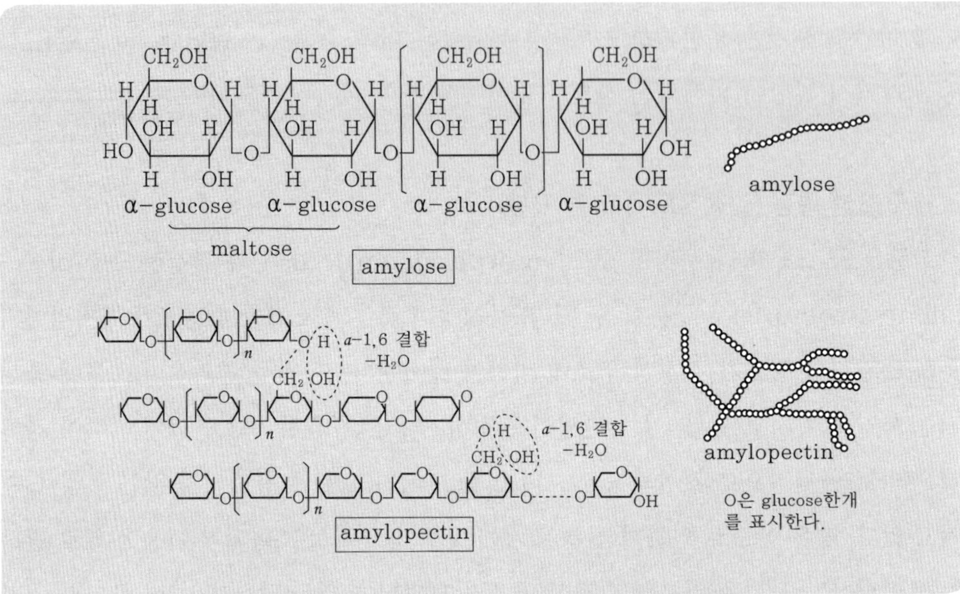

그림 4-7▶ 아밀로즈와 아밀로펙틴의 구조

이러한 아밀로즈와 아밀로펙틴의 특성은 전분의 인체 내 소화 특성에 영향을 주는 호화와 노화에 큰 영향을 주게 된다. 모든 전분은 아밀로스와 아밀로펙틴으로 이루어져 있으며 종류에 따라 비율은 다르다. 기본적으로 아밀로즈의 함량이 많을수록 전분 입자의 결합력이 강하며, 지나치게 많은 아밀로즈 함량은 수분의 침투를 어렵게 만들어 전분의 우리 인체 내 소화 특성에 부정적인 영향을 줄 수 있다. 반대로 아밀로펙틴의 함량이 많으면 수분의 침투가 쉬워지고 노화 속도를 늦출 수 있는 장점이 있지만 지나치게 많은 아밀로펙틴의 함량은 전분 입자의 파괴를 초래하여 해당 전분의 전체적인 품질을 떨어뜨리는 부정적인 요인으로도 작용할 수 있다. 아밀로즈와 아밀로펙틴의 기본적인 특성은 다음 표와 같다.

표4.1 아밀로즈와 아밀로펙틴의 특성

	아밀로스	아밀로펙틴
형태	직선상 (linear)	곁가지 (branch)
결합 연결 방식	α 1, 4	α 1, 4 + α 1, 6
크기	200에서 2,000 glucose	2,000 개 이상의 glucose
물 용해도	거의 녹지 않음	잘 녹는다
X 선 분석	고도의 결정성	무정형
수용액에서의 안정성	노화된다	안정하다

3. 호화와 노화의 특성

전분에 물과 함께 열을 가하면 물이 전분 입자사이로 침투하면서 전분 입자의 결정성 구조가 없어지는 것을 호화(gelatinization)라고 한다. 전분을 물과 더불어 가열하면 처음에는 입자의 형태, 크기 등이 변화하지 않지만, 계속 가열하면 입자가 급속하게 물을 흡수하면서 팽윤 · 팽창 또는 부풀어 오르는 현상을 시작하는데 이 온도를 호화 시작온도라고 한다. 팽윤이 시작되면서 전분의 결정성 구조가 와해되면서 부피가 늘어난다. 또한 빛이 다르게 굴절되는 복굴절성(birefringence)이 사라지면서 빛 투과율이 증가하는데 이것은 전분 입자가 가지고 있는 결정성이 파괴되는 것을 의미한다. 호화 과정을 거치면서 전분은 용해도가 증가하며 점도가 높아지며 이로 인하여 맛과 소화율이 높아지는 특성을 보여준다.

사실 전분 입자의 호화와 그 반대의 특성인 노화를 쉽게 이해하기 위해서는 쌀과 밥을 예로 들 수 있다. 딱딱해서 섭취하기 힘들고 소화도 어려운 쌀에 물을 첨가하고 가열하면 부드럽고 소화가 가능한 밥을 만들 수 있는데 이 과정을 우리는 호화라고 표현할 수 있다. 반대로 시간이 지나면서 밥의 온도가 내려가고 밥이 가지고 있는 수분이 감소되면서 밥이 딱딱해지는 현상을 우리는 노화하고 표현한다. 호화를 쉽게 하고 노화를 최소화하는 것은 전분 입자의 효용성을 높이는 중요한 방법으로 많은 연구가 진행되는 분야이다.

1) 호화에 영향을 주는 요인들

전분 입자의 호화에 영향을 주는 요인들은 수분, 전분의 종류, 온도, pH 그리고 염류 등이 있는데 그 중에서 가장 큰 요인은 수분과 온도라고 할 수 있다. 일반적으로 수분이 많을수록 그리고 온도가 높을수록 호화 속도는 빨라진다.

(1) 입자 크기

전분 입자의 크기에 따라 호화의 정도는 달라질 수 있다. 쌀에 물을 넣고 가열하는 것이 호화에 도움을 주는 것은 가열을 통하여 물의 운동을 촉진시켜 물의 전분 입자로의 침투를 용이하게 하기 위함이다. 그런데 전분 입자의 크기가 점점 작아지면 입자 사이의 접촉하는 면적이 입자의 크기가 클 때 보다 늘어나게 된다. 접촉하는 면적이 늘어난다는 것은 입자 사이의 결합력이 커진다는 것을 의미하기 때문에 수분이 입자 사이의 침투하기는 그만큼 어려워지게 되는 것이다. 따라서 입자의 크기가 작을수록 호화는 느려진다. 이처럼 접촉하는 면적은 어떤 현상을 촉진시키는데 매우 중요하다. 가령 아이스커피에 같은 부피의 얼음이 들어간다고 했을 때 얼음의 크기가 작을수록 커피와 얼음이 닿는 면적이 커지게 된다. 따라서 보다 빨리 커피를 시원하게 만들 수 있으며 이렇게 접촉 면적을 늘리기 위해서 얼음 가운데에 구멍을 뚫어서 사용하는 경우도 있다.

(2) 수분함량

전분의 수분함량이 많을수록 호화는 잘 일어난다. 수분함량이 많다는 것은 전분 입자 사이의 결합 부위 사이에 이미 수분 입자가 많이 침투해 있다는 것을 의미하고 전분 구성 성분인 포도당 사이의 결합력이 많이 와해되어 있다는 것을 의미한다. 또한 수분이 가지고 있는 이동성은 전분 입자 사이를 더욱 벌어지게 만들 수 있으며 결국 이것은 외부 수분의 전분 입자 사이로의 접근과 침투를 보다 용이하게 할 수 있다. 이러한 수분의 접근 및 침투 용이성이 호화를 보다 쉽게 만들 수 있다. 반대로 건조 등의 현상으로 전분의 수분함량이 너무 적으면 이것은 전분 구성 성분 포도당 사이의 결합이 촘촘하여 결합력이 강해서 입자 사이로 수분의 침투가 어렵게 되어 호화가 어려워지는 것이다. 또한 적은 수분함량은 전분 입자의 운동성을 감소시켜 전분 입자 사이를 벌어지게 하는데도 어려움을 주어 이 역시 호화를 어렵게 하는 요인이 될 수 있다.

(3) 아밀로즈와 아밀로펙틴의 함량

전분 입자를 구성하는 포도당의 결합형태는 직선상의 1,4 결합, 즉 앞 포도당 1번 탄소와 뒤 포도당 4번 탄소가 직선상으로 결합하는 아밀로즈와 아밀로즈 결합에 추가로 위 포도당 1번 탄소와 아래 포도당 6번 탄소가 결합하는 아밀로펙틴이 있다.

아밀로즈 결합은 일자 형태의 직선 결합으로 이루어져 있어 결합이 위아래로 매우 촘촘하게 밀착하여 결합되어 있는 반면에 아밀로펙틴은 직선상의 결합에 곁가지(1,6결합)가 달려있는 형태로 이 곁가지로 인하여 위아래 층이 밀착해서 결합할 수 없는 구조로 기본적으로 틈을 가지게 된다.

따라서 아밀로즈 함량이 많을수록 입자 사이의 결합은 매우 촘촘하고 강해진다. 이것은 결국 외부의 수분 입자를 전분 입자 사이에 넣기 위해서 보다 많은 노력으로 전분 입자 사이의 결합을 벌려야하기 때문에 호화를 어렵게 만들며 호화를 위해서는 더욱 많은 시간과 열 공급이 필요하다. 반면에 아밀로펙틴은 위에서 언급한 대로 1,4결합에 곁가지 형태로 결합하는 1,6 결합을 모두 다 가지고 있다. 따라서 위아래 층이 곁가지의 구조적 방해로 촘촘하게 결합할 수 없고 수분이 침투할 공간을 많이 가지고 있어서 아밀로즈에 비하여 호화를 쉽게 할 수 있다.

(4) NaOH

수산화나트륨(NaOH)은 일종의 팽윤제로서 전분의 호화작용을 촉진시키는 역할을 한다. 즉 수산화나트륨(NaOH)의 첨가는 전분 입자 사이의 거리를 늘려서 결합력을 떨어뜨리고 빈 공간을 만들어준다. 이렇게 전분 입자 사이에 수분 침투를 용이하게 할 수 있어 부분적으로 호화를 촉진시킬 수 있기 때문에 수산화나트륨은 라면의 면발 제조 등에 일부 사용되고 있다.

2) 노화에 영향을 주는 요인들

노화현상은 이론적으로 호화된 전분의 현탁액에서 전분이 자연 발생적으로 침전하여 불용성의 덩어리를 형성하면서 용해도가 떨어지는 과정을 말한다. 이 과정은 일종의 수분증발현상이라고 간단하게 설명할 수도 있는데, 특히 과채류의 저장 중 발생하는 수분증발현상인 증산작용처럼 호화된 전분의 저장 품질에 큰 영향을 주는 현상이다.

호화현상에서 언급한 것처럼 쌀을 예로 들면 쌀에 물을 넣고 가열하면 밥이 되는 현상을 호화라고 하였는데 노화는 호화된 쌀인 밥이 시간이 지나면서 수분이 제거되고 딱딱해지는 현상을 말한다. 바로 만들어진 빵도 시간이 지나면 온도가 내려가면서 수분이 제거되면서 빵의 부드러움이 많이 감소하는 현상을 볼 수 있는데 이것도 노화의 한 예라고 할 수 있다. 이러한 노화는 호화된 전분 제품의 품질(조직감과 소화능력)을 저하시키는 요인으로 대부분 작용하고 있어서 노화를 억제하고 최소화하기 위한 많은 연구가 진행되고 있는데 기본적으로 전분 입자 사이에서 노화현상이 일어나는 과정을 살펴보면 다음과 같이 설명할 수 있다.

가열과정을 거치면서 운동성이 증가한 수분은 전분 입자 사이에 공간을 만들면서 침투한다. 그러나 침투한 수분은 전분의 온도가 내려가면서 운동성이 줄어들게 된다. 온도가 내려가면서 줄어든 수분의 운동성으로 인하여 전분 입자들이 다시 모이게 되면서 전분 입자 사이의 거리가 다시 줄어든다. 촘촘하게 거리를 좁힌 전분 입자들은 위아래로 서로 누르면서 압력을 주어 수분을 전분 입자 밖으로 이동시킨다. 이것이 바로 노화의 기작이며 이런 전분 입자들의 움직임 그리고 수분의 이동현상 등이 전분의 노화에 영향을 미치는 현상이다. 이런 현상을 최소화하는 것이 바로 노화현상을 억제하고 최소화하는 방법이 되는 것이다.

(1) 감자와 옥수수

우리 일상생활에서 많이 볼 수 있는 탄수화물, 그 중에서도 전분의 보고(寶庫)로서 감자, 고구마, 밀, 옥수수를 들 수 있다. 그런데 어려서부터 간식으로 먹어온 감자와 옥수수는 조리 후 부드러움이 유지되는 시간에서 차이점을 보여주고 있다. 감자는 조리 후에도 오랜 시간동안 부드러움을 주는 반면에 옥수수는 조리 후에 쉽게 굳어지는 경향이 있다.

이것을 노화의 속도라는 관점에서 설명해 보면 감자나 고구마에 비하여 밀이나 옥수수가 노화가 잘 되는 경향을 보인다고 말할 수 있다. 이러한 노화의 속도나 정도의 차이는 감자나 고구마는 조리한 후 온도가 내려가도 섭취 시에 딱딱해지는 정도가 밀이나 옥수수에 비하여 적어서 이동 시나 저장 시에 유리한 면으로 작용하게 한다. 이처럼 노화의 정도나 속도에 차이가 발생하는 원인은 여러 가지가 있겠지만 대표적으로 아밀로즈나 아밀로 펙틴의 차이가 중요한 요인이라고 할 수 있다. 즉 감자나 고구마는 옥수수에 비하여 상대적으로 아밀로펙틴의 함량이 많아서 노화 정도나 속도를 최소화 할 수 있게 된다. 곁가지 형태인 아밀로펙틴은 수분 입자의 전분 입자에서의 이동을 아밀로즈에 비하여 최소화할 수 있어서 노화현상을 최소화할 수 있게 되는 것이다.

(2) 아밀로즈나 아밀로펙틴의 함량

앞에서 언급한 대로 아밀로즈나 아밀로펙틴의 함량은 호화와 마찬가지로 전분의 노화에도 큰 영향을 미친다. 노화라는 현상이 전분이 전분 입자 사이에 가지고 있는 수분이 밖으로 배출내면서 딱딱해지고 결국 소화될 수 없는 구조로 가는 현상이라면 직선으로 결합되어 있는 아밀로즈는 곁가지를 가지고 있는 아밀로펙틴에 비하여 훨씬 노화가 잘 일어나게 된다. 즉 직선 구조인 아밀로즈는 곁가지 구조인 아밀로펙틴보다 전분 입자간의 재결합 시 1,6결합이라는 장애물이 없기 때문에 더욱 밀착할 수 있게 된다.

즉 호화에서 설명한 대로 직선상의 1,4결합만으로 연결된 아밀로즈는 위아래 체인이 서로 밀접하게 착 달라붙을 수 있는데 비해서 1,6결합을 함께 가지고 있는 아밀로펙틴은 위아래 체인이 서로 밀착하려고 해도 곁가지 형태인 1,6결합이 장애물로 작용해서 완전히 밀착할 수 없고 일정 부분 공간을 가지게 되는 것이다.

아밀로즈처럼 전분 입자 사이의 빈틈없는 강한 밀착은 전분 입자사이에 존재하고 있는 수분을 더욱 강하게 밖으로 몰아서 밀어내는 동력으로 작용하게 되며 이로 인한 수분의 급격한 손실은 전분의 노화를 촉진하는 계기가 되는 것이다. 반면에 곁가지를 가지고 있는 아밀로펙틴은 전분 입자가 서로 밀착하더라도 곁가지로 인하여 일정한 공간을 가지게 된다. 즉 아밀로펙틴은 직선 구조뿐만 아니라 곁가지 구조를 가지고 있어서 전분 입자 상호간의 강한 밀착을 곁가지가 막아주고 있고 그 틈 사이에 수분이 존재할 수 있어서 노화가 상대적으로 덜 일어난다고 설명할 수 있다.

(3) 온도와 수분

전분 입자를 물과 함께 가열하면 물 입자의 운동량이 증가하고 전분 입자를 서로 연결시키고 있는 결합들도 많은 움직임이 생긴다. 이런 수분의 움직임의 증가와 전분 입자 사이의 틈새의 증가는 수분의 전분으로의 침투를 촉진하여 호화의 과정에 이르게 하여 준다.

반대로 온도가 내려가면 물 분자의 움직임 또는 운동성이 현저하게 줄어들어 전분 입자 사이의 재결합을 막을 수 없게 되고 결국은 물 입자의 운동이 줄어들면서 전분 입자 상호간에 밀착하게 되어 이것이 노화로 연결된다. 따라서 온도가 낮으면 노화가 잘 일어난다.

그러나 노화라는 것이 서로 멀리 떨어져 있던 전분 입자들이 수분의 움직임을 이용해 다시 밀착 이동하면서 결합하는 것이라는 면에서 온도가 내려가더라도 전분 입자의 움직임을 막을 수만 있다면 노화는 제어할 수 있다. 다시말해 수분의 특징인 이동성을 바탕으로 전분 입자가 다시 밀착 결합하여 생기는 것이 전분의 노화인데 그 수분의 움직임을 어떤 과정을 통해서 억제한다면 전분 입자들은 다시 결합하기 위하여 이동할 수 없으며 결과적으로 전분의 노화현상은 줄일 수 있게 되는 것이다.

이러한 수분의 움직임을 억제하는 방법이 바로 냉동이다. 일단 냉동이 되면 전분 분자들의 이동을 억제하고 전분 입자 상호간의 밀착을 억제하여서 오히려 노화가 잘 안 일어난다. 이런 원리를 이용하여 가정에서도 밀가루 반죽을 한 후에 랩으로 포장한 후에 냉동실에 보관하는 경우를 볼 수 있는데, 이것은 랩을 통하여 수분증발을 억제하고 동시에 냉동을 통해 수분의 움직임을 억제하여 전분 입자의 움직임을 최소화하기 위함이다. 따라서 냉동은 전분 입자의 재결합을 막아 노화 방지에 매우 효과적인 방법으로 널리 사용되고 있다.

3) 노화억제방법

전분 입자의 저장 중 자연 발생적으로 발생하는 노화현상은 전분의 소화 효율성과 조직감과 같은 품질을 떨어뜨리는 요인으로 작용할 수 있다. 이런 노화를 최대한 억제하는 방법은 전분의 효용 가능성을 높인다는 면에서 매우 중요하다고 할 수 있다. 전분의 노화를 억제하기 위한 방법은 기본적으로 전분 입자 사이에 존재하는 수분이 날아가는 것을 막는 것이며 여기에는 다음과 같은 방법이 사용될 수 있다.

(1) 수분함량 조절

온도의 상승으로 간격이 벌어졌던 전분 입자는 온도가 내려감에 따라 다시 결합을 위해서 간격이 좁아지게 된다. 이처럼 전분 입자가 다시 결합하기 위해서는 전분 입자의 움직임이 필요하며 이를 위해서는 역설적으로 식품 내의 이동수단인 수분이 일정량 이상 필요하다. 즉 움직임이 있는 자유수가 어느 정도 일정량 이상 존재해야 떨어져 있던 전분 입자들이 수분의 이동성을 이용해서 다시 만나 결합하게 되며 그 결과 전분 입자 사이에 존재하는 수분들을 외부로 밀어내게 되는 것이다. 따라서 수분 입자, 즉 자유수의 함량이 너무 적으면 전분 입자들은 이동성을 상실하여 다시 만나 결합을 할 수 없으므로 노화현상을 억제할 수 있다. 즉 움직임을 가지고 있는 수분의 감소는 전분 입자의 움직임을 함께 줄여주기 때문에 전분 입자 상호간의 밀착하려는 움직임을 억제하여 준다. 예를 들어 비스킷이나 라면처럼 유효 수분의 함량을 15% 이하로 조절하면 전분의 노화를 억제할 수 있다.

(2) 냉동법

수분함량 조절과 함께 전분 입자의 움직임을 억제하여 노화를 막을 수 있는 방법으로는 냉동법이 있다. 기본 원리는 냉동으로 수분의 움직임이 없어지면서 수분이 전분 입자를 이동시킬 수 있는 능력을 상실하기 때문에 전분 입자의 움직임을 함께 억제하여서 노화억제가 가능하다는 논리이다. 특히 급속동결방법을 사용하면 냉동으로 인한 수분의 부피 증가를 억제할 수 있고 이로 인한 조직감과 같은 품질의 저하를 막을 수 있어서 효과적인 노화방지 기술이 될 수 있다. 이와 같은 냉동방법을 통한 노화방지 기술은 실제로 일반 가정에서도 폭넓게 이용되고 있는데 그 중 하나가 밀가루 반죽을 한 후에 바로 사용하지 않는 반죽을 냉동고에 넣어서 보관하는 방법이다. 이것이 바로 냉동을 통해서 노화를 억제하여 밀가루 반죽이 딱딱해지는 것을 막기 위한 방법인 것이다.

냉동방법을 이용한 노화억제방법은 많은 체인점을 가지고 있는 대형 제빵업계에서도 사용하고 있는데 빵을 완전하게 만든 후에 체인점으로 배송을 하면 배송 중에 빵의 조직감이나 향과 같은 품질이 떨어지게 된다. 이러한 단점을 극복하기 위해서 빵을 굽지 않고 밀가루 반죽 형태로 각 체인점에 배송을 하고 그 체인점에서는 자율적으로 빵을 구워서 소비자에게 균일하고 우수한 품질의 빵을 전달할 수 있는 방법을 선택하고 있다. 그런데 이 방법의 단점은 완성된 밀가루 반죽이 수송 중에 노화과정을 거쳐서 품질저하의 또 다른 원인이 될 수 있다는 점이다. 그래서 이러한 밀가루 반죽의 노화를 억제하기 위하여 사용하는 방법이 냉동인데 그 중에서도 수분의 부피 증가로 인한 조직감 파괴까지 최소화하기 위한 급속냉동방법이다. 급속냉동방법을 통하여 앞에서 언급한 대로 수분을 동결시켜서 움직임을 억제함으로써 전분의 노화를 최소화하는 것은 물론이고 수분의 급속동결을 통하여 일반 동결 시 나타날 수 있는 수분의 부피 증가를 최소화하여서 조직감 상실을 줄이는 것이다. 이런 제빵업계에서 사용하는 냉동을 통한 노화억제방법을 냉동생지방법이라고도 부른다.

(3) 유화제

수분의 증발을 막을 수 있는 또 다른 방법은 유화제, 즉 기름 성분을 사용하여 수분의 증발을 최소화 하는 것이다. 식품 속에 존재하거나 첨가되는 기름 성분은 전분의 조직감을 더욱 부드럽게 하여 주는 기본적인 역할도 하지만 기름이 가지고 있는 수분에 대한 차단막 효과로 인하여 전분 내부의 수분증발을 막아줌으로써 노화를 억제하는 부수적인 효과도 가지고 있다. 일반적으로 사용되는 유화제로는 monoglyceride와 diglyceride가 있다. 즉 빵을 만드는 과정에서 첨가되는 여러 버터류 또는 마아가린류들의 역할은 기본적으로 빵에 영양가를 부여하고 조직감을 향상시키는 것에도 있지만 부가적으로 전분 입자가 가지고 있는 수분이 밖으로 기화되지 못하도록 하는 일종의 포장재와 같은 역할도 하는 것이다. 대표적으로 우리 일상생활에서 자주 볼 수 있는 식품 중에서 밀가루 반죽을 기본으로 만들어진 제품인 라면은 반죽 후에 기름으로 튀기는 과정에서 흡수된 지방 성분이 수분의 전분 입자에서의 유출을 막아서 라면의 노화를 상당기간 억제하게 되는 것이다.

(4) 포장재

유화제와 같은 원리로 노화를 억제할 수 있는 방법으로 포장재를 사용하는 경우가 있다. 식품에 사용되는 포장재도 역시 기본 골격구조는 지방 성분과 같은 구조로서 기본적으로 수분의 투과를 억제하는 기능을 가지고 있다. 즉 포장재의 골격구조인 탄화수소와 탄화수소의 연결은 기본적으로 비극성 성질을 가지고 있어서 극성 성질인 수분에 대한 기본적인 저항성을 가지고 있다. 예를 들어 식품 포장재 중에서 가장 기본적인 폴리에틸렌(PE)의 기본 골격구조는 탄화수소인 CH_2가 연결되어 있는 구조인데 이것은 지방의 골격구조와 유사하여서 비극성 성질을 띠고 있으며, 따라서 수분을 밀어내는, 즉 수분을 통과시키지 않는 특징을 가지고 있다. 그래서 일반적으로 유연성이 있고 쉽게 가정에서 사용할 수 있는 폴리에틸렌(PE)이나 폴리프로필렌(PP) 등으로 제품을 포장하면 호화된 전분의 수분증발을 효과적으로 억제하여서 노화의 속도를 줄일 수 있다. 우리 일상생활에서도 밥을 그냥 두면 수분의 증발이 많이 이루어져서 밥이 딱딱해지는 노화현상이 쉽게 일어나지만 밥을 랩이나 다른 도구를 이용하여 덮어두면 수분의 증발을 최소화하여 노화현상을 최소화는 것을 경험할 수 있다.

4) 노화억제방법의 적용 사례들

(1) 라면과 비스킷

라면이나 비스킷의 저장기간은 주로 산패 정도에 따라 좌우되고 있으며 전분의 딱딱해짐, 즉 노화 정도는 큰 영향을 주지 않고 있다. 이처럼 라면과 비스킷의 노화가 억제되는 이유는 다음의 몇 가지로 볼 수 있다.

① 포장의 역할

라면과 비스킷은 플라스틱 필름과 같은 적절한 포장재로 둘러싸여 있으며 이것은 해당 제품의 공기로의 수분증발을 막아줌으로써 노화현상을 억제하는 역할을 하는 것이다.

② 지방의 역할

라면이나 비스킷은 제조과정 중에 지방 성분이 다양한 형태로 투입되는데 지방 성분은 소수성으로서 수분에 대한 일종의 차단막 구실을 하게 된다. 이것은 앞에 언급한 플라스틱 포장재와 유사한 성질로 지방층으로 식품이 가지고 있는 수분의 증발을 막아줌으로써 노화를 줄여주는 것이다.

③ 수분의 역할

노화현상은 앞에서 언급한 대로 전분 입자 상호간에 다시 밀착하려는 성질에 의해서 수분을 밖으로 밀어내면서 더욱 촉진된다. 그런데 이런 전분 입자의 움직임에는 식품 내부에서 이동수단의 역할을 하는 수분이 필요하게 된다. 따라서 이런 수분과 같은 이동수단이 많을수록 전분 입자의 이동을 통한 전분 입자 상호간의 밀착 가능성은 많아지게 된다. 그러나 식품 내부에 수분이 너무 없으면 그 자체가 노화현상이 진행된 것이기 때문에 식품에 존재하는 수분의 양이 식품의 조직감 유지와 같은 품질 유지에 도움이 되는 최소 수준인 10~15% 정도로 유지하는 것이 노화현상을 줄일 수 있는 방법이라고 할 수 있다. 따라서 라면이나 비스킷 등은 유효 수분함량을 10~15% 정도로 유지함으로써 노화를 억제하는데 도움을 받고 있다.

(2) 일상생활

노화를 억제하는 방법은 일상생활에서 자연스럽게 습관적으로 적용되고 있으며 다음과 같은 몇 가지 사례를 설명할 수 있다.

① 밥솥

가정에서 전기밥솥은 이제 생활필수품으로 당연하게 사용되고 있다. 전기밥솥의 기능은 쌀을 밥으로 만드는 기능 이외에도 만들어진 밥을 오랫동안 보관하는 역할도 하고 있다. 이처럼 밥솥이 밥을 오랜 시간 동안 품질 변화(노화)를 줄여주면서 보관할 수 있는 이유는 알맞게 높은 온도를 유지하고 수분의 활발한 움직임을 유지함으로써 전분 입자 상호간의 밀착을 억제하기 때문이다. 또한 밥솥의 뚜껑은 마치 라면의 포장재와 같은 역할을 해서 수분의 증발을 막아준다.

② 로션

아침에 세면이나 샤워를 한 후에 우리는 습관적으로 로션을 바르는데 바르는 양이나 로션의 지방함량은 나이가 들면서 점점 늘어나게 된다. 우리가 로션을 바르는 가장 기본적인 이유는 피부에 있는 수분이 밖으로 증발되지 않도록 하기 위함이다. 이것은 앞에서 라면 등에서 설명한 것처럼 지방 성분이 가지고 있는 소수성으로 인하여 수분에 대한 차단막을 형성하고 이를 통하여 피부를 수분이 충분한 보송보송한 상태로 유지할 수 있다.

4. 갈색화 반응

갈색화 반응이란 식품을 가공 또는 저장하는 과정에서 일어나는 식품 전체의 색이 점차 갈색 또는 암갈색을 갖게 되는 여러 가지의 복잡한 반응을 말한다. 예를 들어서 잼이나 땅콩은 물론이고 마늘이나 사과와 같은 농산물에서도 빈번하게 일어나는 이런 갈색화 반응은 제품의 색조만을 변화시키는 것이 아니라 향이나 영양가에도 영향을 미칠 수 있다. 또 일부 갈색화 반응은 식품의 가열과정은 물론이고 식품의 저장 중에도 자연발생적으로 생길 수 있는데 설탕이 대표적인 사례라고 할 수 있다. 이러한 갈색화 반응은 식품 자체의 성분 그리고 가공방법과 같은 가열의 유무 등에 따라 발생 정도가 달라지며 특히 단순한 저장 중에도 발생하는 경우가 많아서 식품의 장기저장이라는 측면에서 매우 중요한 화학반응으로 이해되고 있다.

갈색화 반응에서 일어나는 식품의 색과 향의 변화는 긍정적인 면과 부정적인 면을 동시에 가지고 있어 효과적인 반응 조절이 매우 중요하다. 특히 갈색화 반응의 한 종류인 마이얄 반응에서는 영양 성분 손실이 발생할 수 있으므로 이에 대한 준비가 필요하다고 할 수 있다.

이러한 갈색화 반응에 대한 단계별 이해를 통해서 반응속도를 조절하고 통제하는 방법을 익히는 것은 식품의 품질을 높이고 저장기간을 늘리는 차원을 떠나 식품가공 및 저장기술에 대한 전체적인 이해를 위해서 매우 중요하다고 할 수 있다.

1) 갈색화 반응의 종류

갈색화 반응은 주로 가공식품에서 가공 및 저장 중 발생하는 비효소적 갈색화 반응과 농산물 등에서 주로 효소에 의해서 진행되는 효소적 갈색화 반응으로 구분된다. 비효소적 갈색화 반응은 가열과정 중 효소가 파괴되기 때문에 효소를 이용하지 않고 수분을 이용하여 반응 성분 사이에 화학반응을 유도하는 과정을 거친다. 비효소적 갈색화 반응은 가열의 필요성 유무에 따라서 카라멜화 반응과 마이얄 반응으로 구분된다. 효소적 갈색화 반응은 주로 농산물이 산소와 접촉이 일어나는 순간 효소를 활성화시켜 효소가 식품 성분들 사이에 화학반응을 촉진하여 색 변화를 일으키고 품질저하를 유발한다.

(1) caramelization (가열로 인한 갈색화)

과거에 어린이들은 설탕을 가열해서 단맛을 즐기는 뽑기(달고나)라는 것을 많이 하곤 했는데 그 때 하얀 설탕을 가열하면 색이 갈색으로 변화는 것을 경험할 수 있었다. 이처럼 설탕을 가열하면 색이 갈색으로 변하는 현상을 카라멜화 반응이라고 부른다. 카라멜이라는 제품에서 알 수 있듯이 카라멜이라는 것은 갈색으로 변한 것을 강조하는 용어라고 이해할 수 있다. 우리가 마트에서 볼 수 있는 일반 갈색 설탕 또는 흑설탕 등은 정제된 순도 99.9%의 흰 설탕을 가열하거나 카라멜 색소를 첨가하여 만든 제품으로 흰 설탕으로 변하는 정제 및 표백 과정을 덜 거친 유기농 갈색 설탕이나 유기농 흑설탕과는 기본적으로 다르다.

이러한 설탕의 가열로 인한 카라멜화 과정은 다음과 같은 4단계의 과정을 거치는 것으로 알려져 있다.

① 1단계 isosacchrosan 형성

단당류나 설탕과 같은 이당류를 200도에서 30분 정도 가열하면 거품이 생기기 시작하면서 약 4.5% 무게 감소되는 현상이 발생한다. 이때 색깔의 갈색화는 아직 진행되지 않았지만 isosacchrosan이라는 물질이 생성된다.

$$C_{12}H_{22}O_{11}(\text{sucrose}) - H_2O(\text{물}) = C_{12}H_{20}O_{10}(\text{isosacchrosan})$$

② 2단계 caramelon 형성

가열이 계속 진행되면서 지속적인 거품 발생으로 인한 중량 감소가 약 10% 정도 일어나며 caramelon이라는 쓴 맛을 지닌 물질이 생성된다.

$$2C_{12}H_{22}O_{11}(\text{sucrose}) - 4H_2O(\text{물}) = \underbrace{C_{24}H_{36}O_{18}(\text{caramelon})}_{\text{쓴 맛을 지닌다.}}$$

③ 3단계 caramelen 형성

지속적인 가열은 거품 발생과 함께 추가적인 무게 감소(약 14%)를 유발하며 물에 녹는 갈색 색소인 caramelen을 다음과 같이 형성한다.

$$3C_{12}H_{22}O_{11}(\text{sucrose}) - 8H_2O(\text{물}) = \underset{\text{물에 녹는 갈색색소}}{\underline{C_{36}H_{50}O_{25}\ (\text{caramelen})}}$$

④ 4단계 휴민(humins) 형성

염(salt)의 존재 없이 진행된 카라멜화 반응은 결국에는 흑갈색의 불용성 고분자 화합물이며 매우 쓴맛을 지니는 휴민(humins)을 형성하는 과정을 거치는 경우가 많다. 휴민의 생성은 카라멜화로 인한 부정적인 식품의 품질변화의 한 사례로서 이를 최소화하는 것이 필요하다.

이러한 caramelization 현상은 설탕뿐만 아니라 모든 단당류 · 이당류에서 일어나며 산이나 염(salt)의 존재하에서는 반응속도에 영향을 주는 경우가 있다. 온도의 상승과 pH의 증가는 카라멜화 반응의 속도를 높이는 경우가 많은데 pH 8.0에서 일어나는 카라멜화 반응의 속도는 pH 5.9에서 일어나는 카라멜화 반응보다 10배 정도 빠르다는 연구 결과도 있다. 이러한 성질을 가지고 있는 카라멜화 반응은 우리가 일상생활에서 볼 수 있는 식품에서 고유한 색을 띠는데 중요한 역할을 하고 있으며 식품에서 일어나는 카라멜화 반응의 대표적인 예로 콜라와 맥주를 들 수 있다. Ammonium bisulfite를 촉매제로 설탕과 가열하면 콜라색을 만들 수 있으며 설탕 용액을 ammonium ion과 함께 가열하면 맥주 색깔을 표현할 수 있다. 또한 가열과정에서 발생하는 설탕의 분해는 빵이 자체의 고유한 색을 띠는데 기여하고 있다.

앞에서 언급한 대로 식품가공 중에 발생하는 갈색화 반응의 한 종류인 카라멜화 반응은 가열 중에만 일어난다는 특징을 가지고 있다. 따라서 단순한 식품 저장 중에는 흰 설탕의 색 변화가 일어나지 않기 때문에 가열이라는 조건만 피해주면 설탕의 갈색화를 막을 수 있다. 따라서 카라멜화 반응은 기본적인 주의사항만 지켜주면 피하거나 조절이 가능한 갈색화 반응이라고 할 수 있다. 즉 설탕을 가열하면 색이 갈색으로 변하지만 설탕을 가열하지만 않는다면 아무리 오랫동안 저장을 해도 설탕의 색은 변하지 않는다.

(2) 마이야 반응 (Maillard reaction)

비효소적 갈색화 반응의 또 다른 사례인 마이야 반응은 다른 갈색화 반응보다 식품에서 더욱 중요한 역할을 하고 있다. 기본적으로 탄수화물의 유리 카보닐(carbonyl)그룹과 아미노산의 아민(amine)그룹이 반응하여 갈색화를 유발하는 마이야 반응은 보통 3가지 단계의 반응 기작으로 설명될 수 있다. 1단계는 앞에서 언급한 대로 유리 카보닐(carbonyl)그룹과 아미노산의 아민(amine)그룹이 반응하여 schiff's base와 물을 형성하는 단계이다. 2단계에서는 1단계서 형성된 schiff's base가 amadori rearrangement라는 과정을 거쳐서 dicarbony 물질을 만들게 된다. 2단계에서 형성된 dicarbonyl 물질은 또 다른 아미노산의 아민그룹과 반응하면서 strecker degradation 과정을 거쳐 향이나 색을 띠는 prazine, pyridine 그리고 pyrimidine과 같은 물질들을 생산하게 된다.

식품에서 일어나는 마이야 반응은 열이 있으면 열이 없는 조건보다 반응속도가 더욱 빠르게 진행된다. 그러나 카라멜화 반응과 달리 열이 없는 저장조건에서도 갈색화 반응이 서서히 진행되기 때문에 갈변화 정도를 조절하기가 카라멜화 반응보다 상대적으로 어려운 점이 있다. 또한 식품산업의 특성상 가공식품 제조에 필요한 가열시간 보다는 제품생산 후의 저장기간이 훨씬 길기 때문에 단순한 저장 중에도 색 변화를 유발하는 마이야 반응의 조절은 매우 중요한 과제라 할 수 있으며 마이야 반응의 발생은 단순하게 식품의 미관만 해치는 것이 아니라 영양학적으로도 아미노산, 특히 필수 아미노산인 라이신(lysine)의 손실을 가져올 수 있으므로 중요하다고 할 수 있다.

1단계 schiff base와 물 형성

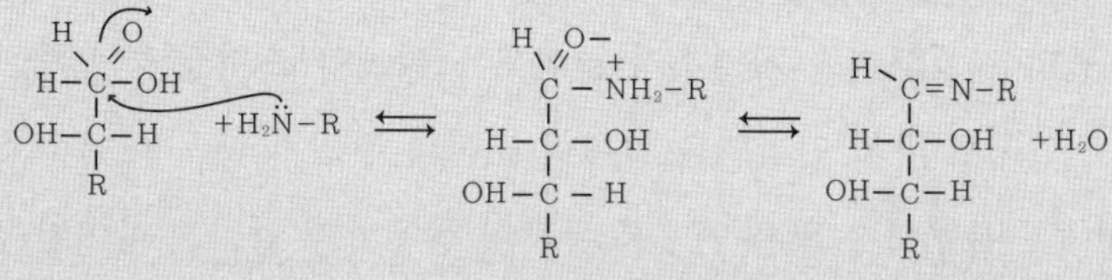

2단계 amadori 재배치 과정(dicarbonyl 형성)

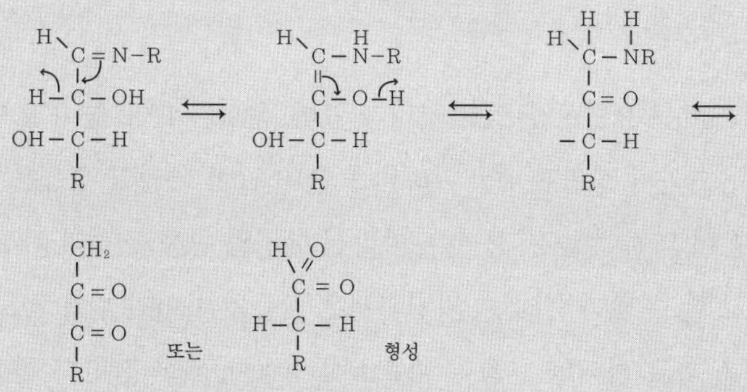

3단계 strecker degradation(pyrazine, pyridine 형성)

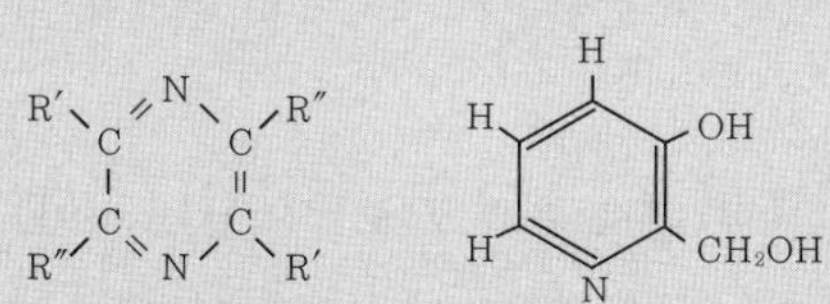

그림 4-8▶ 마이얄 반응의 단계별 기작

이러한 마이얄 반응의 반응 특성은 마치 인간의 노화와 같다고 할 수 있다. 인간도 스트레스를 많이 받거나 극한 조건에 노출되면 노화가 빨리 진행되고 그렇지 않고 행복하고 즐겁게 생활하고 자외선과 같은 외부의 노화요인들에 덜 노출되면 노화 진행속도를 줄일 수 있다. 그러나 중요한 것은 아무리 노력을 해도 노화 자체를 완전하게 없앨 수 없는 것이 바로 자연에서 일어나는 노화현상의 특성이다. 이처럼 마이얄 반응은 가열하면 더 빨리 진행되지만 가열하지 않아도 느리게라도 저장 중 반응이 일어나는 특징을 가지고 있어서 마치 인간의 노화처럼 조절과 관리가 매우 어려운 특징을 가지고 있다. 그럼에도 불구하고 많은 연구를 통하여 현재까지 알려진 마이얄 반응에 영향을 주는 요인들은 다음과 같다.

① 온도

마이얄 반응의 가장 큰 요인은 온도로 알려져 있다. 온도가 10도 높아질 때마다 증가하는 반응속도와 온도와의 상관관계를 나타내는 Q10 값이 마이얄 반응은 3으로 온도 의존성이 다른 반응에 비하여 높은 편이다. 따라서 마이얄 반응 조절의 가장 중요한 방법은 저온 유지라고 할 수 있다. 반대로 가열과정은 식품의 마이얄 반응 정도를 매우 높이게 되는데 이것은 바로 마이얄 반응이 비효소적 반응에 의한 갈변화 현상이라는 것을 보여주는 증거라 할 수 있다.

② 수분의 영향

마이얄 반응의 1단계는 앞에서 언급한 대로 유리 카보닐(carbonyl)그룹과 아미노산의 아민(amine)그룹이 반응하여 schiff's base와 물을 형성하는 단계이다. 그런데 수분 활성도가 너무 낮거나 크면 갈색화 반응은 진행되지 않는다. 예를 들어 자일로즈(xylose)와 글라이신(glycine)과의 마이얄 반응에서 수분 활성도가 0이나 1인 경우에는 갈색화 반응이 전혀 일어나지 않는 것으로 알려지고 있다. 반면에 수분 활성도가 어느 정도 높은 경우에 마이얄에 의한 갈색화 반응이 가장 크게 일어나는 것으로 알려지고 있다. 대부분의 마이얄 반응에서는 수분 활성도가 중간일 때 즉 $0.6 < Aw < 0.88$ 사이일 때 가장 큰 갈색화 반응의 속도를 보여주는 것으로 알려져 있다. 이처럼 수분 활

성도에 따른 마이얄 반응은 많은 영향을 받는데 그 이유는 다음과 같이 설명할 수 있다.

모든 화학반응에서 화학반응의 결과로 생성되는 생성물의 양이 증가하면 해당 생성물을 증가시키는 화학반응은 줄어들게 된다. 마이얄 반응의 1단계 반응에서 생성되는 생성물 중의 하나가 수분이다. 그런데 수분의 양이 여러 요인에 의해 증가하게 되면 1단계 반응의 생성물인 수분을 증가시키는 반응, 즉 마이얄 반응의 1단계가 줄어들게 되는 것이다. 따라서 수분의 양이 너무 많으면 화학반응의 상호조절 원리로 인하여 더 이상 물을 만드는 반응을 하지 않게 되는 것이다.

반면에 수분 활성도가 너무 낮으면 비효소적 반응의 특성상 두 물질을 만나게 해 주는 물질, 즉 식품에서 물질들의 이동수단으로 사용하는 수분이 없으므로 두 반응 성분이 만날 수 없어서 1단계 반응이 일어날 수 없는 것이다.

이러한 것은 학생들의 일상생활과 관련지어서 이해할 수도 있다. 화학반응을 아르바이트라고 하고 그 반응의 생성물을 월급이라고 가정해 보자. 이것은 마치 유리 카보닐(carbonyl)그룹과 아미노산의 아민(amine)그룹이 반응하여 schiff's base와 물을 만드는 단계로 생각해 볼 수 있다. 그런데 갑자기 그 학생에게 생각지도 않은 엄청난 돈이 생긴다면 그 학생은 아르바이트를 계속할까? 거의 대부분의 경우는 적은 돈을 버는 아르바이트를 그만 둘 것이다. 바로 그런 현상처럼 물이 갑자기 늘어나면 물을 만드는 1단계 과정을 힘들게 할 필요가 없어지므로 마이얄 반응을 억제할 수 있는 것이다.

또한 아르바이트를 하기 위해서는 직장으로 이동해야 한다. 이동하기 위해서는 걸어서 갈 수도 있겠지만 최소한의 차비가 필요하다. 바로 이러한 최소한의 이동 필요성 때문에 최소한의 물이 필요한 것이다. 물이 하나도 없다면, 즉 돈이 하나도 없다면 아르바이트 장소까지 이동 자체를 할 수가 없기 때문에 비효소적 반응인 마이얄 반응은 일어날 수가 없는 것이다.

③ pH의 영향

마이얄 반응은 아미노산에 있는 NH_2 또는 NH그룹이 탄수화물에 있는 유리 카보닐그룹을 공격하는 것으로 시작된다. 이 과정이 발생하는 것은 질소에 있는 여분의 전자가 상대적으로 양전하를 띠는 카보닐그룹의 탄소를 공격하기 때문이다. 따라서 아미노산에 있는 질소그룹이 음전화를 띠지 않고 양전하를 띤다면, 즉 NH_3^+형태로 존재한다면 양전하를 띤 카보닐그룹의 탄소를 공격할 수 없게 된다. 이것은 마이얄 반응의 1차 단계가 일어나지 않는다는 것을 말하며 결국 마이얄 반응의 가능성은 줄어든다.

아미노산의 아민그룹은 산성조건에 놓일수록 여분의 수소에 의해서 수소를 받아서 NH_3^+로 변하게 된다. pH가 6 또는 그 이하에서는 마이얄에 의한 갈색화 반응은 거의 일어나지 않으며 그것은 강산성 조건에서는 마이얄 반응의 중요성이 매우 현저하게 줄어든다는 것을 의미한다. 이처럼 강산성 조건에서 마이얄 반응이 줄어드는 이유는 아미노그룹이 강산성 조건에서는 여분의 수소에 의해서 수소를 받아서 NH_3^+가 되고 따라서 마이얄 반응의 1단계인 유리 카보닐(carbonyl)그룹과 아미노산의 아민(amine)그룹이 반응하여 schiff's base와 물을 형성하는 과정을 억제하기 때문이다. 이처럼 마이얄 반응에서의 pH의 영향은 매우 크다. pH에 따른 마이얄 반응의 정도는 다음과 같다.

마이얄 반응의 정도 : pH 6.5-8.5 〉 pH 3-5 〉 pH 1-2

④ 부수적인 요인들

철 이온이나 구리 이온의 존재는 마이얄 반응에 긍정적인 요인으로 작용하며 특히 철 2가 이온보다는 철 3가 이온이 더욱 반응을 촉진한다. 금속 이온들의 존재가 마이얄 반응에 긍정적으로 작용하는 것은 마이얄 반응의 3단계인 strecker degradion 반응의 산화-환원 반응, 즉 색소 형성에 금속 이온들이 일부 관여하기 때문인 것으로 판단된다. 반응에 참여하는 당의 구조도 마이얄 반응의 정도에 관여하는 것으로 알려져 있는데 일반적으로 6탄당보다는 5탄당이 그리고 케토스(ketose)보다는 알도스(aldose)가 그리고 이당류보다는 단당류가 마이얄 반응을 더 많이 일으키는 것으로 판단하고 있다. 그것은 반응물질의 크기가 작을수록 이동성이 좋아지고 상호 간에 만나서 반응을 일으킬 가능성이 많기 때문인 것으로 설명이 가능하다.

> 5탄당 단당류(자일로즈, xylose) 〉 6탄당 단당류(갈락토즈(galactose), 만노오즈(mannose), 글루코스(glucose), 프락토즈(fructose) 〉 이당류(말토즈(maltose), 락토즈(lactose), 수크로즈(sucrose)

(3) 효소에 의한 갈색화 반응

앞에서 언급한 갈색화 반응, 즉 카라멜화 반응과 마이얄 반응은 효소에 의한 반응이 아닌 비효소적 갈색화 반응이다. 갈색화 반응 중에는 이처럼 비효소적 갈색화 반응도 있지만 효소적 갈색화 반응도 농산물 등에 존재한다.

농산물의 경우는 산소에 노출 시에 갈색화 반응에 의한 색 변화를 유발하는 경우가 있는데 효소에 의한 갈색화 반응으로 대표적인 것은 사과, 마늘 등에 일어나는 반응이다. 여기에 관여하는 효소는 polyphenol oxidase로서 이것은 주로 사과와 마늘의 표면에 존재하여 산소와 접촉하는 순간에 효소기능을 수행하여 식품의 갈색 변화를 유발하게 된다. 농산물을 비롯한 이런 신선 식품의 갈변화는 품질 자체는 물론이고 제품의 저장성과 소비자의 기호도 자체를 떨어뜨린다. 이런 농산물을 이용하여 가공식품을 제조하는데 있어서도 최대 저장기간의 감소로 인하여 다양한 제품개발에 어려움을 겪게 만들게 하고 있다.

효소적 갈변화를 억제하는 방법은 가장 기본적으로 효소의 활성을 억제하는데 초점을 맞추고 있다. 갈변화 관여하는 효소의 활성을 억제하는 방법으로는 가열과 산도조절방법 그리고 산소와의 접촉을 최소화하는 방법을 사용할 수 있다.

① 가열

가열과정은 단백질인 효소의 3차원적 구조를 변경하여, 즉 변성을 유발하여 효소의 활성을 상당 부분 감소시킨다는 면에서는 효과가 있을 수 있다. 다시 말하면 효소의 역할은 기질을 만나게 하여 주는 장소를 제공하는데 있는데 가열을 통하여 효소의 구조를 변성시킴으로써 기질들의 만남을 억제하여 효소적 갈변화를 최소화할 수 있는 것이다.

그러나 일반 다른 가공식품과 달리 농산물은 가열과정 중에 품질변화, 즉 조직감의 변화나 비타민과 같은 식품 영양 성분들의 파괴가 심하게 나타나는 경우가 많아서 가열처리를 통한 효소적 갈변화는 실제로는 식품가공에 직접적으로 그리고 폭넓게 이용하기는 어려운 점이 있다.

② 산도 조절 방법

산도를 높여 pH를 낮춰주면 아미노산으로 구성되어 있는 단백질은 아미노산의 전위변화로 인하여 3차원적 구조에 변화가 생긴다. 이러한 구조의 변화는 아미노산으로 구성되어 있는 단백질의 한 종류인 효소의 모양을 변화시켜 기질간의 반응을 촉진시킬 수 없게 된다. 따라서 산도를 높여주는 방법 특히 유기산을 첨가하여서 효소의 구조를 변화시켜서 활성을 억제는 방법은 효소적 갈색화 반응을 억제하는 좋은 수단으로 인식되고 있다. 사과나 배 그리고 마늘을 갈아서 산소와 접촉 시에 생기는 갈변화 현상은 산 특히 귤에 풍부한 구연산 같은 물질을 첨가함으로써 효과적으로 억제할 수 있으며 이런 원리는 현재 유통 중인 가공식품(다진 마늘이나 과일 주스) 등에 폭넓게 사용되고 있다.

③ 포장 방법

효소적 갈변화 현상을 일으키는 효소의 특징은 산소와의 접촉 시에 그 활성이 커진다는 점이다. 따라서 농산물과 산소의 접촉을 억제할 수 있도록 포장을 할 경우에는 효소적 갈변화 현상의 원인이 되는 효소의 산소와의 접촉을 최대한 억제할 수 있다. 대표적인 산소 억제 포장재로는 금속의 한 종류인 알루미늄이 사용될 수 있으나 현장에서는 가공 중의 편의와 소비자의 선호도를 고려하여 플라스틱이 많이 추천되고 있다. 플라스틱 중에서는 ethylene vinylalcohol(EVOH)이나 polyvinyl dichloride(PVDC) 등이 산소 투과도가 낮기 때문에 효과적으로 해당 목적을 위하여 사용할 수 있다.

5. 탄수화물의 개발 방향

기존 탄수화물 소재의 기초적인 특징을 변화시켜 사용범위와 적합성을 높이기 위한 많은 연구가 진행되고 있는데 그 중에 대표적인 것은 아미로즈와 아밀로펙틴의 성질을 조절하는 방법이다. 하나는 아밀로즈에 특정물질을 첨가하여 아밀로펙틴과 같은 성질을 부여하는 것이고 다른 하나는 전분 체인 사이에 공유결합을 추가하여 결합력을 강화함으로써 가공식품에 적합한 특성을 갖도록 하는 것이다. 이런 방법들은 기존의 소재들의 부가가치를 높여서 다양한 가공조건이나 저장조건에 적합하도록 한다는 면에서 자원의 효율적 활용에 많은 도움을 줄 수 있다.

1) 곁가지를 만드는 방법

이 방법은 프로필렌 옥사이드(propylene oxide)를 첨가하여 전분 입자의 OH그룹과 반응하여 아밀로즈에 아밀로펙틴과 같은 곁가지를 만들어주는 것이다.

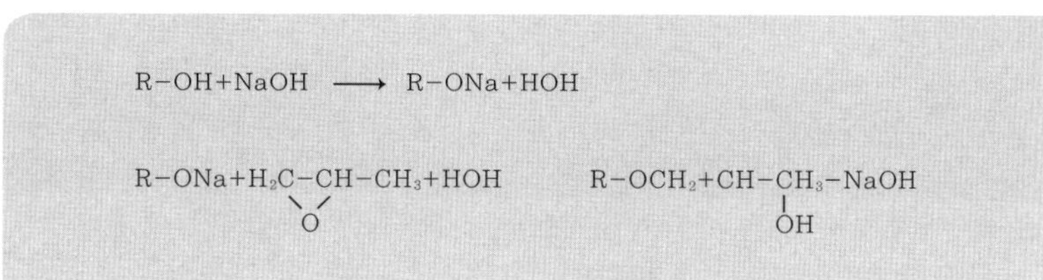

그림 4-9▶ 아밀로즈에 곁가지를 만드는 과정

이 방법을 통하여 아밀로즈는 아밀로펙틴처럼 인위적으로 생성된 곁가지로 인하여 물과의 접촉 기회가 늘어나서 물을 흡수하는 능력이 높아지고 노화현상도 감소하는 것을 보이게 된다. 결국 이것은 기존의 아밀로즈의 효용성을 높여주는, 즉 부가가치를 높여주는 면으로 작용하게 되는 것이다.

2) 공유결합을 만드는 방법

이 방법은 전분 소재를 극한 가공조건에서 사용할 필요가 있을 경우에 제한적으로 사용하며 기본적으로 전분 입자 사이를 공유결합으로 강하게 연결하는 방법이다. 전분 입자사이가 강하게 cross-linked된 경우에는 높은 온도, 낮은 pH 그리고 강한 기계적인 교반에도 강한 구조적인 안정성을 보여준다. 전분 입자들이 충분히 cross-linked된 경우에는 끓는 물에서조차 수분흡수를 억제할 수 있으며 높은 압력에도 전분 입자가 파괴되지 않고 유지되는 성질을 가지게 된다. 따라서 시리얼 제품과 같이 고온고압 조건에서 제조되는 제품에 유용하게 사용될 수 있다. 이러한 역할을 하기 위해서 주로 사용되는 물질은 trimetaphosphate이며 다음과 같이 전분 입자 사이에 cross-linked된 공유결합을 형성하여 수분흡수를 억제하면서 입자를 강화시키게 된다.

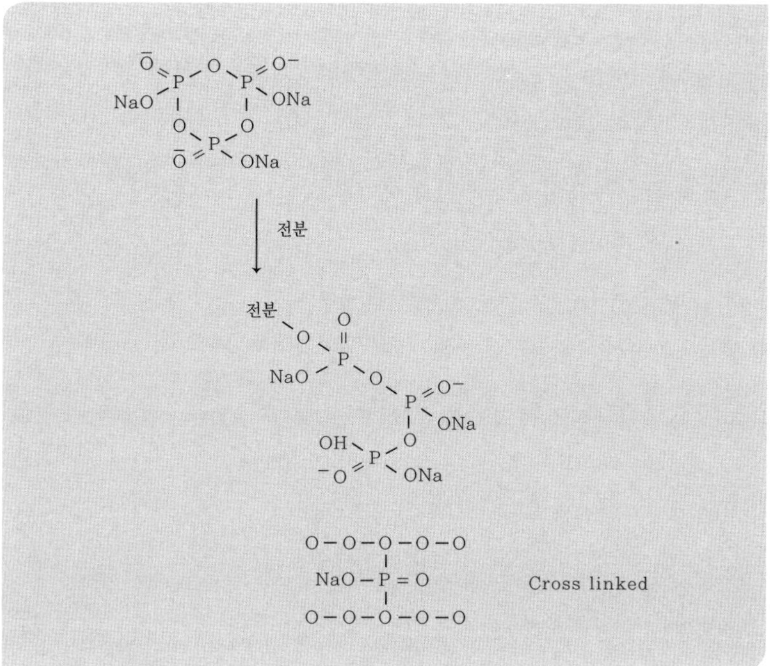

그림 4-10▶ 전분 입자 사이에 공유결합을 만드는 과정

제 5 장

지방
(Lipid)

탄수화물 그리고 단백질과 함께 3대 중요 식품 성분으로 분류되는 지방은 기본적으로 물에는 불용성이고 주로 diethyl ether 또는 petroleum ether에 용해된다. 지방은 식품 속에서 지방산으로 존재하지 않고 지방산의 에스터로 존재하고 있으며 3개의 지방산이 에스터 결합을 형성하고 있으면 triglyceride, 2개의 지방산이 결합하고 있으면 diglyceride 그리고 1개의 지방산이 결합하고 있으면 monoglyceride라고 부른다.

지방은 다른 식품 성분에 비하여 높은 칼로리를 제공하기 때문에 매우 중요한 에너지원일 뿐만 아니라 부드러운 촉감이나 높은 열전달 능력 그리고 향 수송 능력 등의 긍정적인 특징을 가지고 있어 매우 중요한 식품 성분이라 할 수 있다. 그러나 다이어트에 민감한 현대인에게 지방은 고칼로리 식품 성분으로 달갑지 않게 인식되는 것도 엄연한 사실이다. 이처럼 양면성을 가진 지방은 높은 칼로리만을 내는 것이 아니라 매우 유용한 특징을 가지고 있어서 맛을 즐기려는 소비자에게 없어서는 안 될 매우 중요한 식품 성분이다. 따라서 무조건 지방을 적대시할 것이 아니라 지방의 부정적인 요인들은 최소화하면서 긍정적인 면은 활용하는 새로운 가공식품 개발이 필요하다.

그동안 오랜 시간 동안 개발되어서 다양한 식품에 적용되기 시작한 지방 대체제 역시 바로 지방의 부정적인 부분인 고칼로리 문제점을 해결하고 지방이 가지고 있던 긍정적인 역할은 그대로 살리고 있기에 앞으로 시장성이나 발전 가능성이 높다고 할 수 있다. 이러한 새로운 방향으로의 지방 소재의 발전은 기업에게는 고부가가치를 그리고 소비자에게는 건강을 선물한다는 점에서 매우 긍정적이라고 할 수 있다.

이처럼 지방의 긍정적인 면을 활용하고 발전시키기 위해서는 지방의 기초적인 특징을 이해하고 그런 특징들이 왜 생기는지를 잘 이해하는 것이 매우 중요하며 이런 학습 과정을 통해서 지방 대체제와 같은 고부가가치 식품 성분들을 개발 · 활용할 수 있을 것이다.

1. 지방의 구조

지방은 식품에서 지방산으로 존재하지 않고 아래 그림과 같이 지방산의 에스터로 존재하고 있다.

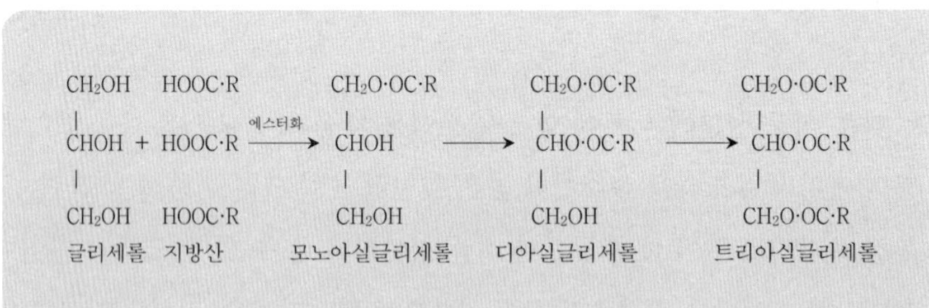

그림 5-1 ▶ 지방의 구조

즉 glycerol 골격구조에 최대 세 개의 지방산이 각각 에스터 결합을 형성하는 구조를 취하고 있으며 이 경우에는 결합 과정 중에 3개 물 분자를 형성하게 된다. 이처럼 3

개의 지방산이 에스터 결합을 형성하고 있으면 triglyceride(TG), 2개의 지방산이 결합하고 있으면 diglyceride(DG) 그리고 1개의 지방산이 결합하고 있으면 mono-glyceride(MG) 라고 부른다.

식품 속에 존재하는 지방이 지방산의 형태로 존재하지 않고 굳이 글리세롤의 도움을 받아서 에스터 결합을 형성하여 존재하는 이유는 크게 2가지로 설명할 수 있다.

우선 지방산의 COOH그룹은 화학적 반응성이 매우 뛰어난 특징을 가지고 있는데 반응성이 뛰어나다는 것은 저장성이 떨어진다는 것을 의미하기도 한다. 즉 다른 물질과 여러 화학반응에 쉽게 관여되기 때문에 일종의 수명이라고 할 수 있는 해당 물질의 저장성은 줄어들게 된다. 모든 자연의 물질들은 가급적 자신들의 저장성을 늘리기 위한 노력을 하는데 예를 들어서 벌이 벌집을 만들 때도 가장 안정적인 구조인 6각 형태를 취하는 것도 같은 이유이다. 이처럼 반응성이 높은 지방산의 COOH그룹을 글리세롤과 결합하여 상대적으로 반응성이 덜 있는 구조인 ester(-O-) 형태로 변경함으로써 지방산의 안전성과 저장성을 높이고자 하였다. 또 다른 이유는 지방산의 긴 탄소 체인을 식품 내부에서 깔끔하게 정리하기 위함이다. 식품에 존재하는 지방산은 보통 탄소의 길이가 14개 이상이며 그 중에서도 탄소 길이가 16개, 18개 그리고 20개인 지방산이 대부분을 차지하고 있다. 이처럼 탄소 길이가 긴 지방산이 하나의 글리세롤에 최대 3개까지 결합할 경우에 서로 구조가 얽혀서 전체 식품의 구조에도 부정적인 영향을 주게 되고 그것은 식품의 조직감으로 연결된다. 지방구조의 변화가 조직감에 영향을 주는 사례는 우리는 먹다 남은 아이스크림을 다시 가정용 냉장고에 넣어서 다시 냉동시켰을 때 아이스크림의 조직감이 처음과는 달리 매우 거칠어지는 경우에서 확인할 수 있다.

2. 지방의 기능

지방의 식품에서의 역할은 단순한 칼로리 생산기능 이외에도 맛을 포함함 식품의 전체적인 품질을 높이기 위한 많은 기능을 가지고 있다. 이러한 다양한 기능으로 인하여 단순하게 열량을 낮춘 저지방 식품은 만들 수는 있어도 맛과 품질을 그대로 유지하는 저지방 식품을 개발하기는 무척 어려운 것이다. 따라서 진정한 의미의 지방 대체제의 개발은 지방의 기본적인 역할은 그대로 유지하면서 칼로리만을 낮추는 물질을 개발하는 작업이며 이것은 매우 많은 노력과 시간이 요구되는 작업이다. 하지만 지방 대체제의 효용성과 시장성은 매우 크며 지방을 연구하는 사람이라면 누구에게나 개발하고픈 동기를 부여하고 있다. 이러한 지방 대체물질의 개발을 비롯한 지방의 효율적인 이용을 위해서는 우선 지방의 기능을 이해하는 것이 매우 필요하며 대표적인 지방의 기능은 다음과 같다.

1) 부드러운 촉감 (mouthfeel)

지방은 긴 사슬 체인으로 이루어진 지방산으로 이루어져 있으며 하나의 지방산 체인은 다른 지방산 체인과 비극성 결합의 일종인 van der waals(반데르 발스) 결합에 의하여 형태를 유지하고 있다. 그러나 이런 van der waals 결합은 비극성 결합으로 결합 자체가 약하고 공유결합처럼 견고하지 못하기 때문에 지방의 탄소결합된 체인들은 출렁거려서 식품에 부드러운 촉감을 줄 수 있다. 즉 약하면서도 체인 길이가 긴 지방의 탄소 체인의 특성은 식품에 딱딱함보다는 부드러운 촉감을 줄 수 있어서 식품의 맛을 부드러운 촉감을 통해서 향상 시킬 수 있다. 이런 특징을 가지고 있는 대표적인 식품에는 아이스크림과 초콜릿이 있다.

따라서 이런 지방의 부드러운 기능 때문에 저지방 식품을 제조하기 위하여 식품에서 지방 성분을 추출할 경우에는 식품의 조직감이 현격하게 거칠어져서 식품의 맛을 관능적으로 떨어뜨리게 된다. 소비자는 지방의 높은 칼로리는 싫어하지만 식품의 부드러움은 선호하는 경우가 많으므로 지방 대체물질 개발 시에는 지방의 부드러움을 잃지 않도록 하는 것이 매우 중요하다. 우리가 당 성분을 변화시켜 저열량 탄산음료가 개발되었음에도 불구하고 해당 음료의 소비가 대폭 늘어나지 않는 것은 바로 저열량 탄산 음료의 맛이 기존 탄산음료에 비하여 떨어지기 때문이다. 즉 소비자는 매우 까다롭기 때문에 지방의 고열량은 싫어하지만 지방의 부드러움은 선호하는 이중적인 면을 보이고 있으므로 이를 충족시키는 노력이 필요하다. 예를 들어 지방이 없는 초콜릿은 칼로리를 줄일 수 있어서 좋겠지만 부드러움을 가질 수 없어서 소비자의 선호도는 떨어질 수밖에 없다. 식품을 선택하는 소비자의 이중성은 맛도 좋으면서 건강에도 좋은 것을 찾는다는 점으로 이점은 새로운 건강식품 개발에 중요한 기준으로 고려해야 할 것이다.

2) 향 수송 기능 (flavor carrier)

부드러움을 주는 지방의 또 다른 역할은 바로 향을 수송하는 역할을 하는 것이다. 튀김을 하면 그 향이 온 집안에 진동하는데 그 원인 중의 하나는 지방 성분의 향 수송 기능에 있다고 할 수 있다. 반대로 화장실에서 물로 변기를 채우는 이유 중의 하나는 물이 향 성분을 파괴하는 역할을 할 수 있어서 화장실을 쾌적하게 유지할 수 있기 때문이다.

이런 이유는 향 성분과 물 그리고 지방 성분의 화학적 구조의 차이에 기인한다. 식품의 향은 구조상 물과 반응하기 쉬운 알데하이드(CHO) 구조를 가지고 있는데 따라서 향은 물을 만나면 반응을 일으켜 새로운 물질을 만들게 되고 향 성분은 파괴되면서 기능을 잃어버리게 된다. 그러나 극성 구조를 가지고 있는 향 성분이 비극성 성질을 가지고 있는 지방을 만나면 서로 반응이 일어나지 않게 된다. 이것은 향 성분이 변하지 않는다는 것을 말하고 있는 그대로 자신의 향 성분을 소비자에게 지방의 도움을 받아서 전달할 수 있다는 것을 말한다. 다시 말하면 지방은 물과 섞이지 않는 성질을 가지고 있기 때문에 지방으로 보호받고 있는 향 성분은 물에 의한 향 성분 파괴를 막을 수 있고 결과적으로 향을 안전하게 소비자에게 전달할 수 있다. 결론적으로 향 성분은 지방에서는 안정하나 물에서는 가수분해되는 등 불안정해진다. 이처럼 저지방 식품은 향을 소비자에게 안전하게 전달하는데 불리한 단점을 가지고 있어 식품의 품질 유지에 어려움을 줄 수 있다. 따라서 진정한 지방 대체제라면 식품에 저칼로리와 부드러움 그리고 향 전달 능력을 주는 것이 함께 필요하다.

3) 물리적 구조 (physical structure)

지방은 주변 온도에 따라 액체나 고체 구조 또는 액체도 고체도 아닌 그 중간의 구조를 취할 수 있으며 이런 지방의 다양한 구조는 식품에 여러 물리적 성질을 줄 수 있다. 즉 상온에서 고체인 지방과 액체인 지방 그리고 고체와 액체의 중간 성질인 가소성을 가지고 있는 지방들은 각각 식품에 촉감과 부드러움 등 매우 다양한 물리적 성질을 주어 품질에도 많은 영향을 줄 수 있다.

또한 같은 고체 형태로 보이는 지방의 결정성 구조도 사실은 매우 다양한 (α, β, β‘, γ) 형태의 물리적 구조를 취할 수 있어서 지방의 품질 유지에 큰 영향을 줄 수 있다. 이러한 결정성 구조의 변화는 지방이 저장되어 있는 온도조건 또는 지방 냉각 시 냉각 온도나 냉각 속도 그리고 지방을 구성하는 지방산의 종류 및 지방산의 다양성에 따라서 변경될 수 있다. 예를 들어 동물성 지방산으로 주로 구성되고 지방산 종류가 적은 버터는 상대적으로 동물성 지방산 비율이 낮고 구성하고 있는 지방산의 종류가 상대적으로 다양한 마가린에 비하여 더욱 단단한 결정성 구조를 가지고 있으며 상온에서 고체의 성질을 더 보여준다. 또한 식물성 지방산으로 주로 구성된 식용유는 낮은 융점 때문에 상온에서 액체의 성질을 보여주고 있다. 따라서 동물성 지방인 포화지방산과 식물성 지방인 불포화지방산의 비율 조성을 통한 물리적 구조의 변화는 지방의 물리적 성질을 조절할 수 있는 수단으로 활용할 수 있으며 이를 통한 지방식품의 활용도를 높이고 소비자의 이용 편리성을 증가 시킬 수 있다.

또한 소비자가 가장 선호하는 지방의 결정성 구조는 β'인데 녹았다가 냉각되는 과정을 거치면 관능적인 선호도가 떨어지는 β구조로 변경되는 경우가 일어난다. 예를 들어 아이스크림이나 초콜릿의 경우도 녹았다가 다시 가정에서 얼리게 되면 조직감이 현저하게 떨어지는 경우가 발생한다. 이것은 식품 제조회사에서는 냉각 온도와 냉각 속도 등 결정성 구조를 좌우하는 요소들을 조절하여 지방의 결정 상태를 소비자가 가장 선호하는 β'형으로 조절할 수 있는데 반하여 일반 가정에서는 녹은 아이스크림을 일반 냉동고에서 얼리기 때문에 결정구조가 부드러움이 떨어지고 다소 거친 β구조로 변경되기 때문이다.

이처럼 지방의 물리적 구조는 기본적으로 식품에 다양한 조직감을 부여하며 구성하는 지방산의 종류와 특징 그리고 제조방법이나 저장방법에 따라서 식품의 조직감에 큰 영향을 주어 소비자의 제품 선호도에 영향을 줄 수 있다.

4) 고에너지 발생

탄수화물이나 단백질에 비하여 지방은 2배가 넘는 열량을 단위 그램당 만들어내는 것으로 알려져 있으며 이러한 지방의 고열량 생산능력은 소비자의 지방에 대한 선호도를 떨어뜨리는데 큰 영향을 주었다. 이처럼 지방이 다른 식품 성분에 비하여 고열량을 내는 이유는 지방의 구조에 산소 숫자가 다른 영양 성분인 탄수화물이나 단백질에 비하여 매우 적고 대신 탄소 숫자가 많은 것이 큰 원인이다. 탄수화물의 대표라고 할 수 있는 포도당의 경우를 보면 탄소수가 6개인데 비하여 산소는 6개로 비율이 1:1이다. 또한 단백질도 구성하고 있는 아미노산의 기능그룹의 종류에 따라 변하겠지만 아미노산의 기본 골격구조의 탄소와 산소의 비율은 탄수화물과 마찬가지로 1:1이다. 그러나 가장 대표적인 지방산이라고 할 수 있는 탄소수 18개의 포화지방산인 stearic acid의 경우를 보면 탄소수와 산소수의 비율이 9:1에 이를 정도로 산소에 비하여 탄소의 수가 많다. 산소가 이미 열량을 소비한 원소라면 탄소는 열량을 낼 수 있는 원소라고 할 수 있으며 바로 그런 이유로 화석 연료나 석유의 구성 원소는 주로 탄소로 이루어져 있고 이것이 바로 고열량을 낼 수 있는 비결인 것이다. 탄소가 없이 수소와 산소로 이루어져 있는 물이 타지 않고 오히려 불을 끄는 데 쓰이는 것도 바로 같은 원리이다. 이처럼 탄소수가 산소에 비하여 많은 지방은 그렇지 못한 탄수화물이나 단백질에 비하여 많이 탈 수 있기 때문에 높은 열량을 낼 수 있는 것이다. 따라서 기본적으로 지방의 열량을 낮추기 위해서는 탄소수를 줄이는 것이 필요한데 탄소수를 줄이면 탄소 체인의 출렁거림이 줄어들어 식품에 부드러움을 주는 지방의 역할이 줄어들고 비극성 성질이 감소되어 향 수송 기능도 줄어들게 된다. 바로 이러한 성질이 열량을 감소시키기 위한 지방 대체 성분 개발을 어렵게 하는 요소라고 할 수 있다.

5) 열전달 매개체 (heat transfer medium)

왜 우리는 튀김을 할 때 물을 이용하지 않고 식용유를 사용할까?

식품은 외부의 열량을 저장하여 이를 전달할 수 있다. 열량의 정도를 단순하게 온도의 개념으로 설명하기는 어렵지만 간단하게 온도 개념을 이용해 보면 물과 지방의 열전달 차이는 분명하게 나타난다. 정상 기압 조건에서 액체상태의 물은 섭씨 100도까지 온도를 올릴 수 있고 그 이상의 온도에서는 기체로서 상태가 변한다. 즉 물에 튀김재료를 넣고 튀긴다면 튀김재료에 전달할 수 있는 열량은 100도까지의 열량이 된다. 우리가 맛있는 튀김을 할 때 온도의 중요성은 상식적으로 잘 알고 있으며 실제로 섭씨 180도가 넘는 온도까지 기름의 온도가 높아졌을 때 튀김 재료를 넣어야 맛있는 튀김이 만들어진다는 것을 잘 알고 있다. 그러나 물은 앞에서 언급한 대로 100도가 넘으면 기체로 형태가 변하기 때문에 즉 열전달 능력이 떨어지기 때문에 효과적인 열전달 매개체로 사용할 수 없는 것이다.

그렇다면 지방은 즉 식용유는 어떨까?

열량은 탄소와 탄소사이의 결합 부분에 저장되어서 전달될 수 있다. 그런데 지방은 이처럼 열량을 간직할 수 있는 탄화수소 체인의 길이가 다른 식품 성분에 비하여 매우 길어 많은 열량을 식품에 전달할 수 있다. 즉 탄화수소 체인마다 일정한 열량을 간직해서 이를 전달할 수 있으므로 상대적으로 많은 열량을 전달할 수 있으며 이로 인하여 식품을 가열 시에 보다 높은 열을 전달할 수 있는 것이다. 포도씨 기름의 경우는 260도에서도 타지 않고 그 열량을 간직해서 식품에 전달할 수 있는 것으로 알려져 있다. 이처럼 지방은 긴 탄소체인 덕분에 높은 열을 전달받아 저장하고 전달하는 고에너지 전달 능력이 매우 뛰어난 특징을 가지고 있어서 식품뿐만 아니라 일부 전기난로에도 효과적으로 사용하고 있다.

그러나 지방 특히 식용유의 경우는 저장기간이 길어지거나 산소와 접촉 빈도가 높아지거나 또는 높은 온도에서 사용 빈도가 높아짐에 따라 탄화수소 체인이 절단되는 경우가 발생된다. 탄화수소 체인의 절단은 열량을 저장할 수 있는 열량 주머니가 줄어드는 것을 의미하여 이는 곧 전달할 수 있는 열의 양이 줄어드는 결과를 가져온다. 이런 상황에서 과거에 했던 방법대로 동일한 열량을 공급했을 때 지방은 열을 담을 수 있는 열량 주머니가 줄어들었기 때문에 공급받은 열을 다 저장하지 못하고 열의 공급 과잉, 즉 과열로 이어지고 이것은 결국 기름이 타는 결과를 가져오는 것이다. 따라서 여러 번 사용한 신선하지 못한 기름은 식품의 색을 짙은 갈색으로 변화시키지만 반면에 신선한 기름은 보다 더 높은 열을 식품에 효과적으로 전달할 수 있어서 보다 더 깔끔한 요리가 가능해진다. 이러한 이유 때문에 집에서 요리한 튀김은 밝고 맑은 색을 띠는 것이다.

6) 계면 활성제

물과 기름은 서로 극성의 차이로 인하여 섞이지 않으며 밀도 차이로 인하여 기름은 위에 그리고 물은 아래에 위치하게 된다. 그런데 많은 식품들이 물과 지방을 동시에 가지고 있으며 이런 층 분리 현상이 완제품에서 지속적으로 발생된다면 소비자들의 해당 제품에 대한 선호도는 떨어지게 된다. 예를 들어 우리 일상생활에서 자주 사용하는 마요네즈나 케첩의 경우 지방 성분이 많은데 만약에 지방과 물 성분이 분리되어 층 분리된 제품을 우리가 사용해야 한다면 사용 시에 많은 불편함과 불쾌감을 갖게 될 것이다. 따라서 지방과 물을 한 식품 속에서 잘 섞이게 공존하게 하는 것은 매우 중요한 식품 가공기술의 하나라고 할 수 있다.

이런 식품 속에서 발생할 수 있는 지방과 물의 층 분리 현상을 없애기 위하여 주로 사용하는 방법은 산 첨가, 물리적인 교반 그리고 인지질 사용이다. 지방의 한 종류인 인지질이 지방과 물을 잘 섞이게 하는데 사용할 수 있는 것은 인지질이 지방 성질과 물 성질을 모두 함께 가지고 있기 때문에 가능하다. 다음 그림에서 보듯이 대표적인 인지질인 레시틴은 비극성 부분인 지방산이 탄소 1, 2번 위치에 자리 잡고 있으며 탄소 3번 위치에는 극성 성분이 자리 잡고 있다. 따라서 인지질은 비극성 성질과 극성 성질을 다 가지고 있는 양친매성 물질이다. 비극성 부분인 탄소 1, 2번은 비극성 성질인 지방과 친하게 지내고 극성 성질인 탄소 3번은 극성인 물과 친하게 지내며 결과적으로 물과 지방을 연결하여 주는 다리 역할을 하는 것이다. 이런 인지질의 역할은 우리 인간생활에서도 서로 모르는 사람을 연결하여 주는 메신저와 같은 역할인데, 즉 상대방을 다 아는 메신저의 중재로 서로 모르는 사람들이 알고 지내는 것과 같은 원리이다.

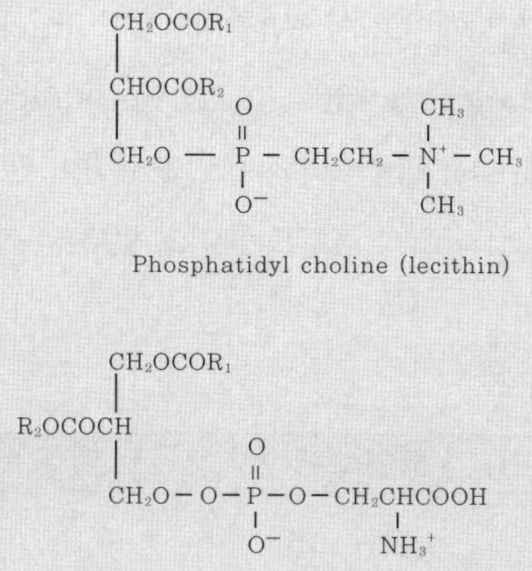

그림 5-2▶ 인지질의 구조

3. 지방산의 종류

지방을 구성하고 있는 지방산은 긴 탄소체인의 이중결합의 존재 여부에 따라 포화지방산과 불포화지방산으로 나누어진다. 포화지방산(saturated fatty acid)은 탄소가 빈틈없이 수소로 채워져 있는 구조를 말하며 이것은 이중결합이 없을 때 가능하므로 보통 이중결합이 없는 지방산을 포화지방산이라고 부르고 있으며 이 중에는 대표적으로 식품에 존재하는 탄소수가 14개인 myristic acid, 탄소수가 16개인 palmitic acid($C_{16:0}$) 그리고 탄소수가 18개인 stearic acid($C_{18:0}$)가 있다. 이중결합으로 인하여 탄소가 수소를 잃어버렸다는 의미를 가진 불포화지방산(unsaturated fatty acid)에는 대표적으로 탄소수가 16개이고 이중결합이 1개인 palmitoleic acid($C_{16:1}$), 그리고 탄소수가 18개이고 이중결합이 하나인 oleic acid($C_{18:1}$), 탄소수가 18개이고 이중결합이 2개인 linoleic acid($C_{18:2}$), 탄소수가 18개이고 이중결합이 3개인 linolenic acid($C_{18:3}$), 탄소수가 20개이고 이중결합이 4개인 arachidonic acid($C_{20:4}$) 등이 있다. 지방산 중에서 linoleic acid($C_{18:2\ \triangle 9,12}$), linolenic acid($C_{18:3\ \triangle 9,12,15}$), arachidonic acid($C_{20:4\ \triangle 5,8,11,14}$)는 필수 지방산으로 분류되어 있고 중요성을 감안하여 외부 섭취가 반드시 필요한 vitamin F라고도 불리고 있다.

표 5.1 대표적인 지방산의 구조

지방산의 이름	구조	학술명
로오린산 (lauric)	$CH_3(CH_2)_{10}COOH$	n-dodecanoic acid
미리스틴산 (myristic acid)	$CH_3(CH_2)_{12}COOH$	n-tetradecanoic acid
팔미틴산 (palmitic acid)	$CH_3(CH_2)_{14}COOH$	n-hexadecanoic acid
스테아르산 (stearic acid)	$CH_3(CH_2)_{16}COOH$	n-octadecanoic acid
팔밑올레인산 (palmitoleic acid)	$CH_3(CH_2)_5CH = CH(CH_2)_7COOH$	9-Hexadecenoic acid
올레인산 (oleic acid)	$CH_3(CH_2)_7CH = CH(CH_2)_7COOH$	9-Octadecenoic acid
리놀레인산 (linoleic acid)	$CH_3(CH_2)_4CH = CHCH_2CH = CH(CH_2)_7COOH$	9,12-Octadecadienoic acid
리놀레닌산 (linolenic acid)	$CH_3CH_2CH = CHCH_2CH = CHCH_2CH = CH(CH_2)_7COOH$	9,12,15-Octadecatrienoic acid
아라키돈산 (arachidonic acid)	$CH_3(CH_2)_4(CH = CHCH_2)_4(CH_2)_2COOH$	5,8,11,14-Eicosapentaenoic acid

사람이나 소 그리고 돼지가 가지고 있는 지방산은 주로 포화지방산인데 이것은 녹는점이 높아서 상온에서는 고체로 존재하는 특성을 가지고 있으며 온도가 조금만 내려가도 지방이 더욱 단단하게 굳어지는 특성을 보여준다. 그런 특성으로 인하여 돼지고기나 소고기를 먹고 나서 물을 먹으면 컵 주위에 기름이 굳어지는 현상을 볼 수 있고 우

리 인간이나 소나 돼지가 물에 빠지면 아무리 수영을 잘해도 오랜 시간 물속에 있으면 사망하는 이유 중의 하나도 바로 이런 포화 지방 성분이 딱딱하게 굳기 때문이다. 이처럼 포화지방산이 잘 굳는 이유는 이중결합이 없기 때문에 지방산 체인과 체인이 서로 일직선으로 바로 접할 수 있어서 체인사이의 결합력이 강하기 때문이다.

반대로 이중결합을 가지고 있는 경우는 이중결합이 형성되면서 일정한 각도로 지방산이 구부러지게 되는데 이런 구부러짐은 지방산 체인과 체인사이의 결합력을 약화시키고 이들이 결합하기 위해서는 더욱 낮은 온도가 필요하게 된다. 바로 이러한 이중결합의 구부러지는 특징 때문에 이중결합을 가지고 있는 지방산, 즉 불포화지방산은 상온은 물론 낮은 온도에서도 결합력이 와해된 액체 즉 fat의 형태가 아닌 oil의 형태를 취하게 되며 그 정도는 이중결합이 많을수록 구부러지는 정도가 더 심해져서 아주 낮은 온도에서도 액체의 성질을 띠게 하는 중요한 요인이 된다. 실제로 매우 낮은 온도의 심해 바닷물에서 생활하는 상어나 참치 등이 사람과 달리 아무 문제없이 그런 환경에서 생활하는 것은 그들이 가지고 있는 지방의 종류가 이중결합이 2개 이상인 고도 불포화지방산이기 때문이다. 즉 이런 고도 불포화 지방은 녹는점이 매우 낮아서 즉 매우 낮은 온도에서도 액체 상태로 존재하기 때문에 매우 낮은 온도의 바닷물에서도 지방이 굳지 않고 자신의 역할을 할 수 있어서 생존에 아무 문제가 없는 것이다.

4. 지방의 물리적 성질 (구조적 특징)

지방은 존재하는 주변의 온도나 구성하고 있는 지방산의 종류에 따라 고체나 액체 또는 그 중간의 형태로 존재한다. 이런 존재형태의 다양성은 기술적으로 조절이 가능하여 소비자의 지방 이용 편리성을 증대시키거나 저장성에도 영향을 줄 수 있다. 따라서 지방의 물리적 성질인 구조에 직접인 영향을 주는 융점이나 가소성을 충분하게 이해하는 것은 지방의 식품에서의 활용 가능성과 소비자의 사용 효용성을 높인다는 점에서 매우 중요하다고 할 수 있다.

1) 융점

지방은 상온에서 액체인가 고체인가에 따라 fat과 oil로 구분되며 아래와 같은 특징을 가지고 있다.

표 5.2 fat과 oil의 특징

Fat	Oil
상온에서 고체	상온에서 액체
주로 포화지방산으로 구성되어 있음	주로 불포화지방산으로 구성되어 있음
palmitic acid, stearic acid	oleic acid, linoleic acid, linolenic acid
육류와 같은 동물성 지방	옥수수유와 참기름 같은 식물성 지방

표에서 보듯이 상온에서 고체인 fat은 주로 이중결합이 없는 포화지방산으로 구성되어 있다. 포화지방산은 직선상의 곧은 체인으로 이루어져 있어서 지방산 체인과 체인 사이에 많은 수의 탄소와 탄소 결합인 비극성 결합, 즉 van der waals forces를 가지고 있다. 이 탄소와 탄소 사이의 결합은 결합력 자체는 약하지만 워낙 많은 수의 결합을 지방산과 지방산 사이에 가지고 있어서 전체적으로는 무시할 수 없는 결합력을 가지게 되고 체인이 일직선으로 되어 있어서 결합에 유리한 구조를 가지게 된다. 이러한 특징으로 인하여 포화지방산은 상대적으로 높은 녹는점을 가지게 되며 따라서 상온에서도 녹지 않은 형태인 고체 구조를 가지게 되는 것이다. 이처럼 포화지방산으로 구성되어 있는 대표적인 지방식품은 버터와 마가린을 들 수 있다. 이와는 반대로 상온에서 액체의 형태로 존재하는 oil은 이중결합이 있는 불포화지방산으로 구성되어 있다. 불포화지방산은 이중결합의 형성지점에서 굴곡이 발생하는 구조로서 이런 구부러짐으로 인하여 지방산과 지방산사이에 존재하는 탄소와 탄소 사이의 결합력이 감소하게 된

다. 이러한 결합력의 감소는 불포화지방의 녹는점을 현격하게 낮추어서 낮은 온도에서도 녹아 있는 상태로 만들게 되며 결국 우리 일상생활에서 볼 수 있는 기름의 형태, 즉 oil의 형태를 취하게 만든다. 이처럼 불포화지방산으로 구성되어 있는 대표적인 지방식품은 올리브유나 참기름 또는 일반적인 식용유를 들 수 있다.

이런 지방산의 종류에 따른 특정 온도에서의 지방의 구조적 특징은 지방식품을 구성하고 있는 지방산의 포화 정도를 조절하여서 고체 식품을 액체로 또는 액체 식품을 고체 식품으로 소비자의 기호에 따라서 변형하여 사용할 수 있도록 해 주고 있다. 예를 들면 상온에서 액체인 식용유를 소비자가 조리 기구에 골고루 붓기가 어렵다면 식용유를 구성하고 있는 지방산의 수소를 더욱 제거하여 불포화도를 높여서 식용유를 상온에서 기체화함으로써 소비자가 조리 기구에 식용유를 스프레이처럼 골고루 뿌려서 사용할 수도 있게 하여 소비자의 편리성을 높여 줄 수도 있을 것이다.

2) 가소성 (plasticity)

가소성은 이론적으로 설명하면 고체가 적당한 조건하에서는 외부 힘에 대하여 이상적인 강체로 작용하지 않고 어느 한도 내에서 파괴되지 않고 외부의 힘에 따라 연속적으로 또 영구적으로 변형될 수 있는 성질을 말한다. 이런 성질은 버터, 마가린 그리고 초콜릿 등에 중요하며 고체와 액체 구조사이에서의 물리적 구조의 조화가 가소성의 정도를 결정하게 된다.

지방식품에서 소비자가 기대하는 것 중의 하나가 부드러움인데 이것은 고체의 딱딱함과는 다르고 액체의 녹아 있는 상태와는 다른, 즉 고체도 아니고 액체도 아닌 중간의 물리적 형태에서 최대가 될 수 있다. 소비자가 지방에서 기대하는 부드러움을 늘려 주기 위해서 녹는점이 매우 낮은 불포화지방산의 함량을 너무 늘리면 완전히 액체상태의 지방이 형성되어 소비자가 사용할 때 매우 불편할 것이다. 실제로 빵에 발라 먹는 버터나 마가린이 액체상태라면 그것을 사용하는 소비자는 흘러내리는 것을 막기 위해서 매우 주의를 해서 제품을 사용해야 하기 때문에 제품에 대한 소비자의 만족도는 떨어질 수 밖에 없다.

반대로 포화지방산의 함량을 높여서 상온에서 고체로 만들어 버리면 빵에 버터나 마가린을 사용할 때 너무 딱딱해서 빵의 조직이 파괴되는 문제가 발생할 수도 있다. 즉 딱딱한 고체상태의 버터나 마가린을 빵에 바른다면 버터나 마가린이 펴지지 않기 때문에 빵 전체에 골고루 발라지지도 않고 빵 조직이 뚫어질 수도 있어서 이 역시 소비자의 제품에 대한 만족도를 떨어뜨리는 요인이 된다. 실제로 이러한 현상은 버터나 마가린에만 일어나는 것이 아니라 초콜릿을 비롯한 많은 지방식품에서도 일어나며 소비자의 제품 이용에 대한 편리성과 만족도를 높인다는 면에서 완전히 고체이지도 않고 완전히 액체이지도 않은 지방의 특성을 만들 필요가 있는데 우리는 그런 성질을 가소성이라고 표현한다. 가소성이 우수한 제품은 외부의 적당한 힘에 의하여 아주 부드럽게 지방이 펴져 나갈 수 있어서 소비자의 지방식품의 이용 편리성을 높여 줄 수 있다. 실제로 식빵에 버터를 바른다고 했을 때 액체처럼 흘러내리지도 않고 고체처럼 딱딱하지도 않으면서 빵 전체에 버터가 고루고루 부드럽게 펴져 나간다면 버터에 대한 소비자의 이용 편리성과 만족도는 높아질 것이다. 실제로 이런 부드러움과 가소성을 강조해서 소비자에게 높은 만족도를 주면서 높은 가격에 팔리는 제품들이 시장에 등장해 있다.

가소성을 높일 수 있는 방법에는 다양한 지방산 조성(불포화지방산과 포화지방산의 비율 조절)을 만들어 주는 방법과 수소화를 통하여 이중결합의 정도를 조절하는 방법이 있는데 기본적으로는 구성 지방산의 종류를 다양화하는 것이 핵심이다. 다양한 지방산 조성은 어떤 한 순간에 어떤 지방산은 고체의 성질을 가지고 있지만 다른 지방산은 액체의 성질을 가지게 함으로써 실제 사용 시에 중간의 성질 즉 고체도 액체도 아니면서 서서히 변해가는 가소성의 특징적인 성질을 소비자에게 주는 것이다. 즉 한 가지 지방산으로만 구성되어 있으면 구조가 고체 또는 액체의 성질을 단순하게 가져서 액체와 고체의 중간 성질인 가소성을 가질 수 없게 된다. 포화지방산과 불포화지방산 성분을 다양하게 조성함으로써 고체의 성질과 액체의 성질을 동시에 가지게 하여 가소성을 효과적으로 높여 줄 수 있다. 또한 같은 원리로 이미 조성되어 있는 포화지방산이나 불포화지방산의 수소화를 조절하여 상온에서의 녹는점을 다양하게 조절함으로써 가소성을 높여줄 수 있다.

5. 지방의 산패

지방의 산패라는 것은 기본적으로 산화라는 지방의 변질을 의미하는 것으로 유지나 식품중의 지방질 성분에서 일어나는 어떤 비정상적인 불쾌한 냄새와 맛의 생기는 현상을 총괄해서 표현하는 용어라고 할 수 있다.

산패의 종류는 크게 3가지로 구분될 수 있는데 우선 유지 또는 지방질 식품이 외부의 냄새 흡수하거나 수분이나 효소에 의한 가수분해에 의한 산패 그리고 산소나 빛의 노출에 의한 산화에 의한 산패로 나누어 질 수 있다. 이 중에서 자동 산화를 포함하는 산화에 의한 산패가 식품 저장이나 가공 중에 가장 중요한 산패라고 할 수 있다.

1) 냄새의 흡수

지방은 식품의 향기를 잘 전달하는 좋은 기능을 가지고 있으나 때때로 주변의 좋지 않은 냄새까지 흡수하고 전달하는 역할을 하는 경우가 있으며 이러한 좋지 않은 냄새, 즉 이취의 흡수를 통한 품질저하 현상은 넓은 의미에서 산패로 정의할 수 있다. 이런 현상을 우리는 가정에서도 가끔 경험할 수 있는데 먹다 남은 아이스크림에 냉장고 냄새가 스며들어 아이스크림 저장성 자체를 급격하게 떨어뜨리는 경우가 있다. 물론 이런 지방의 냄새 흡수 능력을 냉장고 냄새 제거라는 긍정적인 면으로 활용하는 경우도 있다. 육류의 기름기 부분을 냉장고에 넣어두면 냉장고에 존재할 수 있는 특유의 불쾌한 냄새를 효과적으로 제거할 수 있다.

지방의 이취 발생의 또 다른 원인은 지방식품과 접촉하고 있는 식품 포장재 성분으로부터의 냄새 흡수인데 특히 다양한 즉석조리식품의 발전은 전자레인지 조리시 포장재 성분의 지방으로의 이동으로 인한 이취 발생을 유발할 수 있다. 이처럼 지방식품의 냉장고나 냉동고 보관 시 충분하지 못한 포장으로 인하여 냉장고 냄새의 지방식품으로의 이동과 포장재 냄새의 지방식품으로의 이동으로 인한 이취 발생 발생을 지방의 산패라고 할 수 있다.

2) 가수분해에 의한 산패 (우유)

지방은 자신의 저장기간을 안정적으로 늘리기 위하여 반응성이 뛰어난 지방산으로 식품에 존재하기보다는 화학적으로 안정한 지방의 형태로 전환되어 저장되는 것이 일반적이다. 즉 지방산과 글리세롤의 에스터 결합을 통하여 물을 형성함과 아울러 지방으로 구조를 전환하여 존재함으로써 저장기간 동안 안정성을 높이게 된다. 그러나 이러한 지방도 수분과의 접촉 기회가 늘어나거나 지방가수분해효소를 만나게 되면 지방산으로 전환되며 안전성이 떨어지면서 결국 산화 과정을 거치게 된다.

지방(안정적) + 물 → 화학적 가수분해 → 지방산(불안정적)
지방(안정적) + 지방분해효소(lipase) → 효소적 가수분해 → 지방산(불안정적)

가수분해에 의한 산패는 수분함량이 크거나 수분과의 접촉 기회가 큰 식품에 주로 발생하는데 대표적인 식품으로는 우유, 버터 그리고 치즈 등이 있다. 가수분해에 의해서 생성된 유리 지방산의 일부는 지방으로 존재할 때보다 무게가 감소되기 때문에 그 자체가 휘발성을 가지고 있으며 비정상적인 냄새나 맛을 부여할 수 있다. 또한 유리된 지방산은 산소나 빛 등에 의해서 산화 과정에 노출될 수 있어서 산패의 가능성이 크게 높아진다. 이런 가수분해에 의한 산패뿐만 아니라 지방가수분해효소 역시 이런 지방의 가수분해 과정에 관여하면서 지방산으로의 전환을 촉진하게 된다. 예를 들어 식물체 조직의 파괴에 의해서 들어오는 가수분해효소인 lipase는 지방을 지방산과 글리세롤로 가수분해하며 결국 이 과정에서 생성된 불안정한 지방산은 그 자체가 이취를 발생시키거나 저장 중 산화와 같은 산패 과정을 거치면서 지방을 변질시키게 된다.

3) 산화에 의한 산패

산화에 의한 산패는 유리 지방산이나 지방질 식품들이 공기 중의 산소를 자연적으로 흡수함으로써 생기는데 우리가 생활하면서 공기 즉 산소와의 접촉을 피할 수 없으므로 다른 산화에 비하여 훨씬 발생 가능성이 높으며 그 과정 자체가 자연 발생적으로 발생하고 조절이 어렵기 때문에 매우 중요하다. 이런 산화에 의한 산패에는 자동산화, 광선산화 그리고 가열 산화 등이 있다.

(1) 자동산화 과정 (autooxidation 과정)

유지가 가열됨이 없이 자발적으로 산소를 흡수하여 발생하는 반응으로 비교적 낮은 온도에서도 발생이 가능하며 공기 중의 산소에 의해서 서서히 그러나 일단 시작되면 급격히 진행되는 반응이다. 즉 일정 기간의 산화 유도기간이 존재하여 이 기간 중에는 산화가 진행되지 않으나 일단 유도기간을 지나 산화가 진행되면 매우 급격하게 산화가 진행되는 특징을 가지고 있다. 여기서 유도기간이란 유지의 자동산화 과정에서 산소의 흡수 속도가 매우 적은 특정한 기간을 말한다. 따라서 자동산화를 억제하기 위하여 투입되는 항산화제나 저온 저장과 저장조건 변경 등은 유도기간의 길이를 늘려 산화를 억제하는 방법이라고 할 수 있다.

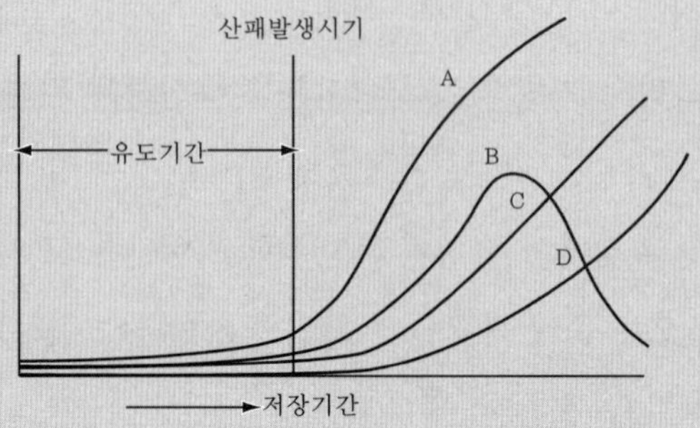

그림 5-3▶ 지방 산패 유도기간

자동산화의 과정은 다음과 같이 보통 3단계로 이루어지는데 일단 과산화물(hydroperoxide)이 만들어지면 산화에 의한 산패가 완료된 것으로 간주되며 과산화물 생성 이후에는 항산화제를 투입해도 큰 산화 지연 효과를 기대하기 어렵다.

1. 초기 단계 : 라디칼 형성

   R··R → R· + R· (가열이나 광선 그리고 금속 이온에 의해 라디칼 형성)

2. 중간 단계 : 연쇄 반응으로 과산화물형성

   R· + 산소 → ROO·(과산화 라디칼)

   ROO·(과산화 라디칼) + RH(유지분자) → ROOH(과산화물) + R·

3. 종결 반응 : 라디칼이 서로 결합하여 반응 종결

   R· + R· → R··R

   R· + ROO· → ROOR

그림 5-4▶ 지방 산화과정

1단계는 금속이온이나 불순물 또는 가열 등의 이유로 지방이 라디칼(radical)을 형성하는 과정이며 형성된 라디칼은 공기 중의 산소와 결합하여 퍼옥시 라디칼(peroxi radical)을 형성한다. 1단계에서 형성된 퍼옥시 라디칼(peroxi radical)은 또 다른 지방산과 반응하면서 proton을 얻어 과산화물(hydroperoxide)을 형성하는 연쇄반응을 시작하게 된다. 즉 유리 지방산은 퍼옥시 라디칼(peroxi radical)과 반응하면서 proton을 잃어버리고 또 다른 알릴 라디칼(allyl radical)을 형성하게 되며 형성된 알릴 라디칼(allyl radical)은 공기 중의 산소와 다시 반응하면서 퍼옥시 라디칼(peroxi radical)을 형성하면서 위의 과정을 반복하게 된다. 이러한 연쇄 반응의 특징 때문에 지방의 산패는 일단 일어나면 매우 빠른 속도로 진행되며 이를 억제하거나 속도를 줄이기가 매우 어려운 것이다. 연쇄 반응을 통해서 산화과정을 거치면서 지방은 많은 라디칼(radical)을 만들어내는데 숫자가 늘어난 라디칼은 서로 만나면서 라디칼(radical)과 라디칼(radical)이 만나면서 종결과정을 거친다.

앞에서 언급한 대로 자동산화 과정은 유지가 가열됨 없이도 산소만 존재하면 지방의 산패가 일어나는 반응이고 우리가 생활하는 과정에서 산소 없이 살아갈 수 없고 또한 식품의 산소와의 접촉을 완벽하게 차단할 수 없다는 면에서 식품 저장 중에 항상 자연스럽게 발생할 수 있는 중요한 반응이라고 할 수 있다. 실제로 지방함량이 높은 제품의 보관방법 중에 항상 제품 포장을 밀폐하는 문구가 있는데 이것은 바로 자동산화를 최소화하기 위한 기본적인 조치이다.

(2) 광선산화 과정 (photosensitized oxidation)

광선 조사로 인하여 즉 햇볕에 노출됨으로 인하여 시작되고 산소에 의하여 반응이 촉진되는 식품산화 과정을 광선산화 과정이라고 한다. 기본적으로는 산소를 불안정하게 만들어 산패가 일어나게 하는 과정인데 자동산화 과정에 비하여 광선산화 과정은 억제가 상대적으로 용이하다. 광선산화 과정을 억제하기 위해서는 자외선 차단이 가능한 포장재에 제품을 담아 두거나 그늘진 곳에 저장하는 것이 좋은 방법이라고 할 수 있다. 자외선 차단이 가능한 포장재로는 금속 용기나 컬러 필름으로 증착한 플라스틱 필름 또는 참기름 포장에 사용되는 검은색으로 증착한 유리 용기 등을 사용할 수 있다. 또한 자외선 차단성이 높은 투명 PEN 용기도 자외선을 제품 저장기간 동안 충분하게 보호할 수 있을 것이다. 실제로 지방함량이 높은 제품의 보관방법 중에 그늘진 곳에 보관하라는 문구가 있는데 이것은 바로 광선산화를 최소화하기 위함이다.

(3) 가열산화 과정

지방은 높은 온도에 노출 시에 지방구조의 파괴 등으로 산패 과정을 거치게 된다. 높은 온도에 반복적으로 노출되는 것은 산화 현상을 촉진시킬 수 있으며 산소와의 접촉을 통해서 이취 발생 등의 과정을 거치게 된다. 특히 가열산화 과정은 섭씨 140도에서 200도 사이에서 가열할 때 지방이 산화되는 과정을 말하며 가열 후 산소와의 접촉을 통하여 산화 과정이 진행된다. 가열산화 과정에서 지방에서 유리 발생되는 물질들도 자동산화 과정처럼 이취를 발생시키고 색변화를 유발하게 된다.

가열산화 과정을 억제하는 방법은 지방식품을 서늘한 곳에 보관하는 것과 한번 가열하여 사용한 기름은 바로 사용하지 않는다면 밀폐용기에 보관하여 서늘한 곳에 보관하거나 신속하게 폐기 처리하는 것이 가장 좋은 방법이다. 실제로 지방함량이 높은 제품의 보관방법 중에 서늘한 곳에 보관하라는 문구가 있는데 이것은 바로 가열산화를 최소화하기 위함이다.

6. 항산화제

넓은 의미에서 항산화제는 노화를 억제하는 물질, 즉 산화를 억제하는 물질로 특징지을 수 있다. 예를 들어 우리 몸은 영양분을 흡수 · 분해하는 과정이나 스트레스를 받을 때 활성 산소(free radical)를 만들어낸다. 이 물질은 반응성이 매우 높기 때문에 우리 몸의 정상적인 기능을 하는 생체 물질 등과 반응하여 암이나 여러 질병 그리고 기본적으로 노화를 일으키는 원인으로 지목되고 있다. 또한 만들어진 활성 산소는 지방의 산패 과정에서 본 것처럼 지방의 산패를 촉진하며 이취를 유발하여 식품의 변질을 일으키는 중요한 요인이기도 하다. 이런 활성 산소를 제거해 주는 물질, 즉 free radical scavenger 역할을 하는 물질을 항산화제라고 한다. 우리가 일상생활에서 친숙하게 접할 수 있는 항산화제에는 비타민 C 등이 있으며 최근에는 아래와 같은 많은 천연 또는 인공 항산화제들이 식품이나 건강식품으로 폭 넓게 사용되고 있다. 항산화제는 기본적으로 자신이 가지고 있는 H(proton)을 라디칼에게 제공함으로써 활성화된 라디칼을 안정화시키는 능력이 필요하며 H(proton)을 라디칼에게 제공한 항산화제 자신은 공명 구조 등으로 자신을 안정화할 수 있는 능력이 필요하다.

1) BHT (butylated hydroxy tolune)

합성 항산화제로 대표적으로 많이 사용되는 BHT는 식용 유지나 버터 등에 폭넓게 사용되며 항산화 능력은 BHA와 유사한 것으로 알려져 있다. BHT는 구조는 아래 그림과 같다.

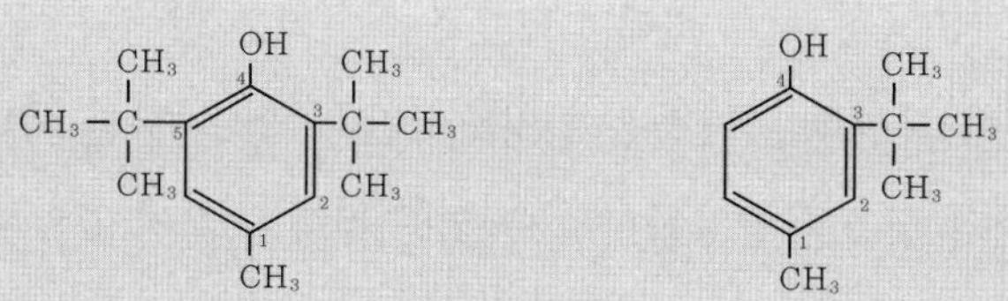

3, 5-di-tert-butyl-4-hydroxytoluene

3-tert-butylhydroxytoluene

그림 5-5▶ BHT의 구조

그림에서 보듯이 BHT는 OH그룹을 가지고 있어서 여기서 유리된 H를 라디칼에게 제공하여 활성화된 지방을 안정화시킬 수 있을 뿐만 아니라 공명 구조와 벤젠링의 OH 그룹 주변에 치환된 거대 분자로 인하여 자신의 구조를 안정화시킬 수 있는 장점을 가지고 있다.

2) BHA (butylated hydroxy anisole)

BHA 또한 BHT처럼 합성 항산화제로서 성질이나 용도 그리고 항산화 능력은 BHT와 거의 유사한 것으로 알려져 있다. BHA에는 2-butylatedhydroxy anisole과 3-butylatedhydroxy anisole의 두 종류의 이성체가 존재하며 구조는 아래와 같다.

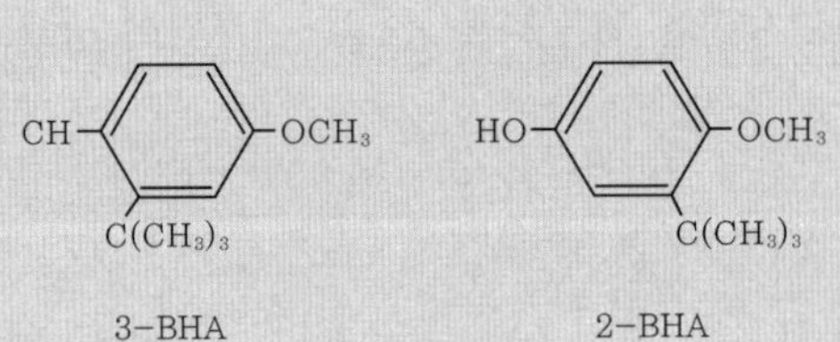

그림 5-6▶ BHA의 구조

그림에서 보듯이 BHA도 BHT처럼 OH그룹을 가지고 있어서 여기서 유리된 H를 라디칼에게 제공하여 활성화된 지방을 안정화시킬 수 있을 뿐만 아니라 공명 구조를 가지고 있어서 자신의 구조를 안정화시킬 수 있는 장점을 가지고 있다.

3) PG (propyl gallate)

PG(propyl gallate)는 앞서서 설명한 다른 합성 산화제와는 달리 물에 어느 정도 녹는 성질을 가지고 있어서 일정 함량 이상의 수분을 가지고 있는 지방질 식품에 사용할 수 있는 장점을 가지고 있다. PG(propyl gallate)의 구조는 아래와 같다.

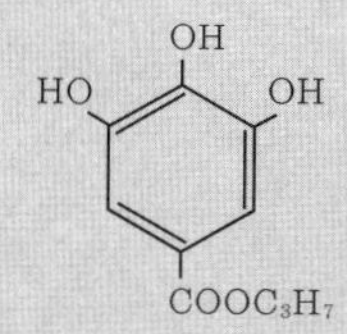

PG(propyl gallate)

그림 5-7▶ PG(propyl gallate)의 구조

그림에서 보듯이 BHA나 BHT처럼 OH그룹을 가지고 있어서 여기서 유리된 H를 라디칼에게 제공하여 활성화된 지방을 안정화시킬 수 있을 뿐만 아니라 공명 구조를 가지고 있어서 자신의 구조를 안정화시킬 수 있는 장점을 공통적으로 가지고 있다.

4) 토코페롤 (tocopherol)

토코페롤은 주로 소맥배아유, 쌀겨, 참깨 그리고 기타로는 콩, 옥수수 배아, 해바라기씨, 호박씨, 견과류(땅콩, 호도, 헤이즐넛, 아몬드), 올리브유, 옥수수유, 홍화유, 대두유 그리고 일부 야채 등에 많이 들어 있는 천연 항산화제로서 영양학적으로는 비타민 E의 전구체 물질이다. 식품에는 치환그룹의 종류에 따라서 4종류의 토코페롤(tocopherol : α, β, γ, δ)이 존재하는데 이 중 가장 흔하고 비타민 E로서의 생체 활성이 가장 큰 것은 α-토코페롤이며 다음은 $\beta > \gamma > \delta$의 순서로 생체 활성을 가지고 있다. 그러나 항산화제로서의 능력은 비타민 E 활성도와는 반대로 α-토코페롤 $< \beta < \gamma < \delta$의 순서로 높아진다. 토코페롤의 구조는 다음과 같으며 다른 합성 항산화제처럼 OH그룹을 가지고 있어서 여기서 유리된 H를 라디칼에게 제공하여 활성화된 지방을 안정화시킬 수 있을 뿐만 아니라 공명 구조를 가지고 있어서 자신의 구조를 안정화시킬 수 있는 장점을

가지고 있다.

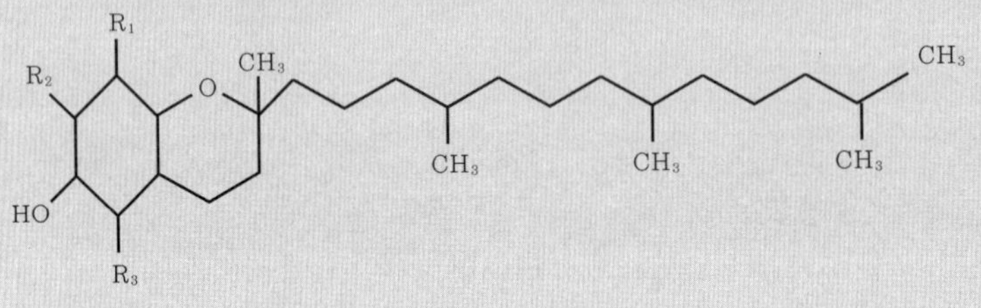

토코페롤(toicopherols)의 일반식

그림 5-8▶ 토코페롤의 구조

5) 아스코르빈산 (ascorbic acid)

영양학적으로 비타민 C의 전구물질로서 매우 중요한 아스코르빈산은 항산화능력을 가지고 있는데 아스코르빈산의 항산화 능력은 기본적으로 산화를 촉진하는 물질인 금속 이온을 제거하는 방법으로 이루어지는 있는 것으로 알려지고 있으며 최근에는 다음 그림에서 보듯이 다른 항산화제처럼 아스코르빈산의 라디칼의 공명 구조 형성을 통하여 항산화 능력을 보여주는 것으로 보고되고 있다.

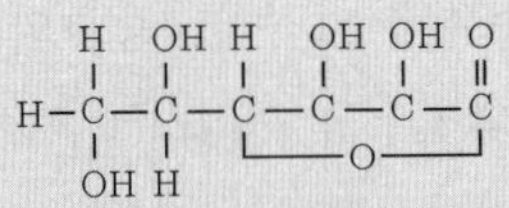

Ascorbic Acid, $C_6H_8O_6$

그림 5-9▶ 아스코르빈산의 구조

6) 세사몰 (sesamol)

세사몰은 참기름에 존재하는 항산화제로서 페놀성 화합물이다. 참기름이 다른 식용유에 비하여 월등하게 긴 저장기간을 가지는 이유도 참기름이 세사몰을 함유하고 있기 때문이다. 아래 그림의 세사몰 구조에서 보듯이 세사몰 역시 다른 항산화제처럼 OH그룹을 가지고 있어서 여기서 유리된 H를 라디칼에게 제공하여 활성화된 지방을 안정화시킬 수 있을 뿐만 아니라 공명 구조를 가지고 있어서 자신의 구조를 안정화시킬 수 있는 장점을 가지고 있다.

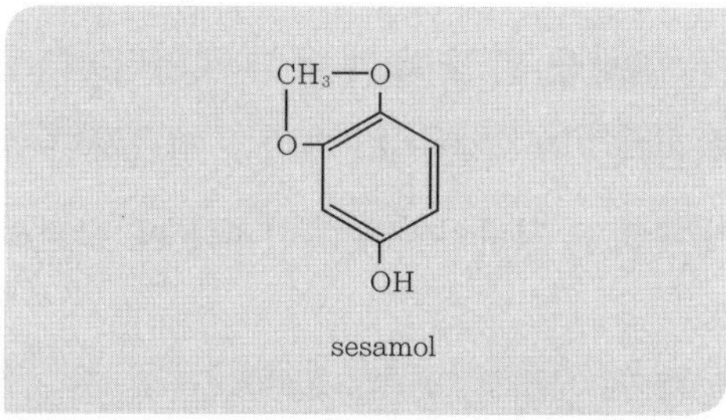

그림 5-10▶ 세사몰의 구조

7. 지방 대체물질

지방의 가장 기본적인 기능은 높은 열량을 제공하는 것이다. 그러나 시대의 변화는 이런 지방의 기본적인 고칼로리 기능을 부정적인 면으로 바꿔 놓았으며 이에 따라 저칼로리를 실현할 수 있는 새로운 지방 즉 지방 대체물질 개발에 많은 노력과 시간을 투입하고 있다. 지방 대체물질 개발이 어려운 것은 기존에 지방이 가지고 있는 높은 칼로리는 줄이면서 지방의 다른 기능 즉 부드러움, 향 수송 그리고 높은 열전달 등의 기능들은 그대로 유지해야 하며 식품에서 가장 기본적인 섭취 시 인체에 대한 안전성도 확보해야하기 때문이다. 현재 세계 여러 나라에서 개발 중이거나 이미 사용 중인 지방 대체물질들은 다음과 같다.

1) Olestra (올레스트라)

올레스트라는 기본적으로 링(ring) 구조의 당 분자에 탄소수가 6개에서 8개인 지방산을 에스터 결합으로 연결시키는 방식으로 제조되며 지방과 같은 칼로리를 만들지 않으면서 지방과 유사한 기능을 가지게 된다. 기본적으로 지방이 열량을 내는 과정은 지방가수분해효소(lipase)가 지방산의 에스터 결합을 분해하면서 진행되는데 링 구조의 당이 지방산과 에스터 결합된 구조를 지방가수분해효소가 인지를 하지 못함에 따라 분해가 일어나지 않고 결국 열량을 낼 수 없게 되는 것이다. 즉 효소는 자신이 작용하는 기질의 모양이 정해져 있는데 지방의 에스터 결합을 절단하던 효소가 당과 지방의 에스터 결합부분을 인지하지 못하고 절단하지 못하기 때문에 칼로리를 낼 수 없는 것이다.

(예) 당-OH + COOH-CH_2-CH_2-CH_2-CH_2-CH_2-CH_2-CH_3
→ 당-O-CO-CH_2-CH_2-CH_2-CH_2-CH_2-CH_2-CH_3 + H_2O

그러나 올레스트라에 사용된 지방산은 중간 길이의 탄소 체인으로 향 수송이나 부드러운 조직감의 역할은 기존의 지방과 큰 차이가 없이 유지가 될 수 있는 것이다. 올레스트라는 올린이라는 상업 명으로 일부 국가에서 스낵 과자류에 저칼로리 목적으로 부분적으로 사용되고 있다.

2) Triglyceride modification

역 지방(retrofat)의 기본 원리도 역시 올레스트라처럼 효소가 기질의 변화된 모습을 인식하지 못하여 소화가 일어나지 않게 하는데 있다. 즉 효소의 작용이 이루어지지 않아서 소화 효율이 떨어지는 것이다.

일명 retrofat(역지방)이라고 불리며 다음의 그림에서처럼 일반 지방구조의 지방산 에스터 결합과는 반대 방향으로 결합을 형성하여 지방가수분해효소의 활동을 차단하여 열량을 내지 않는 지방을 말한다.

(예) 일반 지방	CH_2-O-CO-CH_2-CH_2-CH_2	············	CH_3
역 지방(retrofat)	CH_2-CO-O-CH_2-CH_2-CH_2	············	CH_3

위의 예에서 보듯이 지방산의 에스터 결합이 일반 지방과는 반대로 결합이 되어 있어서 효소의 인식이 불가능하고 이로 인하여 소화 작용이 일어나지 않아서 열량을 내지 못하지만 지방산의 긴 탄소체인은 그대로 가지고 있어 지방의 역할을 수행할 수 있어서 저칼로리 식품 개발에 이론적으로 이용이 가능하다고 판단되어 개발되었지만 안전성 문제 제기로 실제로 사용에는 현재 많은 어려움이 있다.

3) MCT (medium chain triglycerides)

MCT는 코코넛에서 추출한 탄소수 6개에서 10개 정도의 포화지방산으로 만들어진 지방으로 탄소체인의 길이가 짧기 때문에 일반적인 포화지방산과는 달리 상온에서 액체의 성질을 가진다. 탄소수가 10개 이하로 일반적으로 식품에 포함되어 있는 지방산의 탄소체인의 길이보다 짧기 때문에 열량이 일반 지방보다 적어서 탄수화물 정도의 열량을 내는 것으로 알려져 있다. 지방 조직과 결합하거나 혈관에 부담을 주지 않고 일반적으로 저장기간이 길고 미국에서 GRAS(generally recognized as safe)로 안정성을 확보하고 있다. 식품에서는 마가린이나 유가공 관련 제품 등에 효과적으로 사용될 수 있으며 체중 조절용이나 이유식 관련 제품으로도 효과적인 사용이 가능하다.

제 6 장

효소

(Enzyme)

효소는 단백질의 일종으로 생화학반응이나 화학반응의 속도를 촉진($10^{12}-10^{20}$)하고 증가시키는 촉매 역할을 하고 있어 우리 인체의 생리 활성을 유지하는데 매우 긍정적인 역할을 하고 있다. 촉매작용이란 어느 특정물질에 작용해서 특정반응을 진행시키는 작용을 말하며 모든 효소는 자기가 작용하는 기질에만 작용하는 특징을 가지고 있다. 효소는 보통 지질보다 더 크고 반응 후에는 기질로부터 그대로 분리되어 원래의 효소로 돌아가는, 즉 반응속도만 빠르게 하고 그 자체는 변하지 않는 특징을 가지고 있다. 구조적으로 효소는 아미노산의 중합체로서 3차원적 입체구조를 가지고 있어 구조변화가 반응정도에 밀접한 영향을 줄 수 있다. 즉 기질의 구조에 변화가 생기면 효소의 해당 기질에 대한 반응 정도는 크게 영향을 받을 수 있다.

효소는 크게 소화효소와 대사효소로 구분할 수 있다. 소화효소는 이름에 보듯이 우리가 흡수한 영양소를 소화시키는데 관여하는 효소이다. 우리 인체는 우리가 섭취한 밥의 전분을 바로 활용하여 에너지원으로 사용할 수 없다. 따라서 전분을 분해하는 적절한 소화효소가 작용하여 기질인 전분을 단당류인 포도당으로 분해하여 에너지원으로 활용할 수 있도록 도와주는 것이다. 우리가 음식물을 섭취하면 반드시 배설을 해야하는 것처럼 호흡을 위해서 흡수된 산소의 산화에 의해서 생긴 부산물(산화물질)을 적절하게 분해하거나 배출해야 우리의 건강을 유지할 수 있다. 바로 이런 대사 과정에 관여하는 효소를 대사효소라고 한다. 즉 효소가 없으면 생물체의 세포가 에너지원을 확보하지 못해서 또는 대사를 하지 못해서 생명체의 존재 자체가 어려워지는 것이다.

효소가 많이 함유되어 있는 식품의 대표는 과일이며 이외에도 잡곡밥, 현미밥, 신선한 야채, 요쿠르트 그리고 발효식품의 대표인 된장, 간장, 청국장, 김치 등이 있으며 특히 생식에 많이 함유되어 있다.

효소는 앞에서 설명한 긍정적인 효과만 있는 것이 아니고 식품의 저장 중 품질 변화를 유발하는 부정적인 경우도 많이 있어 가공 중 열처리 과정을 통하여 효소의 활성을 억제하는 경우도 있다. 따라서 열처리를 한 가공식품의 경우는 효소의 중요성이 높지 않으나 농수산 원재료나 최소 가공을 거친 자연 식품에는 중요성이 매우 높다. 이처럼 효소는 온도 특이성이 크나 낮은 온도에서도 일정 부분 효소 활성을 지니고 있어서 냉동 및 냉장 식품이라도 일정 기간이 지나면 효소에 의한 변질에 노출될 수 있다.

1. 효소의 성질

효소는 기본적으로 동식물이나 미생물의 세포에서 생성되어 여러 생체 내 화학반응이나 생화학반응을 촉매하거나 방해하는 기능을 가지고 있으며 다음 그림에서 보듯이 기질에게 반응 장소를 제공하는 방식의 작용 기작을 가지고 있다.

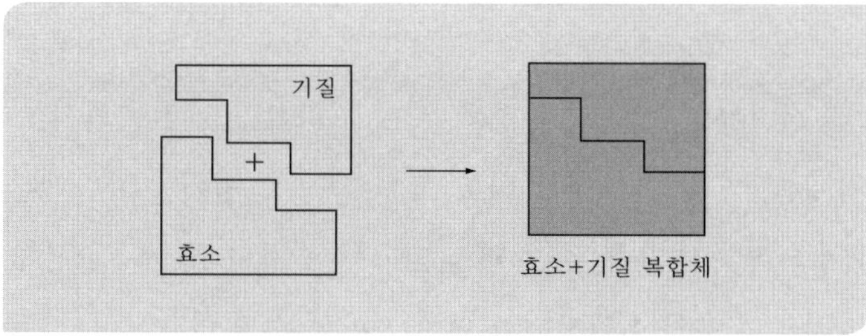

그림 6-1▶ 효소의 작용 기작

효소는 성분상 단백질로 분류될 수 있으며 단백질 분해효소에 의해서 분해되고 다른 단백질처럼 열이나 급격한 산도 변화에 따라 변성될 수 있다. 효소의 기능이 특유의 구조에 기인하는 경우가 대부분이기 때문에 효소의 구조변화를 동반하는 변성은 효소의 활성을 상실하게 만들 수 있다. 즉 효소와 기질의 반응은 위 그림에 보듯이 효소와 기질의 특정 부위가 서로 결합하여 반응이 일어나는 특징을 가지고 있다. 따라서 효소나 기질 중 어느 하나라도 형태적인 모양이 변하면 서로 결합을 할 수 없어서 반응이 일어나지 않는다.

이러한 특징을 가진 효소는 생화학적인 반응뿐만 아니라 식품의 여러 반응에도 직·간접적으로 관여하고 있다. 예를 들어 식품 제조에 효소를 많이 이용하고 있는데 전통적으로 된장이나 치즈 등의 숙성에 효소를 사용하여 품질 수분을 높이거나 부가가치를 높이는 방법에 이용된다. 보다 구체적으로는 전분을 이용하여 포도당을 제조한다든지 또는 포도당(glucose)을 솔비톨(sorbitol)로 전환한 후 이를 다시 아스코빅산(ascorbic acid)으로 전환하여 그 가치를 높이는데 효소가 사용되고 있다. 이러한 긍정적인 역할 이외에도 효소는 식품의 저장기간을 줄이는데 관여하고 있는데 식품의 저장 중 작용하는 효소 중에서 탄수화물 및 지방의 분해 효소가 중요한 위치를 차지하고 있다. 따라서 효소의 활성을 긍정적인 방향으로 확대하고 부정적인 영향은 최소화하기 위한 효소의 특성에 대한 연구가 많이 진행되어 효소의 기능에 영향을 주는 많은 요인들이 밝혀졌다.

효소의 기능에 변화를 주는 외적 환경은 온도, pH, 그리고 수분 활성도라고 할 수 있다. 효소의 최적 온도 조건은 30~40℃이고, 극한 산성 및 염기성은 단백질의 변성을 초래해 효소의 활성을 떨어뜨린다. 수분 활성도도 어느 정도 효소의 활성에 영향을 미치게 되는데 이는 수분의 물질 이동성에 기인한다고 볼 수 있다. 자유수가 증가하면 반응물질의 이동성이 증가하여 반응물질들 간의 접촉 기회를 주어서 효소의 활성에 도움을 주게 된다. 일반적으로 가정에서 사용되는 효소의 활성을 억제하는 가장 손쉬운 방법은 냉장이나 건조이지만 냉장이나 수분 활성도가 낮아도 효소의 활성은 어느 정도는 유지된다. 즉 건조나 냉장 · 냉동이 효소의 활성을 줄여 줄 수는 있으나 완전히 막을 수는 없다.

2. 효소의 분류와 명칭

효소는 1961년 국제생화학 연합회(International Union of Biochemistry, IUB) 효소 위원회에서 다음과 같이 6종류로 분류하여 효소의 분류 번호를 붙이고, 그 효소명은 기질명과 반응명을 연결하고 끝에 -ase를 첨가하는 것으로 결정하였다.

이 분류 기준에 따르면 효소는 그 반응 정도에 따라 세부적으로 산화환원효소(oxidoreductase), 전이효소(transferase), 가수분해효소(hydrolase), 제거효소(lyase), 이성화효소(isomerase), 합성효소(ligase) 등 6가지로 분류된다.

표 6.1 기능에 따른 효소의 분류

종류	반응 형식
산화환원효소(oxidoreductase)	산화반응, 탈수소반응, 수소첨가반응, 환원 반응 등
전이효소(transferase)	methyl group, acetyl group, amino group, phosphate group 등의 전이 반응
가수분해효소(hydrolase)	에스터 결합, 펩타이드 결합, 아마이드 결합의 절단 반응
제거효소(lyase)	탈탄산, 탈알데하이드 반응
이성화효소(isomerase)	cis–trans 전환 반응, 입체 이성질화 반응, 분자내 산화환원반응
합성효소(ligase)	합성 반응

1) 산화환원효소 (oxidoreductase)

식품에서 중요한 역할을 하는 산화환원효소로는 폴리페놀산화효소(polyphenoloxidase)와 지방산화효소(lipooxygenase)가 있다. 폴리페놀산화효소는 효소의 활성에 산소가 필요하며 과일이나 채소의 껍질을 벗기거나 잘라서 산소에 노출시키면 갈변화를 유발하는데 관여하는 효소이다. 일상생활에서 사과의 껍질을 벗기면 사과의 색이 갈색으로 변하는 효소적 갈변화 현상이 바로 이 폴리페놀산화효소로 인하여 생기는 것이다. 지방산화효소로 널리 알려져 있는 lipooxygenase는 불포화지방산의 산화에 관여하는 촉매효소로서 지방산을 산화시켜 궁극적으로 과산화물을 생성한다. 이 효소가 작용하면 지방에서 산패취가 생성되고 색소 파괴도 일어나므로 데치기(blaching)와 같은 가벼운 열처리 작업을 통해서 효소의 활성을 억제하는 것이 필요하다.

2) 전이효소 (transferase)

어떤 분자에서 작용기를 떼어 내어 다른 분자에 옮겨 주는 효소의 종류를 전이효소라 한다. 즉 어떤 물질의 메틸기, 아실기, 아미노기 또는 인산기와 같은 기능그룹을 다른 물질로 전달하는 효소를 말하며 일반적은 작용하는 반응식은 AB + C -> A + BC

로 표시할 수 있다. 전이효소에는 아미노기 전이효소(transaminase), 인산기 전이효소(kinase), 메틸기 전이효소(methyltransferase) 등이 있다.

3) 가수분해효소 (hydrolase)

고분자를 가수분해하여 저분자로 만드는 효소를 말한다. 가수분해는 물 분자를 첨가하여 큰 분자를 저분자로 만드는 과정을 말하는데 소화에 관여되는 효소 등이 대부분 여기에 포함된다. 대표적인 가수분해효소에는 전분을 가수분해하는 아밀라아제(amylase), 펙틴을 분해하는 펙틴분해효소, 지방의 에스터 결합을 가수분해하는 리파아제(lipase) 그리고 단백질의 펩타이드 결합을 분해하는 프로테아제 등이 있다.

4) 제거효소 (lyase)

기질로부터 가수분해에 의하지 않고 어떤 기(基)를 떼어 내어 기질분자에 이중결합을 남기거나 또는 이중결합에 어떤 기를 붙여 주는 효소들을 포함하는데 대표적으로 aldolase와 decarboxylase가 여기에 해당된다. 당 분해에 관여하는 알돌라아제 효소(aldolase)는 해당 작용에서 fructose 1,6 bisphosphate를 두 덩어리로 나누는 역할을 하며 탈탄산효소(decarboxylase)는 α-케토글루타르산에서 이산화탄소를 제거하는 산화적 탈탄산 반응(oxidative decarboxylation)을 촉진한다.

5) 이성화효소 (isomerase)

기질 분자의 분자식은 변화시키지 않고 다만 그 분자구조를 바꾸는 데에 관여하는 모든 효소들을 포함한다. 대표적인 이성화 효소는 포도당을 과당으로 만드는 데 사용되는 포도당이성화효소(glucoisomerase)가 있다.

6) 합성효소 (ligase)

합성효소는 ATP(아데노신삼인산)라는 물질 또는 이와 유사한 물질로부터 인산기(燐酸基)를 떼어내면서 그때 방출되는 에너지를 이용하여 어떤 두 물질을 결부시키는 효소들을 총칭한다. 대표적으로는 글루타민 합성효소(glutamine synthetase)가 있는데 다음과 같은 반응의 촉매작용을 하고 있다.

$$\text{ATP} + \text{glutamate} + \text{NH}_3 \rightarrow \text{ADP} + \text{Pi} + \text{Glutamine}$$

3. 식품에서 대표적인 효소의 종류

1) pectin 분해효소 (Pectinase)

펙틴(pectin)이라는 물질은 heteropolysaccharide의 일종으로 galacturonic acid를 비롯한 매우 다양한 탄수화물로 이루어져 있으며 과실류의 표면을 구성하거나 구조 역할을 하고 있다. 저장 중 외부충격이나 저장기간 과다로 인하여 pectin 효소가 활성을 띠게 되면 과실류의 부패나 조직 변화를 유발하게 된다. Pectin 분해효소(pec-tinase)에는 여러 종류가 있는데 protopectinase는 불용성의 천연 pectin을 가수분해하며, pectin esterase는 pectin의 methyl ester를 가수분해하여 pectic acid를 생성한다. 한편 polyglacturonase는 pectic aicd의 α-1,4 glucoside 결합을 가수분해한다.

Pectin 효소가 활성화되면 과실류의 표면을 이루고 있는 중요한 성분인 pectin이 효소에 의하여 결합력이 약해지면서 조직감이 상실되고 와해된 부분을 통하여 미생물 등의 침입으로 부패가 촉진된다.

2) 아밀레이즈 (amylase)

아밀레이즈(amylase)는 전분을 가수분해하는 효소로서 발효나 미생물의 생육에 필요한 당분인 포도당(glucose)을 공급하는 역할을 하며 식품의 마이야 반응을 유도하고 식품의 조직감, 입속에서의 촉감, 그리고 당도를 변화시킨다. α-amylase는 아밀로즈와 아밀로펙틴의 α-1,4-glucan결합을 내부에서 불규칙하게 가수분해하는 액화형 효소이다. 최종 분해 산물은 덱스트린(dextrin), 맥아당(maltose)와 포도당(glucose)이며 생성된 환원당은 α-형이기 때문에 α-amylase라 불린다.

반면에 β-아밀라아제는 아밀로즈와 아밀로펙틴의 α-1,4-glucan 결합을 비환원형 말단 glucose 전기로부터 maltose 단위로 규칙적으로 절단하여 dextrin 과 maltose를 생성하는 당화형 효소이다. 각종 식물의 조직 중에 특히 고구마, 맥아, 소맥 그리고 대두 등에 존재한다.

전분의 효소 당화에 의한 glucose 제조에 이용할 수 있는 또 다른 효소는 글루코아밀라아제(glucoamylase)인데 이것은 β-amylase가 절단할 수 없는 α-1,6 결합도 절단할 수 있다고 하여 전분을 거의 100%로 분해할 수 있다.

3) 지방분해효소 (lipolytic enzymes)

식품에 존재하는 지방은 고유한 특징 때문에 높은 열량에도 불구하고 없어서는 안 될 성분이다. 그런데 이러한 지방은 산소를 만나거나 고온에 놓이게 되면 산화 과정을 거쳐 불쾌한 냄새를 동반하는 산패를 일으킨다. 그런데 이러한 산패 과정에서 산소나 온도에 못지않게 중요한 역할을 하는 것이 바로 지방분해효소이며 그 중에서도 라파아제(lipase)나 지방산화효소(lipoxygenase) 등이 대표적이라고 할 수 있다. lipase는 지방산과 glycerol의 에스터 결합으로 형성된 triglyceride의 에스터 결합을 절단하여 지방산으로 분리함으로써 지방산화반응을 촉진하는 역할을 하며 경우에 따라서 지방산 제조에도 사용된다.

Lipoxygenase는 지방의 산화과정을 촉진하여 산패 산물인 과산화물을 만드는 역할을 하며 식품에 향 또는 조직감에 부정적인 변화를 주며 고도 불포화지방산의 산화를 통한 영양학적인 변화를 유발할 수 도 있다.

4) 단백질분해효소 (Protease)

단백질은 아미노산의 연결 즉 펩타이드 결합으로 연결되어 있는데 이 결합을 절단하여 주는 효소를 단백질분해효소라고 총칭한다. 단백질분해효소는 절단 위치에 따라 2가지로 나누어지는데 그 중 하나는 펩타이드 결합의 안쪽을 절단하여 주는 endopep-tidase이고 다른 하나는 펩타이드 결합의 맨 바깥쪽 즉 아미노기와 카보닐기를 가진 펩타이드를 절단하는 exopeptidase이다. Endopeptidase에는 pepsin, trypsin 그리고 chymotrypsin이 있으며 endopeptidase에는 carboxy peptidase와 amino peptidase가 있다.

이런 단백질분해효소들은 빵 제조 시에 밀가루 개량제, 치즈 제조 그리고 된장이나 간장 등의 양조식품 제조 등에 사용되고 있다.

5) 전화효소 (Invertase)

설탕을 포도당과 과당으로 분해하여 전화당으로 만드는 효소를 invertase라고 하며 이 때 생성된 포도당과 과당의 혼합물은 전화당이라고 한다. 전화당은 설탕에 비하여 단맛에는 큰 차이가 없으나 용해도가 높아 흡습성이 커서 식품의 수분 유지에 활용할 수 있다. 설탕과 전화당은 포도당과 과당이 결합하고 있는가 아니면 단순히 결합하지 않고 혼합되어 있는가의 차이지만 식품산업에서는 매우 중요한 역할을 할 수 있다. 설탕은 환원력이 없어서 마이얄 반응에 관여할 수 없는 반면에 전화당은 포도당의 1번 위치가 결합되어 있지 않은 자유로운 형태라 환원력이 있어서 마이얄 반응에 관여할 수 있어서 식품가공 면에서는 더욱 중요성이 있다고 할 수 있다. 따라서 설탕을 전화당으로 전환시키는 invertase 효소의 중요성은 점차 강조되고 있다.

4. 효소활성에 영향을 미치는 인자

1) 온도

효소의 작용은 다른 일반적인 화학반응처럼 온도가 상승하면 급격하게 증가되는 경향이 있다. 그러나 어느 일정 온도가 지나가면 효소는 단백질이기 때문에 변성을 일으켜 그 활성을 급격하게 상실하게 된다. 그것은 특히 고온에서는 효소작용에 관여하는 기능 group의 역할에 영향을 주기 때문으로 알려져 있다. 효소의 온도에 따라 반응속도를 측정했을 때 최적 온도는 일반적으로 30~40℃로 알려져 있으나 동물에서 생산되는 효소의 최적활성온도는 그 동물의 체온에서 그리고 미생물이나 식물이 생산하는 효소는 40~60℃에서 나타나는 것으로 알려져 있다. 그러나 효소는 최적활성온도보다 매우 낮은 온도에서도 일정한 수준의 활성을 가지고 있어서 냉장이나 냉동보관된 제품에서도 효소는 지속적인 효소활성을 나타낸다.

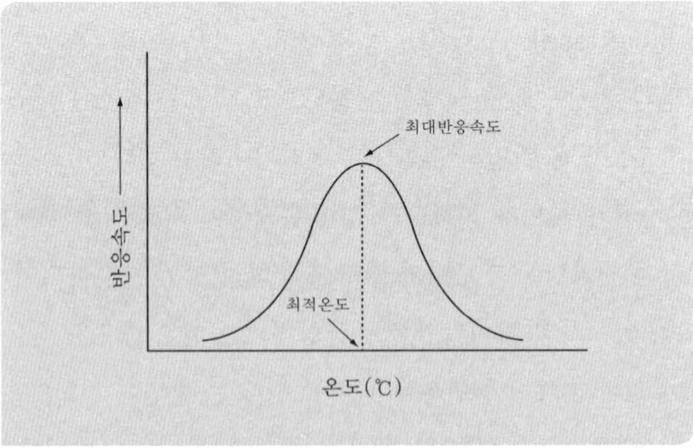

그림 6-2▶ 효소작용에 대한 온도의 영향

2) pH

효소는 단백질로 이를 구성하고 있는 아미노산의 산성 또는 염기성 조건에서의 전하 변화에 따라 구조가 변성되어 효소 본래의 기능을 상실하는 경우가 있다. 따라서 대부분의 효소는 일정한 정해진 구간의 pH에서만 활성을 가지며 효소활성이 가장 좋은 pH를 최적 pH라고 한다. 단백질분해효소인 펩신은 pH 1-2, 트립신은 pH 7-8에서 최적 pH를 가지며 같은 효소라고 할지라도 생산되는 기원이나 종에 따라 다를 수 있다.

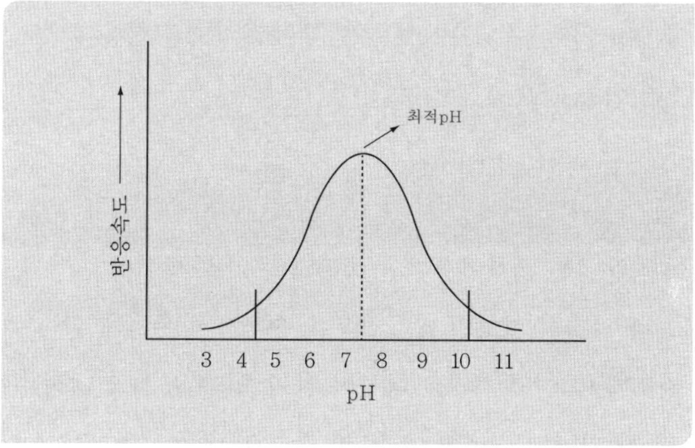

그림 6-3▶ 효소작용에 대한 pH의 영향

이처럼 효소가 pH조건에 따라 활성도가 많이 변하는 것은 pH에 따라서 효소를 구성하고 있는 아미노산의 전하가 변하기 때문이다. 즉 아미노산은 pH조건에 따라서 전하가 +에서 -로 될 수도 있고 그 반대의 경우가 생길 수도 있다. 이런 전하변화는 성분들 사이의 결합형태를 변화시켜 구조를 변경시킬 수 있다. 이런 구조 변경은 효소의 형태를 변화시키고 결과적으로 효소의 기질 특이성에 영향을 주고 결국 효소의 반응 정도에 영향을 주는 것이다.

3) 수분 활성도의 영향

효소의 활성은 온도나 pH뿐만 아니라 수분 활성도에도 많은 영향을 받는다. 그것은 효소의 이동성을 수분 특히 자유수가 제공하기 때문이다. 효소가 반응을 하기 위해서는 기질과 만나야 하는데 만나기 위해서는 서로 이동을 해야 하는데 식품 내부에서 그런 이동수단으로 작용할 수 있는 대표적인 물질이 수분이다. 따라서 일반적으로 자유수가 증가하면 기질의 운동성이 증가하여 효소와 기질이 만날 가능성이 증가하여 화학반응이 촉진될 수 있다. 그러나 효소는 미생물의 생육이 저해되는 낮은 수분 활성도에서도 기본적인 활성을 가질 수 있으므로 부분적으로 건조된 식품에서도 일정한 수준의 효소의 활성은 일어나는 것으로 알려져 있다.

4) 기질 특이성

효소는 자신이 작용하는 화학반응만을 촉진하는 기질 특이성을 가지고 있어서 기질의 구조가 변하거나 성질이 변하면 효소작용을 수행하지 못하게 된다. 이런 기질 특이성은 특이성의 정도에 따라 몇 가지로 나누어 질 수 있다. 우선 절대적 특이성이란 자신이 작용하는 오직 한 가지 기질에만 효소작용을 나타내는 것을 말하는데 단백질 분해효소의 한 종류인 펩신은 오직 단백질만 분해하고 다른 식품 성분은 분해하지 못한다. 이에 비하여 지방가수분해효소인 lipase는 우선적으로 고급 지방의 에스터 결합을 우선적으로 분해하며 탄소가 짧은 저급의 지방산이나 에스터 결합은 그 다음에 분해하는 상대적 특이성을 보여 주고 있다. 또한 전분(starch)과 섬유소(cellulose)의 결합 물질은 모두 다 포도당(glucose)으로 구성되어 있지만 결합방식은 전분과 섬유소가 다르게 결합되어 있다. 즉 전분의 포도당은 α방식으로 결합되어 있지만 섬유소는 β방식으로 결합되어 있다. 따라서 전분분해효소의 한 종류인 α-amylase는 β방식으로 포도당이 결합되어 있는 섬유소는 절단하지 못한다. 이런 특성을 광학적 특이성이라 부르고 있다. 섬유소를 절단하기 위해서는 β-amylase가 필요한데 우리 인체는 α-amylase

만 가지고 있기 때문에 섬유소는 다이어트 식품으로 인기를 얻고 있다.

제 7 장
비타민
(Vitamin)

비타민이란 적은 양으로도 생명체가 적절한 기능을 수행하는데 매우 필요한 유기물질이며 필요한 양이 인체 내에서 합성되지 않아 식품을 통하여 충분히 섭취할 필요가 있는 물질로 지방, 탄수화물, 단백질 그리고 무기질과 함께 5대 영양소에 포함된다. 물론 인체 내에서 만들어지는 종류도 있기는 하지만 워낙 소량이라서 체외에서 반드시 섭취해야 한다.

비타민의 종류에 따라 섭취 허용량이 다른데 일반적으로 RDA(recommended dietary allowances)값이 1μg(비타민 B12)에서 30~60mg(비타민 C) 정도로 알려지고 있다. 비타민은 크게 지용성 비타민과 수용성 비타민으로 구분되는데 이것은 비타민이 물에 녹는가 아니면 지방에 녹는가로 구분하는 방법이다. 지용성 비타민이란 일정량의 지방이 있어야 흡수되는 비타민으로 지방이 너무 없으면 인체에 흡수가 안 되는 특징을 가지고 있다.

비타민의 종류별 이름은 원래 발견된 순서대로 ABCD순으로 정했으며 B1, B2, B3 같은 이름은 세분해서 더 연구하는 과정에서 발견된 비타민의 종류이다. 따라서 비타민은 발견된 순서에 따라 명명된 이름과 실제 이 비타민의 화학 구조 명칭으로 부르는

2가지 방법이 존재한다. 또한 비타민의 이름 순서에서 중간에 이름이 없는 것들은 이전에 발견한 것들과 같은 것들이거나 인체에서 생성되는 사실이 밝혀져서 비타민의 자격을 상실한 것들이다.

우리 인체에서 중요한 생리적인 역할을 하는 비타민은 앞서서 언급한 대로 식품을 통하여 섭취해야 하는데 식품가공 및 저장과정 중에서 구조가 파괴될 가능성이 높으므로 비타민의 원래 기능을 식품을 통하여 소비자에게 전달하기 위해서는 매우 세심한 가공방법 선택과 저장방법 적용이 요구된다.

1. 비타민의 종류

비타민은 소량으로도 성장을 촉진하고 신체의 다양한 기능을 유지하고 촉진하는 역할 그리고 체내 대사조절 기능 및 외부 질병에 대한 면역 기능을 수행하는 등 인체에 매우 중요한 식품 성분이며 외부에서 식품을 통하여 섭취해야 하는 필수 성분이다. 이런 중요한 기능을 가지고 있는 비타민은 일반적으로 크게 용해 특성에 따라 지용성(fat soluble) 비타민과 수용성(water soluble) 비타민으로 나누어진다.

1) 지용성 비타민

지용성 비타민에는 비타민 A, D, E, K, F가 있으며, 자연에 존재하는 지용성 비타민은 지방성 식품(버터, 크림, 식물성 기름이나 유지)과 혼합하여 존재한다.

이러한 지용성 비타민은 다음과 같은 성질을 가지고 있다.

(1) 지용성 비타민류는 수용성 비타민인 비타민 B군보다는 열에 강한 안정성을 보이고 있으며 따라서 요리나 가열 공정을 수반하는 식품의 대량생산 과정에 적합한 특징을 가지고 있다.

(2) 지용성 비타민은 지방과 함께 체내로 흡수되며 따라서 지방섭취 부족은 지용성 비타민의 결핍을 초래하게 된다.

(3) 물에 용해되지 않기 때문에 지용성 비타민은 소변으로 배설되지 못하고 체내에 특히 간에 잘 축적되는 경향이 있으며 지나치게 과다하게 섭취하면 체내에 부정적인 효과를 줄 수 있다.

표 7.1 지용성 비타민의 화학 명칭 및 체내에서의 역할

상업 명칭	화학 구조	특징 및 역할
비타민 A	retinol	발육을 촉진하고 눈의 상피세포에 영양분을 공급하여 시력에 관여함. 부족시에는 야맹증을 유발함
비타민 D	sterol 유도체	성장을 촉진하고 뼈를 미네랄화시키며 칼슘의 흡수를 촉진한다. 부족 시에는 골연화 및 구루병 유발함
비타민 E	tocopherol	천연 항산화제로서 역할을 수행하여 노화방지기능이 있으며 부족 시에는 빈혈이나 불임증을 유발함
비타민 K	phytomenadione	혈액응고에 관여하며 부족 시에는 출혈시 응고가 지연되는 문제가 발생됨
비타민 F	불포화지방산	불포화지방산으로서 성장을 촉진하는 역할을 하며 부족 시에는 피부염증 등을 유발함

(1) 비타민 A

비타민 A의 구조는 아래와 같으며 화학적으로는 retinol이라고 부른다. 부족 시에는 주로 시력에 부정적인 영향을 주어 야맹증 등을 유발하는 것으로 알려지고 있다. 주로 김, 당근, 시금치, 치즈, 소나 돼지의 간 등에 provitamine의 일종인 carotenoid 형태로 존재하고 있으며 체내에서 비타민 A로 전환된다. 카로티노이드(Carotenoid)는 붉은색이나 노란색을 띠는 물에는 녹지 않고 지방 또는 지방성 용매에 잘 녹는 구조가 서로 유사한 색소를 총칭하여 부른다. 기본 골격구조는 isoprenoid이며 이것이 보

통 8개 연결되어 있는 것이 카로티노이드의 기본 구조이다. 명칭은 당근(carrot)에서 유래되었는데 구조상 탄소와 수소로만 이루어진 카로티노이드를 카로틴(carotene)이라 하며, 구조가 탄소 수소 그리고 수산기로 이루어진 물질을 잔소필(xanthophyll)이라고 부른다.

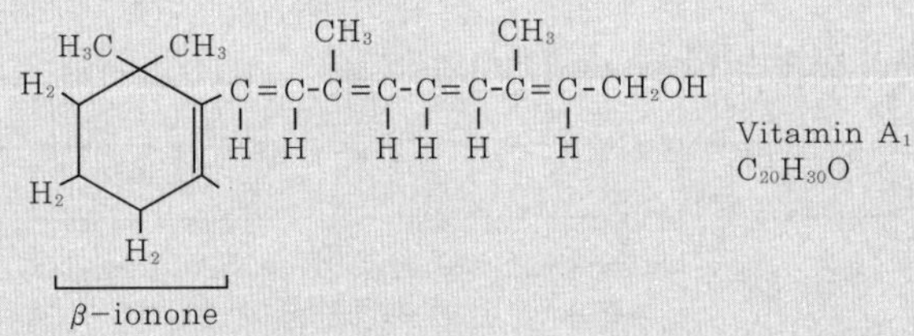

그림 7-1 ▶ 비타민 A의 화학적 구조

① carotene 종류에 따른 체내에서의 비타민 A로의 전환 능력

carotene은 뛰어난 색소 물질 기능(오렌지, 붉은색, 노란색)뿐만 아니라 체내에서 비타민 A로의 전환능력이 뛰어나기 때문에 매우 중요한 성분으로 인식되고 있다. 그 중에서 베타(β) 카로틴은 체내에서 비타민 A 두 분자로 전환되고, 알파(α) 카로틴과 감마(γ) 카로틴은 체내에서 비타민 A 한 분자로 전환된다. 그러나 토마토에 많이 들어 있는 라이코펜(lycopene)은 그 자체로는 우리 체내에서 비타민 A로 전환이 일어나지 않는 것으로 알려져 있다.

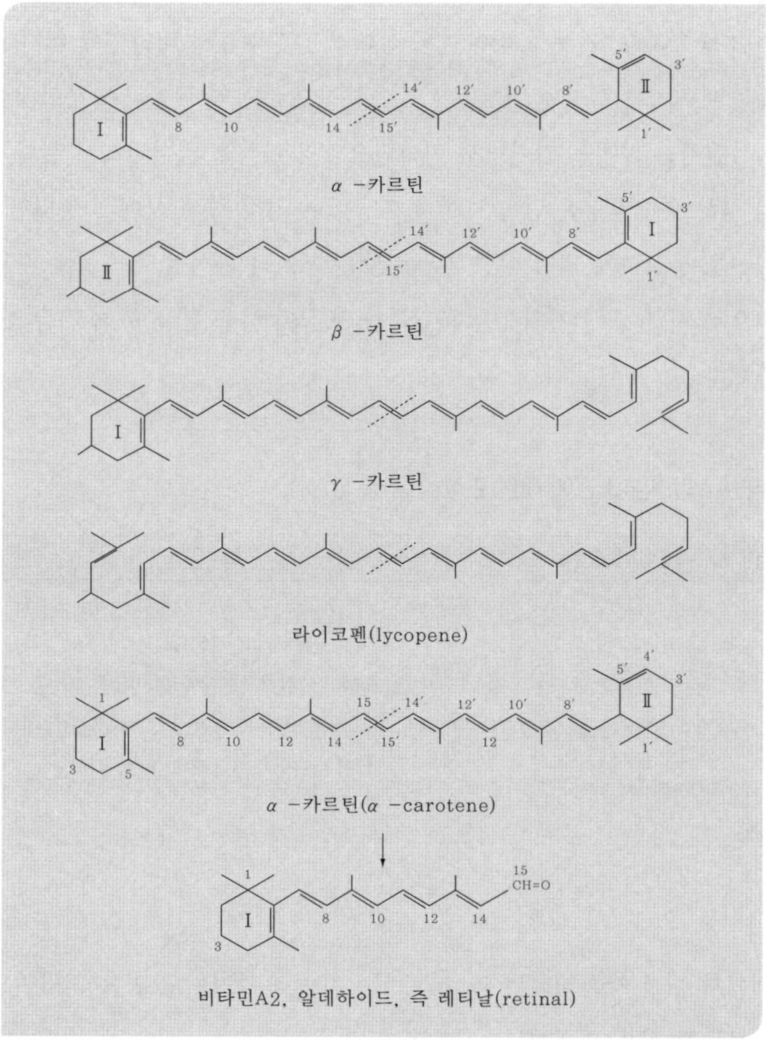

그림 7-2▶ 카로틴 종류에 따른 체내에서의 비타민 A로의 전환 능력

② 안정성

비타민은 일반적으로 외부 환경조건에 매우 민감하게 반응하는 특성을 가지고 있어서 비타민의 가공이나 저장 중 높은 열, 산 · 염기, 수분 그리고 빛에 대한 안전성을 파

악하는 것이 중요하다. 지용성 비타민은 상대적으로 수용성 비타민에 비하여 열에 안정한 모습을 보이기는 하지만 비타민 A도 기본적으로는 열에 민감한 불안정한 면을 보이는데 이성질체화 과정을 거치면서 비타민으로의 활성을 잃어버리게 된다. 비타민 A는 알칼리 성분에는 안정한 면을 보이나 가공이나 저장 중에 산에 노출되면 비타민으로서의 활성을 상실하게 되며 이중결합이 많은 구조적 특성상 자외선에 매우 약한 모습을 보임으로 저장 중에 자외선을 차단하는 포장재 사용 등을 통해 저장성을 높이는 노력이 필요하다.

표 7.2 비타민 A의 외부조건에 대한 안정성 및 특징

외부요인	안정/불안정	특 징
열	불안정	이성질체화(isomerization) 과정을 거쳐서 비타민 활성을 상실함
산	불안정	산을 만나면 활성을 상실함
알칼리	안정	식품에서 알칼리 조건을 만날 가능성은 적음
수분	비용해성	지용성 비타민이므로 물에 녹지 않음
빛	불안정	특히 자외선에 민감하여 활성을 상실함

(2) 비타민 D

인체 내에서 뼈를 강화시키는 역할을 하는 것으로 알려지고 있는 비타민 D는 다음 그림에서 보듯이 식품 속에서는 provitamine인 ergosterol(sterol 유도체)로 존재하고 있으며 체내에 흡수되어 자외선을 받으면 비타민 D로 전환되는 것으로 알려지고 있다.

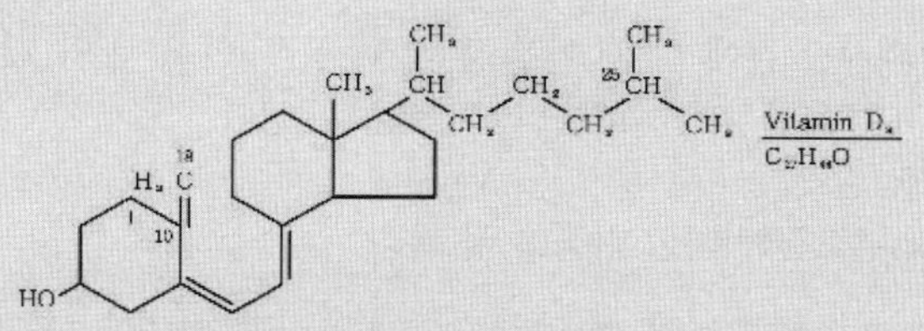

그림 7-3▶ 비타민 D의 화학적 구조

비타민 D는 칼슘과 인의 흡수를 촉진시켜 뼈를 강화시키는 중요한 역할을 하고 있으며 부족 시에는 골 밀도 감소를 통한 골절을 많이 발생시킬 수 있으며 구루병에 이르게 할 수 있어서 유아기, 청소년기는 물론이고 노년기에도 충분한 섭취가 필요한 비타민이라고 할 수 있다. 비타민 D는 주로 버섯, 채소류, 버터, 우유 그리고 계란 등에 함유되어 있다.

① 아이는 밖에서 뛰어놀아야 한다

비타민 D 전구체는 자외선이 적당하게 조사되어야 체내에서 비타민 D로 전환될 수 있다. 따라서 성장기에 어린이들이 비타민 D의 전구체를 식품을 통하여 충분하게 섭취한다고 할지라도 충분한 야외 활동을 하지 않을 경우는 뼈와 골격구조의 약화를 초래할 수 있으므로 어린이의 야외 활동은 비타민 D의 생성을 위해서 매우 중요하다고 할 수 있다.

② 안정성

비타민 D는 A에 비하여 열에 대한 저항성이 강하여 식품가공 후에도 활성을 안정적으로 유지할 수 있고 산성 조건에도 안정하여 식품 저장기간 동안 고유의 활성을 유지할 수 있다. 그러나 지나친 자외선의 지속적인 노출은 비타민 D의 활성을 약화 시킬 수 있다. 비타민 D의 외부조건에 대한 안전성 및 특징은 다음 표와 같다.

표 7.3 비타민 D의 외부조건에 대한 안정성 및 특징

외부요인	안정/불안정	특 징
열	안정	가열 시에도 고유한 비타민 활성을 대체로 유지함
산	안정	산성 조건에서 내성이 있어서 활성을 유지함
알칼리	안정	알칼리 조건에서도 활성을 유지함
수분	비용해성	지용성 비타민이므로 물에 녹지 않음
빛	불안정	provitamin이 vitamin D로 전환된 뒤에는 빛에 지나치게 노출되면 활성을 상실하는 경우가 있음

(3) 비타민 E

토코페롤이라는 명칭으로 더 많이 알려진 비타민 E는 아래 구조에서 보듯이 공명 구조와 벤젠링(benzene ring) 구조에 OH그룹을 가지고 있다.

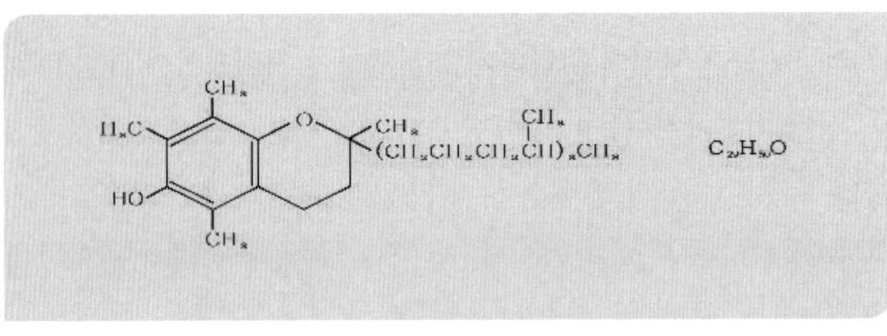

그림 7-4▶ 비타민 E의 화학적 구조

이런 구조는 항산화제 역할을 하는 물질들의 기본 골격구조와 유사하며 이런 구조적 특징은 비타민 E의 항산화제 역할을 가능하게 하고 있다. 즉 벤젠링에 붙어있는 OH그

룹은 쉽게 수소원소를 분리시켜 라디칼을 띤 물질에 제공함으로써 해당 물질을 안정화시켜서 더 이상의 산화 반응을 억제할 수 있다. 또한 벤젠링의 공명 구조는 수소원소 상실로 발생된 산소원소의 라디칼을 내부적으로 안정화시키는데 매우 효과적이다. 즉 이러한 공명구조와 수소원소를 쉽게 내주는 성질의 OH그룹을 가진 비타민 E는 매우 뛰어난 항산화 능력을 보여주게 되는 것이며 어떤 물질이라도 이런 구조를 가질 경우 항산화 능력을 가질 가능성이 높다. 항산화 능력 이외에도 비타민 E는 노화방지기능이 있으며 식품 중에는 곡류, 계란, 버터, 땅콩, 밀, 배아유, 땅콩기름 그리고 콩기름 등에 많이 존재하는 것으로 알려져 있다.

① 비타민 E의 종류

비타민 E는 기본 골격구조의 R group에 치환되어 수소와 메틸그룹에 따라 아래 표와 같이 보통 4가지로 나누어진다.

표 7.4 비타민 E의 종류

R1	R2	명칭
CH3	CH3	α–tocopherol
H	CH3	β–tocopherol
CH3	H	γ–tocopherol
H	H	δ–tocopherol

종류에 따라서 활성도가 다른 것으로 보고되고 있는데 비타민 E로서의 생물학적인 활성도는 α-tocopherol 〉 β-tocopherol 〉 γ-tocopherol ≫ δ-tocopherol 순으로 일반적으로 알려지고 있다.

② 안정성

비타민 E의 외부조건에 대한 안전성 및 특징은 아래 표와 같다.

비타민 E는 열과 자외선에 의한 노출 시 비타민의 고유한 활성을 상실하는 경우가 많으므로 선선하고 그늘진 곳에 저장하는 것이 필요하다. 또한 자외선 차단성이 뛰어난 알루미늄 포장재를 사용하여 포장하거나 단열재를 사용하여 포장하는 것도 비타민 E의 활성을 장기간 유지하는 좋은 방법이다.

표 7.5 비타민 E의 외부조건에 대한 안정성 및 특징

외부요인	안정/불안정	특 징
열	불안정	가열시 활성을 잃게 되면 저온 저장이 필수적임
산	안정	식품의 산성 조건에서도 비타민의 활성 유지함
알칼리	불안정	알칼리 조건에서는 불안정함
수분	비용해성	지용성 비타민이므로 물에 녹지 않음
빛	불안정	자외선에 노출 시 활성을 급격하게 상실함

(4) 비타민 K

혈액 응고(koagulation)에 관여한다고 하여 K라 불리는 비타민 K의 구조는 다음과 같다.

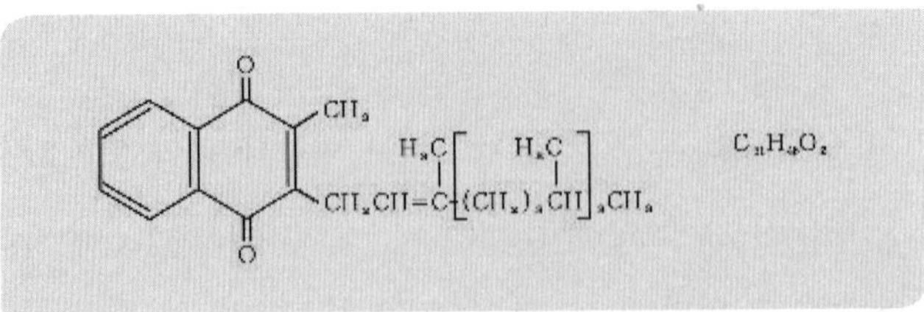

그림 7-5▶ 비타민 K의 화학적 구조

비타민 K는 주로 소나 돼지의 간, 계란, 양배추, 시금치 그리고 토마토 등에 많이 존재하고 있으면 부족시에는 혈액의 응고가 지연되거나 신장염 또는 체내 출혈 등을 유발할 수 있다.

① 다양한 식품 섭취의 중요성

비타민 K는 충분한 연구가 아직은 부족하지만 혈액응고 기작에 관여하는 혈액중의 prothrombin의 양을 정상적으로 유지하는데 큰 역할을 할 뿐만 아니라 신장염 그리고 체내 출혈을 억제하는데도 기여를 하는 것으로 알려지고 있다. 이처럼 다양하고 중요한 역할을 하는 것으로 알려지고 있는 비타민 K의 가장 중요한 공급원은 주로 녹황색 야채이다. 야채를 멀리하고 인스턴트식품과 같은 가공식품을 선호하는 식습관을 가지고 있는 사람은 야채를 포함하는 다양한 식품을 섭취하는 노력을 기울이는 것이 매우 중요하다는 것을 다시 한 번 보여주는 사례가 비타민 K라 할 수 있다.

② 안정성

비타민 K의 외부조건에 대한 안전성 및 특징은 아래 표와 같다.

혈액 응고에 관여하는 비타민 K는 다른 지용성 비타민에 비하여 열에 안정한 편이나 산성 조건에서는 매우 불안정한 특징을 가지고 있다.

표 7.6 비타민 K의 외부조건에 대한 안정성 및 특징

외부요인	안정/불안정	특 징
열	안정	가열처리 및 저장조건에서도 안정
산	안정	식품의 산성 조건에서 매우 불안정
알칼리	불안정	알칼리 조건에서 불안정
수분	비용해성	지용성 비타민이므로 물에 녹지 않음
빛	불안정	빛 특히 자외선에 노출 시 활성을 급격하게 상실

(5) 비타민 F

비타민 F는 지방산의 일종인 linoleic acid($C_{18:2\triangle 9,12}$) linolenic acid($C_{18:3\triangle 9,12,15}$) 그리고 arachidonic acid($C_{20:4\triangle 5,8,11,14}$)를 포함한다. 불포화지방산의 일종인 이들 지방산들은 콩기름이나 옥수수기름과 같은 식물성 기름은 물론 어류와 같은 동물성 기름에 많이 존재하고 있으며 이들 고도 불포화지방산은 우리 인체의 성장에 꼭 필요한 성분으로 알려 지면서 넓은 의미에서 비타민에 포함시키는 경우가 늘어나고 있다.

비타민 F는 높은 불포화도로 인하여 빛이나 가열과정을 통하여 산화되어 기능을 상실하고 이취를 유발할 수 있으므로 저온에서 자외선을 차단하고 산소와 접근을 최소화할 수 있는 밀폐된 조건에서 저장하는 것이 원래의 기능유지를 위해서 중요하다.

2) 수용성 비타민

기름에 잘 녹지 않고 물에 비교적 잘 녹는 성질을 가지고 있는 비타민을 수용성 비타민으로 분류한다. 수용성 비타민에는 다음의 표에서 보듯이 비타민 B complex(B1, B2, B6, B12, nicotinic acid, pantothenic acid, 엽산, biotin), C, L 그리고 P가 있다.

표 7.7 수용성 비타민의 화학 명칭 및 체내에서의 역할

상업 명칭	화학 구조	특징 및 역할
비타민 C	ascorbic acid	연골, 뼈 그리고 치골 등의 유지에 관여 / 콜라겐의 합성에 중요한 역할을 하며 부족할 때 괴혈병(피부노화, 잇몸이나 상피 세포의 출혈을 유발)을 초래함
비타민 B1	thiamine	조효소로서 탄수화물 대사에 중요한 역할을 하며 부족할 때 피로감, 무기력감 그리고 영양실조 증상의 일종인 각기병 유발함
비타민 B2	riboflavin	체내의 산화환원 반응에 관여하며(ATP합성) flavoprotein(황색단백질)의 구성 성분이며 부족할 때 피부나 눈에 염증 또는 소화불량 초래함
Niacin	nicotinic acid	체내의 산화환원 반응에 관여하는 조효소(NAD, NADP)의 구성 성분으로 부족할 때 피부, 구강 그리고 혀에 염증 유발함
비타민 B6	pyridoxine	탄수화물이나 아미노산 대사에 관여하는 조효소의 성분으로 부족할 때 과민 증상이나 피부염 그리고 경련 등을 유발함
Pantothenic acid	pantothenic acid	에너지 대사에 중요한 역할을 하는 coenzyme A의 성분으로 부족하면 피부염이나 수면 부족 그리고 피로감을 느낌
Biotin	biotin	지방 합성과 아미노산 대사에 관여하며 부족할 때 피로감, 우울함 그리고 근육통 등을 느낌
Folacin	folic acid	조효소이며 핵산과 아미노산 대사에 관여하며 부족할 때 빈혈이나 설사를 유발함
비타민 B12	cyanocobalamine	핵산 대사에 관여하는 조효소로서 작용하며 부족할 때 악성 빈혈이나 신경 장애를 유발함

(1) 비타민 C

비타민 C는 동물성 식품이나 곡류에는 거의 없으며 감귤류나 토마토 그리고 녹색 채소 등에 함유되어 있으며 화학 명칭은 L-ascorbic acid이다. 다음 그림처럼 산화 과정을 거쳐서 dehydroascorbic acid로 변하는데 이럴 경우 비타민 C 활성은 L-ascorbic acid에 비하여 1/2 또는 1/3으로 떨어지는 것으로 알려지고 있으며 수분을 흡수하여 2,3 diketogulonic acid로 구조가 변할 경우에는 비타민 C의 활성은 기대

하기 어려운 것으로 알려지고 있다.

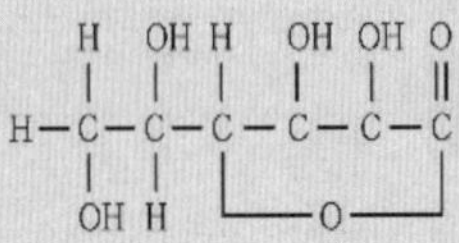

그림 7-6▶ 비타민 C(ascorbic acid)의 화학적 구조

① 비타민 C는 물을 싫어한다

전체적으로 다른 비타민 그룹들과 비교해 보았을 때 비타민 C는 주변 환경 즉 온도, 산소, 자외선 그리고 특히 수분의 존재 등에 민감하게 반응하여 쉽게 비타민의 활성을 상실할 수 있다. 특히 앞에서 언급한 대로 건조 상태에서는 안정하나 수용액 상태에서는 불안정하여 쉽게 활성을 잃어버리게 된다. 따라서 비타민 C는 분말 가루나 알약 상태로 섭취하는 것이 음료 상태로 섭취하는 것보다 비타민의 활성을 그대로 유지하는데 유리하다.

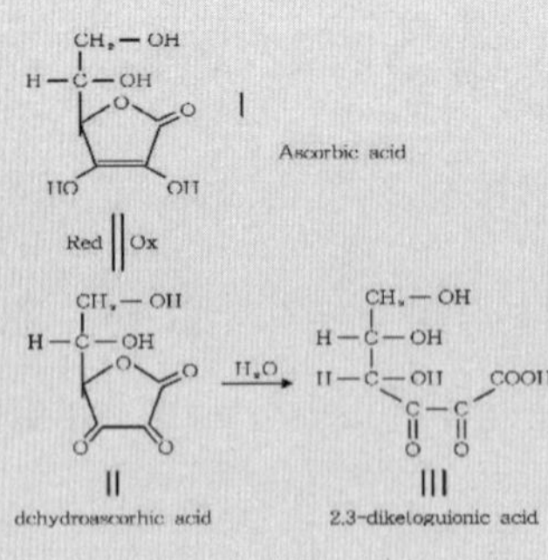

그림 7-7▶ 비타민 C의 수용액에서의 안전성

② 안정성

비타민 C는 물에 잘 녹는 성질로 인하여 조리과정에서 용출로 인하여 많은 손실을 볼 수 있다. 또한 열에 약해서 가열시 약 50% 이상 파괴된다는 연구 결과도 있을 정도로 열에 예민하게 반응한다. 이처럼 비타민 C가 가열시 쉽게 파괴되는 것은 열에 의한 직접적인 파괴보다는 가열과정에서 산소와 접촉하면서 산화효소인 ascorbinase가 활성화되고 이로 인해 일어나는 산화작용이 주된 원인으로 알려지고 있다. 이 효소는 보통 때에는 불활성화 상태로 존재하지만 야채류의 조직이 외부 충격이나 노화에 의하여 파괴되면 급격하게 활성화되어 비타민 C 산화를 유발하고 결국은 비타민 활성을 감소시킨다.

비타민 C의 산화를 방지하기 위해서는 산소를 제거하거나 또는 산화효소의 활성을 없애주는 것이 필요하다. 그러나 식품 저장이나 가공 중에 산소를 제거한다는 것은 현실적으로 어려운 문제로 실질적으로는 효소 활성을 없애주는 것이 일반적으로 사용되는 비타민 C 가공 및 저장 방법이다. 실제로 산화효소의 활성을 없애주기 위해서 산업현장에서 주로 사용하는 방법은 많이 알려져 있는 blanching인데 이 방법은 데치기라는 이름으로 불리기도 하며 보통 야채류를 80℃ 이상의 고온에서 몇 분 또는 몇 십초 동안 순간 가열하여 효소를 변성시켜서 산화효소 활성을 최소화하는 방법이다.

산소차단 및 효소활성 파괴를 통한 비타민 C 안정성 유지 노력과 함께 비타민 C 함유 식품의 포장에는 포장 재질 선택에 유의할 필요가 있다. 이는 금속 이온이나 빛(자외선)에 노출 시에는 산화를 촉진하여 비타민의 활성을 상실하게 할 수 있기 때문이다.

표 7.8 비타민 C의 외부조건에 대한 안정성 및 특징

외부요인	안정/불안정	특징
열	불안정	열에 매우 민감하여 가열 공정시 파괴될 수 있음
산	안정	산성 조건에서는 비교적 안정함
알칼리	불안정	알칼리 조건에서는 비교적 불안정함
수분	용해성	용해성이 좋으나 수분을 만나면 활성을 상실할 수 있음
빛	불안정	빛에 민감하여 활성을 상실함

(2) 비타민 B1

비타민 B1는 동물성 식품(돼지고기, 소고기, 생선류)이나 식물성 식품(감자나 녹황색 야채) 그리고 곡류(쌀겨, 콩, 땅콩) 등에 골고루 존재하고 있으며 화학 명칭은 thiamin이며 구조는 아래 그림과 같다.

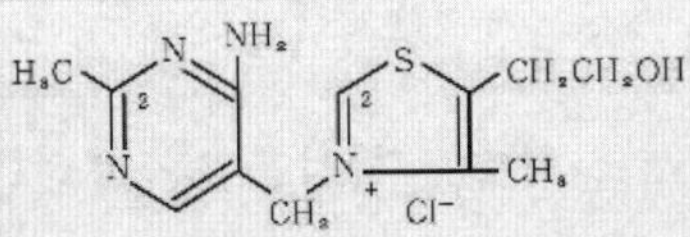

$C_2H_{17}N_4OSCl \cdot HCl$

그림 7-8▶ 비타민 B1의 화학적 구조

① 동양인에게는 필수 비타민

물론 다른 비타민들도 우리 몸에 매우 중요하겠지만 비타민 B그룹들 그중에서도 비타민 B1은 동양인들에게 매우 중요한 비타민이다.

우리는 탄수화물을 섭취하여 소화하여 에너지를 생산하는 단계인 해당 작용과 TCA

cycle(Tricarboxylicacid cycle 또는 Krebs cycle)을 가지고 있다. 이 과정을 보면 섭취된 탄수화물의 일종인 포도당은 해당 작용을 거쳐서 약간의 에너지와 pyruvate를 만들고 이것은 acetyl-CoA로 전환된 뒤에 TCA cycle로 들어가게 되어 에너지를 다량 만들게 된다. 이처럼 해당 작용과 TCA cycle은 인체의 에너지를 만들어 내는 매우 중요한 과정이며 특히 탄수화물이 해당 작용을 거쳐서 TCA cycle로 넘어가는 과정에서 꼭 필요한 것이 포도당에서 형성된 pyruvate가 acetyl-CoA로 전환되는 것인데 이를 촉진하는 효소가 pyruvate dehydrogenase이다. 이 효소는 원활한 활동을 위해서 thiamine pyrophosphate(TPP), flavin adenine dinucleo-tide(FAD), coenzyme A(CoA), nicotineamide adenine dinucleotide(NAD)와 lipoate(지질 조효소)의 5가지 조효소가 필요한데 여기에 관여하는 비타민이 B1(thiamine), B2(ri- boflavin), niacin, pantothenate이다.

따라서 비타민 B1(thiamine)이 부족 시에는 탄수화물을 충분하게 섭취한다고 해도 대사를 충분히 진행할 수 없어 에너지생산이 어렵고 따라서 피로나 권태를 느끼게 된다. 따라서 탄수화물 섭취가 상대적으로 많은 동양인들의 경우는 비타민 B1의 충분한 섭취가 요구된다.

② 안정성

비타민 B1은 비타민 C에 비하여는 상대적으로 열에 안정하나 120℃ 이상의 고온에서는 구조가 파괴되어 활성을 상실하게 된다. 또한 저장 온도의 차이에 따라서도 비타민의 잔존 활성에 큰 차이가 있는 것으로 알려지고 있다. 즉 고온(38℃)에 12개월 동안 보관 할 경우에는 저온(1.5℃)에 같은 기간 보관하는 경우에 비하여 잔존 thiamine 활성이 최대 90% 이상 감소하는 것으로 보고되고 있다. 이처럼 열에 민감한 비타민 B1의 가열 조건에 따라 잔존량을 최대화하기 위해서는 높은 온도에서 짧은 시간 동안 가열하는 것이 가장 좋은 방법으로 알려지고 있다. 또한 비타민 B1은 또한 자외선에 노출 시에 구조가 쉽게 파괴되어 저장 시 세심한 주의가 요구되며 저장할 때 알루미늄 호일과 같은 금속류의 외포장재를 선택하는 것이 자외선에 의한 파괴를 최소화하는 좋은 방법이다.

표 7.9 비타민 B1의 외부조건에 대한 안정성 및 특징

외부요인	안정/불안정	특 징
열	불안정	열에 민감하여 레토르트 가열 공정시 파괴될 수 있음
산	안정	산성 조건에서는 비교적 안정함
알칼리	불안정	알칼리 조건에서는 비교적 불안정함
수분	용해성	용해성이 좋음
빛	불안정	빛 특히 자외선에 민감하여 활성을 상실함

(3) 비타민 B2

비타민 B2는 주로 장어를 비롯한 어류, 계란, 야채, 우유 그리고 해조류 등에 분포하고 있으며 구조는 아래 그림과 같으며 화학 명칭은 riboflavine이다.

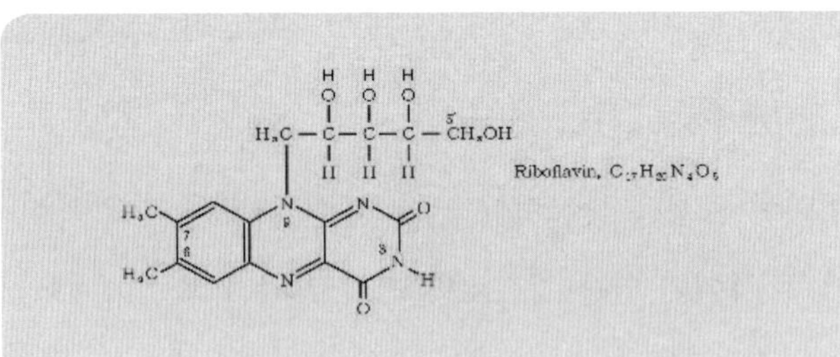

그림 7-9▶ 비타민 B2의 화학적 구조

① 산화환원반응에 관여

앞에서 언급한 대로 비타민 B2는 탄수화물 대사에 필요한 조효소의 활성에 관여하여 산화환원반응에 관여하는 flavin adenine dinucleotide(FAD)의 형성에 관여한다. 따라서 비타민 B2가 부족 시에는 피로와 식욕부진을 유발한다.

② 안정성

비타민 B2는 다른 비타민에 비하여는 열에 안정하다. 물론 240℃ 이상의 고온에서는 색이 어두워지는 경향이 있으나 활성에는 큰 영향이 없는 것으로 알려지고 있으며 산화에도 안정하다. 그러나 빛을 받으면 급속하게 구조가 와해되는 경향이 있으므로 비타민 B1의 경우처럼 그늘진 곳에 보관하거나 포장시에 자외선 차단 효과가 뛰어난 금속 포장재를 사용하는 것을 권장한다.

표 7.10 비타민 B2의 외부조건에 대한 안정성 및 특징

외부요인	안정/불안정	특 징
열	안정	가열시 색이 어둡게 변하는 경우가 있으나 활성은 유지됨
산	안정	산성 조건에서는 비교적 안정함
알칼리	불안정	알칼리 조건에서 비교적 불안정하여 lumiflavin으로 변함
수분	용해성	용해성이 좋음
빛	매우불안정	빛에 민감하여 활성을 상실하면서 lumiflavin으로 변함

(4) 비타민 B6

비타민 B6는 주로 야채나 육류 그리고 쌀겨를 포함한 곡물류 등에 분포하고 있다. 아미노산 및 단백질이나 탄수화물 대사에 관여하는 조효소로서의 역할을 수행하며 비타민 B6의 필요량은 단백질 섭취량과 관계가 깊다. 즉 단백질 섭취량이 커지면 보다 많

은 양의 비타민 B6가 필요하다. 식품 중에는 닭고기, 쇠고기, 돼지고기 등 육류의 간, 쌀배아, 콩류 등에 많이 함유되어 있다. 비타민 B6의 구조는 아래와 같으며 화학 명칭은 pyridoxine이다.

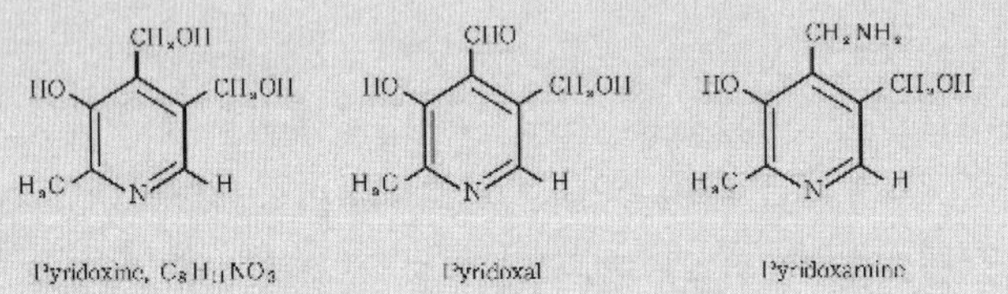

그림 7-10▶ 비타민 B6의 화학적 구조

비타민 B6는 열에는 안정하나 다른 비타민 B처럼 빛에 노출 시에는 활성을 급격하게 상실하는 불안정한 특징을 가지고 있어 자외선 차단이 가능한 포장재 적용이 필요하다. 비타민 B6의 일반적인 외부조건에 대한 안전성은 다음의 표와 같다.

표 7.11 비타민 B6의 외부조건에 대한 안정성 및 특징

외부요인	안정/불안정	특징
열	안정	열에 비교적 안정함
산	안정	산성 조건에서는 비교적 안정함
알칼리	안정	알칼리 조건에서는 비교적 안정함
수분	용해성	용해성이 좋음
빛	불안정	빛에 민감하여 노출되면 활성을 상실

(5) 비타민 B12

비타민 B12는 주로 육류, 계란, 유가공품 그리고 해조류 등에 많이 존재하고 있으며 아래 그림의 구조에서 보듯이 코발트(Co)를 가지고 있으며 화학 명칭은 cyanocobalamine이다.

코린(Corrin) 고리와 코발트(Co)를 가지고 있는 비타민 B12의 구조는 비타민 중 가장 복잡하며, 동식물은 전혀 합성하지 못하고 미생물만이 합성할 수 있다. 추출한 것은 코발트에 시안이나 물과 결합되어 있어 시아노코발아민(Cyanocobalamin) 또는 아쿠아코발아민(Aquacobalamin)이라고 하는데 통상의 조리과정에서는 잘 파괴되지 않는다.

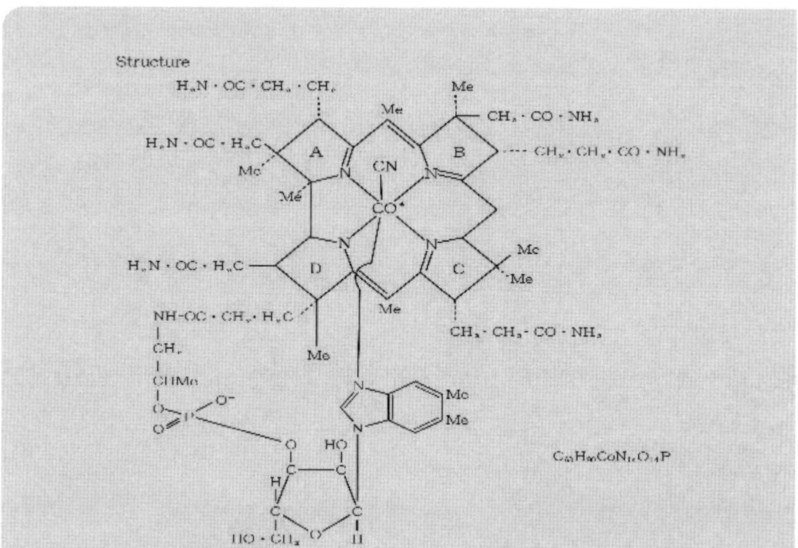

그림 7-11▶ 비타민 B12의 화학적 구조

비타민 B12는 핵산 대사에 관여하는 조효소로서 작용하며 부족 시에는 빈혈이나 신경 이상을 유발할 수 있으며 빈혈이 되면 어지러움과 피로를 느끼고, 피부가 거칠어지고, 구역질이 나는 등의 증상을 나타낸다. 비타민 B12는 물에 잘 녹아서 적색을 띠게 된다. 색을 발현하는 물질들에게서 대부분 나타나는 특징처럼 자외선에 노출 시 매우 불안정하며 가열이나 산성 조건에서도 안정하지 못하다. 이런 색 변화는 가열이나 자외선 노출 시 이중결합의 파괴나 구조 중앙에 위치하고 있는 금속 이온의 변화로 발생하는 것으로 알려져 있으며 저장이나 포장 시에 각별한 주의가 요구된다.

표 7.12 비타민 B12의 외부조건에 대한 안정성 및 특징

외부요인	안정/불안정	특 징
열	불안정	가열시 비타민의 활성을 상실함
산	불안정	산성 조건에서 불안정함
알칼리	불안정	알칼리 조건에서 불안정
수분	용해성	용해성이 좋음
빛	불안정	빛에 민감하여 노출되면 활성을 상실

(6) Niacin

탄수화물 대사에 중요한 효소인 niacin의 화학 명칭은 nicotinic acid이고 구조는 아래와 같다.

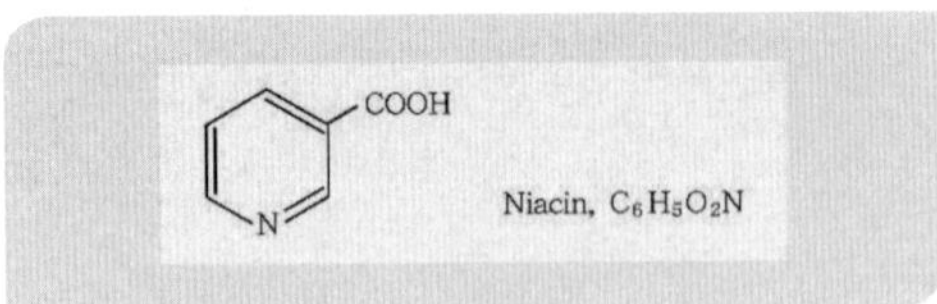

그림 7-12▶ Nicotinic acid의 화학적 구조

Niacin은 비타민 가운데 외부조건에 대한 안정성이 매우 높은 비타민으로 가열이나 빛에 노출 시에도 기본적인 활성을 그대로 유지하는 것으로 알려져 있다. 주로 동물의 간, 육류, 곡물류 그리고 콩과류 등에 널리 분포하고 있으며 체내의 산화환원반응에 관여하는 조효소(NAD, NADP)의 구성 성분으로 작용한다. 결핍 시에는 피부, 구강 그리고 혀에 염증을 유발(Pellagra)하며 인체의 대사효능을 떨어뜨려 피로감의 원인이 되기도 한다.

표 7.13 Niacin의 외부조건에 대한 안정성 및 특징

외부요인	안정/불안정	특 징
열	안정	가열 조건에서 안정함
산	안정	산성 조건에서 안정함
알칼리	안정	알칼리 조건에서 안정
수분	용해성	용해성이 좋음
빛	안정	빛에 노출되어도 활성을 잃지 않고 안정함

(7) Pantothenic acid

비타민 B5라고 불리는 pantothenic acid의 구조는 아래와 같으며 다양한 식품에 폭넓게 존재하고 있다.

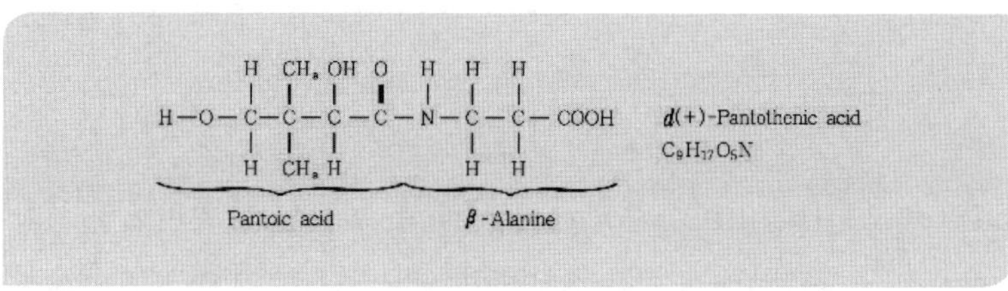

그림 7-13▶ Pantothenic acid의 화학적 구조

특히 로얄 젤리, 맥주 효모, 간, 소맥배아, 땅콩, 육류, 곡류, 오렌지, 딸기 그리고 감자 등에 폭넓게 분포하고 있으며 체내에서 ATP(adenosine triphosphate)와 결합하여 coenzyme A로 전환되어서 탄수화물이나 지방 대사에 관여한다. 또 항스트레스 비타민으로 부신피질호르몬과 아드레날린의 생성을 촉진하여 정신적, 육체적 스트레스와 체내의 독소로부터 신체를 보호한다. 또한 만성피로, 신경피로, 저혈당증, 저혈압, 불면증 등의 개선을 돕는다는 결과도 보고되는 등 인체의 정상적인 활동을 유지하는데 매우 중요한 비타민으로 부각되고 있다.

그러나 체내에 결핍 시에는 피로감이나 수면 부족 그리고 여성에게는 매스꺼움 등의 증상을 유발할 수 있으며 결정적으로 이 비타민이 부족하게 되면 체지방은 정상일 때의 절반밖에 연소되지 않는다. 저장 시에 빛이나 산소에 노출시에는 안정하나, 열에 약하고 산, 알칼리에 의해 가수분해 된다.

표 7.14 Pantothenic acid의 외부조건에 대한 안정성 및 특징

외부요인	안정/불안정	특 징
열	불안정	가열 조건에서 불안정함
산	불안정	산성 조건에서 불안정함
알칼리	불안정	알칼리 조건에서 불안정
수분	용해성	용해성이 좋음
빛	안정	안전함

(8) Biotin

비타민 B7인 비오틴(Biotin; B7, Vitamin H)은 1935년 네덜란드의 생화학자인 쾨글(Fritz K gl)이 건조난황에서 분리하였으며 여러 카르복실화 효소반응에서 이동성 카르복시기 운반체(mobile carboxyl group carrier) 역할을 한다. 비오틴의 구조

는 다음과 같으며 장내 세균에 의해 합성되므로 결핍증은 거의 나타나지 않는다.

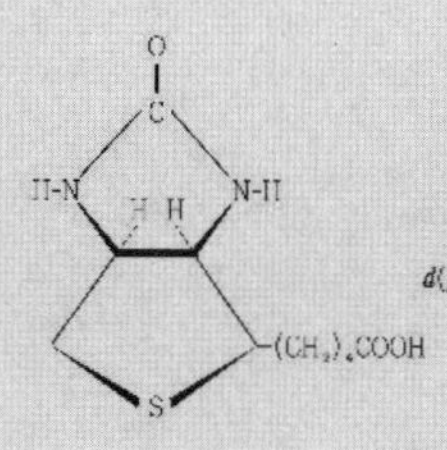

그림 7-14▶ Biotin의 화학적 구조

식품 중에서 육류나 시금치를 포함하는 녹황색 채소에 고루 분포하고 있으며 육류에서는 단백질 성분인 라이신과 바이오틴이 결합되어 있으며 조리 시에 바이오틴이 분리되는 것으로 알려져 있다. 체내에서 바이오틴은 지방 합성이나 아미노산 대사에 관여하고 있으며 부족 시에는 피부 습진, 탈모, 메스꺼움, 구토, 권태, 식욕부진, 빈혈, 피로감이나 우울증, 피부염 그리고 근육통 등을 유발하는 것으로 알려져 있다. 바이오틴은 열이나 빛에는 안정하나 산화가 쉽게 일어나는 단점을 가지고 있다.

표 7.15 Biotin의 외부조건에 대한 안정성 및 특징

외부요인	안정/불안정	특 징
열	안정	가열 조건에서 안정함
산	불안정	산성 조건에서 불안정함
알칼리	불안정	알칼리 조건에서 불안정
수분	용해성	용해성이 좋음
빛	안정	빛에 노출되어도 활성을 잃지 않고 안정함

(9) Folic acid (엽산)

엽산이라 불리는 folic은 glutamic acid와 p-aminobenzoic acid가 결합된 물질로서 구조는 아래와 같다.

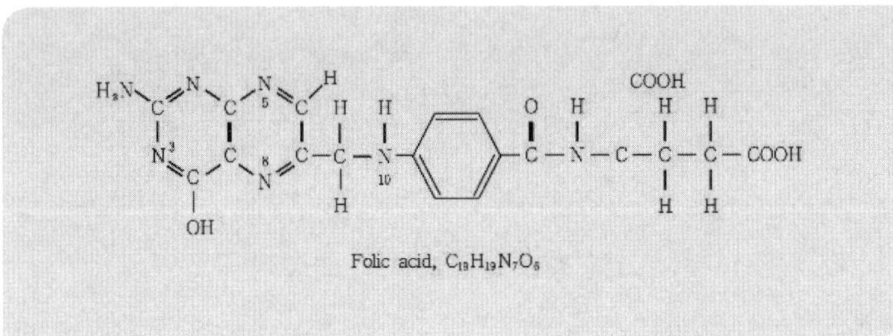

그림 7-15▶ Folic acid의 화학적 구조

엽산은 라틴어로 '잎'을 뜻하는 'follium'에서 유래되었다. 시금치에서 처음 분리되었으며, 식품 중에서 육류나 시금치를 포함하는 녹황색 채소 그리고 곡물류에 분포하고 있으며 핵산이나 아미노산 대사에 관여하는 조효소로서 역할을 한다. 세부적으로 엽산은 면역기능을 도와주고 동맥경화와 점막의 암에 도움을 줄 수 있으며 건강한 모발, 피부, 신경, 점막, 혈액 모두에 중요하다. 엽산 결핍증은 전 세계적으로 가장 많은 비타민 결핍증이다. 엽산 결핍 증세는 초기에는 무력감, 우울증, 건망증의 증세가 오고, 더 진행되면 체중감소, 소화기장애, 성장부진 등이 나타난다.

엽산은 외부요인에 민감하게 반응하는 성질을 가지고 있어서 건조 상태의 엽산은 빛에 의해 파괴되며 장기간 저장 또는 고온처리 등의 가공처리 중 파괴량이 95%까지 될 정도로 엽산의 손실이 매우 크다. 열이나 산성 조건 그리고 산화에 매우 약한 특성을 보이며 저장 중 자외선에 노출 시에는 비타민의 활성을 상실하게 된다.

표 7.16 Folic acid(엽산)의 외부조건에 대한 안정성 및 특징

외부요인	안정/불안정	특 징
열	불안정	가열 조건에서 불안정함
산	불안정	산성 조건에서 불안정함
알칼리	안정	알칼리 조건에서 안정
수분	용해성	용해성이 좋음
빛	불안정	빛(자외선)에 노출 시에는 비타민의 활성을 잃어버림

제8장

식품의 맛
(taste)

식품을 평가하는 과정에는 맛, 향 그리고 조직감이 있을 수 있으며 그 결과에 따라서 소비자는 해당 식품의 수용 여부를 결정한다. 더구나 식품은 의약품과 같은 치료 목적을 가진 제품이 아니라 기본적인 기호식품으로서 소비자의 기호성, 즉 맛이나 향 그리고 조직감이 식품의 성공 여부를 좌우하는 중요한 지표가 된다. 즉 식품을 평가하기 위해서 입안에 넣고 씹을 때 혀에서는 맛(단맛, 신맛, 짠맛, 매운맛, 감칠맛)을 느끼고, 코(후각세포)에서는 향기를 느끼고, 촉각(조직감)을 통하여 그 식품의 전체적인 평가를 하게 된다. 혀의 미각 세포가 느끼는 맛의 종류에는 크게 단맛, 신맛, 짠맛 그리고 쓴맛의 4가지 종류로 구분하지만 최근에는 감칠맛이라고 하여 조미료의 맛을 포함하는 경우도 있다. 우리가 일반적으로 맛의 한 종류로 알고 있는 매운맛은 구강 점막을 자극하는 일종의 통각으로 이처럼 혀의 세포를 자극하거나, 혀 점막등에 영향을 주는 맛은 매운 맛 이외에도 떫은 맛 등이 있다. 이것들은 맛 수용체에서 인식되는 것이 아니라, 자율신경이나 혀의 점막 등 구강 내에서 복합적으로 느끼는 감각으로서 매운맛의 경우에는 자율신경을 통해 느끼게 되는 일종의 통각이다. 이러한 맛은 항상 일정한 감각을 제공하는 것이 아니라 식품이 놓여있는 환경이나 조건 그리고 그 식품을 섭취하는 소비자의 개인별 특징, 심리적 그리고 육체적 상태에 따라 다르게 나타나기 때문에 맛의 정도를 객관적으로 평가하기에는 많은 어려움이 있다. 그럼에도 불구하고 식품의 수용 여부 또는 시장에서의 성공 여부는 기본적으로 맛으로 결정되기 때문에 맛의 중요성은 점차 높아지고 있다. 또한 가공식품의 경우는 대량생산을 통해서 기본적인 맛이 결정된 상태로 소비자에게 전달되기 때문에 소비자가 원하는 맛을 객관적으로 찾아내어 충실하게 적용하는 것이 개발된 식품의 성공을 좌우하는 중요한 요소가 된다. 또한 최근에는 개발되는 가공식품이 전체 소비자를 대상으로 하기보다는 소비 대상을 국한하는 즉 여성용, 남성용, 유아용, 실버용 등 소비하는 계층을 세분화해서 출시되는 경우가 많아지고 있다.

따라서 객관적인 맛의 평가는 매우 어려운 과정이지만 이를 연구하고 소비자의 취향에 맞추어 적용하는 것이 매우 중요한 식품 분야의 핵심 과제가 될 수 있으며 사실상 가공식품의 시장에서의 성공 여부를 결정하는 가장 중요한 열쇠라고 할 수 있다.

1. 맛의 정의

식품의 맛(taste)은 다음과 같이 정의된다. It was stimulated by a substance in the mouth's taste bud. 즉 맛은 입안에 있는 미뢰를 통해서 인식된 감각을 말하는 것으로 식품의 맛은 기호에 밀접하며, 품질 결정의 중요한 요인이다. 맛은 이외에도 향 성분(flavor)의 구성 요소인데, flavor는 다음과 같이 3 가지 요소로서 구성된다.

기본적인 맛 감각(basic taste sensation)과 후각적인 감각(olfactory sensation, volatiles received by the olfactory system) 그리고 촉감(hottest, coo-lest, stringency)이다.

맛을 느끼는 기작은 기본적으로 간단하게 설명하면 다음과 같다. 맛을 내는 물질이 혀의 표면에 닿으면 혀의 표면에 있는 미뢰의 미세포에 흡착되며 흡착된 물질에 의하여 미세포의 전위가 변화되면서 대뇌에 맛 신호가 전달되면서 맛을 감지하게 된다.

맛 물질 → 혀의 표면(taste bud: 혀의 미뢰) → 미세포에 흡착됨 → 미세포의 전위가 변화됨 → 미신경에 전기적 충격 → 맛 신호 → 대뇌 → 맛 감지

그러나 사실 맛을 느끼는 기작은 우리가 예상하는 것처럼 매우 복잡하고 다양한 인체의 시스템이 작용하고 있다. 미각의 수용기는 미뢰인데 미뢰는 꽃봉오리 모양으로 혀의 점막의 유두 속에 다수가 존재한다. 미뢰 속에는 각각 20~30개의 미세포가 있고, 미세포는 미뢰 상단에 있는 미공을 통하여 털 모양의 돌기를 가지고 혀 표면에 돌출되어 있으며 이 돌기가 맛을 내는 물질에 처음으로 반응해서 자극을 일으킨다. 성인의 혀에는 약 1만 개의 미뢰가 존재하며, 미뢰 하단으로부터는 몇 개의 신경섬유가 들어가 있어서 미세포에 도달하고 있다. 이런 복잡한 과정을 거쳐 우리가 인식하게 되는 대표적인 맛에는 단맛(sweet), 신맛(sour), 짠맛(salty), 쓴맛(bitter) 그리고 맛난 맛(um-ani and flavor enhancer)이 있다. 이런 맛들은 독립적으로 작용하기도 하지만 일반적으로 주변 환경을 포함한 요소들과 함께 복합적으로 작용하여 다양한 맛의 느낌을 소비자에게 전달한다. 실제로 느끼는 음식의 맛은 이것들의 조합에 의한 복잡한 것으로 온도 감각, 혀의 촉각이나 후각도 관계한다. 맛 수용기의 자극액에 대한 반응은 동물에 따라서도 큰 차이가 있는데 실제로 인간과 원숭이가 인식하는 설탕의 단맛에 고양이는 반응을 나타내지 않는다. 이처럼 맛의 인식 기작의 과정의 매우 복잡하고 다양하기 때문에 이를 연구하고 규명하는 것은 새로운 가공식품 개발 못지않은 매우 중요한 연구 과제라 할 수 있다.

2. 맛의 종류

미각은 단맛 · 신맛 · 쓴맛 · 짠맛 그리고 최근에 추가된 맛난 맛의 다섯 가지로 구별된다. 혀의 앞 부분은 모든 미각에 가장 민감하지만 특히 단맛과 짠맛을 잘 느끼고, 혀의 양 옆부분은 신맛에 민감하며 짠맛도 느낀다. 또한 혀의 뿌리 부분은 쓴맛에 민감한 특성을 보여주고 있다. 미각의 신경섬유에는 신맛에만 반응하는 것 외에 신맛과 짠맛 또는 신맛과 쓴맛과 같이 2종의 자극에 반응하는 것이 있어서 4종의 맛의 정보가 반드시 독립된 하나의 신경 섬유를 거쳐 중추에 전달되는 것이 아니라는 것을 보여주고 있다.

1) 단맛

단맛은 생물에 널리 분포하는 미각으로, '맛있다'는 뜻과 동의어로 쓰인다. 단맛 이외의 맛은 농도가 일정한 값을 넘으면 쾌감에서 불쾌감으로 급격한 관능적인 변화를 보이지만 단맛은 농도에 관계없이 관능적으로 쾌적한 맛을 소비자에게 전달하는 특징을 가지고 있다. 단맛은 어른보다 어린이가 더 좋아하며 단맛을 느끼는 미각도 더 발달되어 있다. 실제로 대표적인 단맛 물질인 설탕의 단맛을 느끼는 최저 농도가 어른이 1.3%인데 비하여 어린이는 0.7%라는 보고가 있다. 단맛을 가진 식품을 감미료라고 하며, 일반적으로 천연감미료와 인공 감미료로 크게 나눠진다. 천연감미료에는 당류가 대부분이고, 그 대표로는 설탕을 들 수 있으며 그 밖에 포도당 · 과당 · 엿당 등이 있다. 젖당은 우유에 포함되는 감미료이지만 단맛은 적다. 인공감미료로서는 사카린염과 사이클라민산염이 허가되어 있으나 둘신은 사용이 금지되어 있다. 합성감미료는 단맛이 강하므로 비만방지 때문에 식품음료에 사용된다.

(1) 감미료의 종류

단맛을 느끼게 하는 천연 물질의 종류에는 당류(포도당, 과당, 맥아당, 유당, 설탕)와 당알콜(glycerol, ethylene glycerol) 그리고 일부 아미노산(tryptophan, histidine, phenylalanine, tyrosine)등이 포함된다. 단맛을 가진 물질들 사이의 상대적 감미도는 설탕을 기준 물질로 정하고 있는데 이것은 설탕의 감미도가 다른 물질들과는 달리 온도와 시간에 따라 변하지 않고 일정하기 때문이다.

① 설탕(sucrose)

일상생활에서 가장 많이 접할 수 있는 당류인 설탕은 포도당과 과당의 결합체로 단맛의 정도는 과당보다 떨어지지만 소비자의 기호성이 높으며 결정화도 쉬워 사용하기 편한 장점을 가지고 있다. 설탕은 구성 성분인 포도당의 1번 carbonyl 그룹이 과당과 결합되어 있어서 갈색화 반응의 일종인 마이얄 반응을 일으키지는 못하지만 가열하면 또 다른 갈색화 반응의 일종인 caramelization 반응을 일으켜 가열 후에는 짙은 갈색의 불용성 덩어리 형성한다.

② 포도당(glucose)

자연 식품에 널리 분포하는 자연 감미료로서 설탕이나 전화당의 주성분인 포도당은 해당 작용의 시작 물질로서 인체 내 에너지 대사에 매우 중요한 물질이다. 또한 효소(glucose isomerase)를 가하면 포도당에 비하여 당도가 높은 과당으로 전환되어서 과당과 포도당의 혼합 비율을 조절하여 식품에 적합한 당도를 낼 수 있다. 또한 포도당은 갈색화 반응의 일종인 마이얄 반응의 원료로서 작용하며 아미노산과 반응하여 여러 다양한 마이얄 반응의 부가 생성물을 만들 수 있다.

③ 과당(fructose)

당류 중에서 가장 강한 단맛을 가지고 있는 과당은 꿀과 전화당의 주성분으로 수분 흡습성이 강하여 시럽 형태로 존재한다. 강한 단맛에도 불구하고 설탕보다 사용범위가 좁은 것은 흡습성이 좋아서 소비자들의 선호도가 높은 입자 형태로 존재하기가 어렵고 단맛의 강도가 너무 강하여서 소비자들의 선호도가 떨어지기 때문이다. 따라서 과당은 일반 가정보다는 음료생산 업체 등에서 단맛을 강한 농도로 필요로 하는 경우 액상 과당 시럽의 형태로 과당의 농도를 필요에 따라 조절하는 희석하는 방법으로 사용하고 있다.

④ 유당 (lactose)

포도당과 galactose가 결합된 유당은 포유동물의 젖에 존재하며 당류 중에서 당도가 가장 떨어지는 당이다. Lactose intolernacne(유당 불내증)라는 것은 유당을 분해하는 효소인 lactase가 없어서 유당을 분해할 수 없는 경우를 말하며 인류의 약 85%가 그런 증상을 가지고 있는 것으로 알려지고 있다.

⑤ 전화당 (inverted sugar)

설탕이 가수분해되어 그 결과 형성된 포도당과 과당의 혼합물을 말한다. 즉 설탕이 포도당과 과당이 화학적으로 결합된 형태라면 전화당은 포도당과 과당이 결합을 형성한 것이 아니라 단지 독립적인 형태로 혼합되어 있는 것이다. 전화당은 감미도에 있어서는 설탕에 거의 육박하지만 설탕과는 달리 화학반응에 관여하는 면에 있어서 많은 차이점을 가지고 있다. 식품에서 중요한 화학반응의 일종인 마이얄 반응에 설탕은 관여하지 못하지만 전화당은 마이얄 반응에 참여할 수 있다. 그것은 설탕을 구성하고 있는 포도당의 1번 탄소에 있는 carbonyl group이 과당과 결합하여 있어서 다른 물질과 화학반응을 일으키지 못하지만 반면에 전화당은 포도당과 과당이 결합되어 있는 것이 아니어서 포도당 1번 탄소의 carbonyl group이 자유롭게 다른 물질과 결합할 수 있어서 마이얄 반응과 같은 여러 화학반응에 관여할 수 있다.

⑥ 솔비톨 (sorbitol)

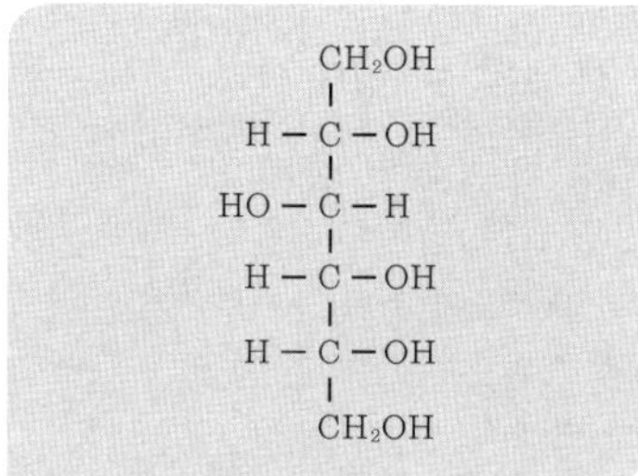

그림 8-1▶ Sorbitol의 화학적 구조

위의 구조에서 보듯이 포도당의 carbonyl group을 수소화시켜서 만드는 것으로 단맛 자체는 약하나 상쾌한 맛을 소비자에게 줄 수 있다. 수분흡수 능력이 우수한 솔비톨이 주목받는 이유는 단맛 자체 보다는 인체 내에서 흡수가 느리고 미생물에 의해서 발효가 이루어지 않아서 충치 예방 그리고 당뇨병 환자의 당 대체 물질로 사용될 수 있다는 점이다. 또한 솔비톨은 비타민의 C의 전구체인 ascorbic acid의 원료로서 사용될 수 있어 고부가가치 식품 소재로서 주목 받고 있다.

⑦ 자일리톨 (xylitol)

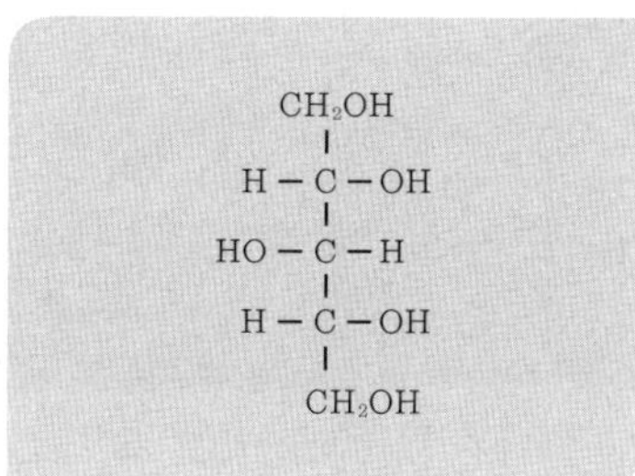

그림 8-2▶ 자일리톨의 화학적 구조

그림의 구조에서 보듯이 자일리톨은 식물체내에서 발견되는 5탄당인 자일로즈의 carbonyl group을 수소화시켜서 만드는 것으로 미생물에 의해서 발효가 이루어지지 않아서 충치를 예방하는데 사용될 수 있어서 최근에는 껌이나 사탕 등의 단맛을 필요로 하는 식품 등에 광범위하게 사용되고 있다.

(2) 단맛의 인식 기작

당류의 감미도는 일반적으로 온도와 시간에 따라 달라지지만 상대적인 감미도는 설탕의 감미도를 100으로 표시했을 때 다음과 같이 표시되는데 다른 감미료의 감미도는 연구자가 정한 조건이나 환경에 따라 달라지는 것을 확인 할 수 있다.

과당 (115-173) 〉 설탕 (100) 〉 전화당 (80-90) 〉 포도당 (64-72) 〉 유당 (27)

이러한 단맛의 상대적 감미도를 설탕을 중심으로 설정하는 이유는 설탕의 단맛은 온도와 시간에 따라 일정하기 때문이다. 이러한 단맛을 느끼는 인식 기작에 관해서는 많은 연구가 진행되고 있는데 현재까지 받아들여지고 있는 이론은 단맛을 내는 물질과 혀의 미뢰 사이에서의 수소결합이론이다(Shallenberger, 1975).

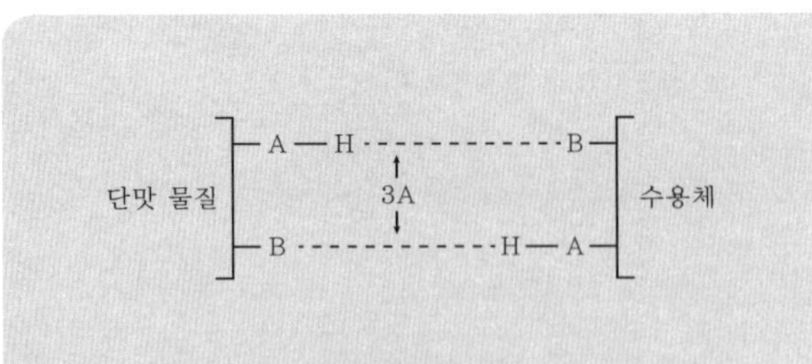

그림 8-3▶ 단맛을 느끼게 하는 수소결합이론

이 이론에 의하면 단맛을 가진 화합물 내부의 두개의 인접된 기능그룹과 혀에 있는 미뢰(taste bud) 내부의 주로 단맛을 느끼게 하는 수용체들의 기능그룹 사이의 수소결합 즉 흡착에 의하여 단맛을 느끼게 된다. 물론 수소흡착이론에 대해서도 여러 가지 반론이 있을 수 있지만 현재까지는 단맛의 인식 기작을 설명하는 가장 설득력 있는 이론으로 받아들여지고 있으며 단맛 이외에도 쓴맛도 이런 수소결합이론에 근거하여 맛을 느끼는 것으로 알려지고 있다.

2) 신맛

신맛, 즉 산미(酸味)는 기본적인 미각의 하나로 수소 이온이 혀에 주는 미각의 일종으로 산이 해리되어 생성된 수소 이온(H+)이 혀 점막에 닿으면 신맛이 느껴지며 신맛의 강도 또는 존재 유무는 수소 이온 농도에 의존한다. 신맛은 혀의 양 옆에서 가장 강하게 느껴지며 청량감을 주며 상쾌한 자극으로 식욕을 증진시킬 수 있다. 신맛은 맛의 기능 이외에도 저장성을 높여 주어서 식품의 첨가제로서 많이 사용되고 있으며 첨가제로서의 기능으로 지방과 물의 혼합물인 emulsion의 안정성을 높여주는 역할도 할 수 있다. 또한 식품 저장이나 가공 중에 발생하는 대표적인 화학반응인 갈색화 반응의 시작과 조절에 큰 영향을 줄 수 있으며 미생물의 증식을 억제하여서 식품의 저장기간을 늘려주는 역할도 할 수 있다. 이러한 긍정적인 역할로 인하여 신맛의 내는 식품들을 과거에서부터 장수 음식으로 분류하여 섭취를 권장하고 있으며 우리의 대표적인 발효식품인 김치의 건강성도 이런 신맛을 내는 물질인 유기산의 존재로 설명할 수 있다.

신맛을 내는 산의 종류로는 대표적으로 무기산과 유기산으로 구분되며 우리가 일상생활에서 접할 수 있는 신맛의 대부분은 유기산이다. 무기산의 대표적인 종류는 탄산이며 유기산에는 여러 종류가 있는데 기본적인 신맛 이외에도 음이온의 작용에 의해서 신맛 이외에도 다른 특별한 맛을 내는 숙신산(succinic acid)과 이노신산(inosinic acid)이 있고 젖산(lactic acid), 시트르산(citric acid), 타르타르산(tartaric acid)

등은 상쾌한 맛이 있으므로 청량음료를 만드는 데 사용된다.

(1) 무기산

무기산에는 탄산, 인산 그리고 염산이 있으며 신맛의 강도는 유기산에 비하여 강하나 지속성은 더 약한 특징을 가지고 있다. 이런 특징을 갖는 이유는 탄산과 같은 무기산은 기본적으로 모든 분자가 해리되어 수소이온(H+)으로 바로 역할을 할 수 있어서 혀 점막에 닿으면 일시적으로 매우 강한 신맛 또는 탄산미를 주지만 순간적으로 중화되어 버려 신맛의 지속성이 떨어지기 때문이다. 반면에 유기산은 초기의 수소이온(H+) 농도는 낮지만 지속적으로 분자가 해리되면서 수소 이온(H+)을 방출하기 때문에 초기에는 신맛의 농도가 낮지만 지속적으로 신맛을 줄 수 있는 특징이 있다. 바로 그런 이유 때문에 무기산인 탄산을 가지고 있는 대표적인 음료인 콜라는 마시는 순간 매우 강한 탄산미를 주지만 그 지속성이 짧다.

① 이산화탄소

대표적인 무기산인 이산화탄소는 공기와 탄수화물의 발효에 의해서 생산되며 수용성이 높아서 사이다, 콜라 그리고 맥주 등에 자극성 있는 신맛으로 탄산미와 같은 상쾌감을 부여한다. 이러한 신맛 부여 이외에도 미생물 생육 억제효과가 뛰어나 탄산음료의 장기저장에 긍정적인 효과를 줄 수 있다. 용해도가 높은 편이나 온도가 높으면 용해도가 떨어지는 경우가 있으므로 저장 온도에 주의할 필요가 있다.

② 인산

오산화인 P_2O_5가 수화(水和)하면 여러 종류이 산이 생기는데 이 중에서 H_3PO_4의 경우를 인산이라고 한다. 인산의 성질은 무색 · 무취의 점성도가 큰 액체이며, 농도가 높아지면 결정화하기 쉽다. 인산을 기본적으로 산 성질을 가지고 있으며 콜라에 들어있는 인산은 콜라의 독특한 맛인 톡 쏘는 맛을 내주는 역할을 하며 다른 음료수에 들어있는 구연산하고 비슷한 역할을 하고 있다. 또한 인산은 우리 몸에서 뼈를 구성하는 인(P) 성분을 공급해주기도 한다.

(2) 유기산

유기산은 용액 중에서 해리 정도가 작기 때문에 신맛의 강도는 무기산에 비하여 낮은 편이나 해리되지 않는 산 분자의 농도가 크므로 혀의 점막에서 수소 이온이 중화되어도 차례차례 수소이온을 방출하여 지속적으로 신맛을 줄 수 있다. 이러한 신맛의 특성과 신맛이 주는 상쾌감과 청량감 그리고 미생물의 생장과 여러 화학반응을 억제시켜서 식품의 저장성을 높여주는 역할 등으로 신맛을 내는 물질들은 건강상 도움을 주는 식품 첨가제로도 광범위하게 사용되고 있다.

① 초산 (acetic acid)

초산은 식초나 김치류 등에 많이 존재하고 있다. 식초는 초산 함량이 5% 내외로서 초산균을 이용하여 알콜을 발효하여 제조하는데 발효식초는 쌀, 포도 또는 맥아를 원료로 사용하고 있다. 식초는 신맛을 내는 기능, 마요네즈나 샐러드드레싱 등에 pH 조절, 계면활성제 보조 기능, 향미 부여 그리고 유화 보조제 등으로 사용되고 있다.

② 구연산 (citric acid)

구연산은 2-hydroxy-1,2,3-propanetricarboxylic acid로서 파인애플과 감귤류에 주로 함유되어 있으며 표준 산미료로 사용되고 있다. Citrate 이온 때문에 신맛이 상쾌하고 용해도가 높기 때문에 청량음료, 과일 젤리, 야채 통조림, 유제품, 마요네즈, 샐러드드레싱에 첨가된다. 또한 갈색화 반응을 억제하는 탁월한 기능을 가지고 있어서 농산물의 효소적 갈색화를 억제하는 물질로 다진 마늘 제조업체를 비롯한 여러 종류의 농산물 가공업체에서 폭넓게 사용되고 있다.

③ 사과산(hydroxy succinic acid, malic acid)

사과산은 사과, 건포도, 복숭아, 바나나, 포도, 귤, 그리고 배 등에 존재하며 맛의 지속성은 매우 큰 편이지만 신맛의 정도는 그리 강하지 못하고 구연산(succinic acid)과 매우 흡사한 상쾌한 신맛을 가지고 있다. 사과산은 마요네즈나 마가린 등에 유화 안정제 목적으로 사용되고 있으며 항산화제의 효과를 높이고 갈변 방지를 위한 첨가제로도 식품에 광범위하게 사용되고 있다. 그러나 마요네즈나 마가린 등에 유화 안정제 목적으로 지나치게 많이 사용하면 완제품에 신맛을 너무 강하게 주어서 품질을 떨어뜨리는 경우도 과거에는 있었으나 최근에는 사과산 이외에도 다른 유화 안정물질이나 조건을 만들어주어서 이런 경우는 많이 감소하였다.

④ 주석산(tartaric acid)

포도, 레몬 그리고 오렌지 등의 신맛을 나타내는 물질로서 강한 떫은맛을 가지고 있다. 포도 주스 밑에 가라앉는 주석으로도 알려져 있는 물질로 물이나 알콜에 잘 녹아 떫은맛을 동반하는 신맛을 가지고 있다. 구연산보다 신맛이 약 20% 정도 높으며 맛이 상쾌하고 공기 및 빛에 안정하고 흡습성도 좋아서 포도 음료, 청량음료, 과실주, 캔디 그리고 아이스크림 등에 사용되고 있다. 포도의 신맛과 같아서 청량음료수, 과즙, 캔디, 젤리, 잼, 소스, 과일주, 아이스크림 등에 사용된다. 청량음료수에는 0.1~0.2%를 첨가하나 단독으로 사용되는 일은 적고, 구연산, 사과산 등과 병용하는 수가 많으며 이것은 특히 포도 주스의 산미료로 적당하다.

⑤ 젖산(2-hydroxypropionic acid, lactic acid)

유산균 등이 대사 과정에서 만들어 내는 것이 젖산이며 요구르트와 같은 유산균발효

식품에 많이 들어있다. 자연적으로 청주나 장류 등에도 많이 함유되어 있으며 공업적으로는 당질을 원료로 유산균으로 발효하여 얻는 경우가 많다. 약간은 떫은맛을 주고 있으며 신맛은 구연산보다 10% 정도 높다. 발효양조식품, 유제품 등에는 신맛을 부여하고 청량음료, 간장, 젖산균 음료 등에는 미생물 오염방지 목적으로 사용된다. 또한 주스, 빵, 축산 가공품, 아이스크림, 치즈 그리고 단무지 등에는 신맛과 미생물 생육 억제 그리고 갈색변화 억제기능을 위해서 사용되고 있다.

⑥ 호박산(succinic acid)

호박산은 호박을 건조시키거나 주석산을 발효시켜서 만든 유기산으로서 호박산은 상쾌한 신맛을 내는 물질이다. 화학식은 $HOOCCH_2CH_2COOH$이며 무색의 결정으로 분자량 118.09g/mol, 녹는점 185℃, 끓는점 235℃, 비중 1.564이다. 호박 속에 호박산의 전구물질이 존재하며 사과나 딸기 그리고 매실 등에 많이 존재하고 있다. 기능상으로는 글루탐산나트륨과 혼합하여 조미료로도 사용되고 있으며 생체 내에서는 산화·환원 과정에서 중요한 위치를 차지하고 있다. 또한 숙취 해소에 좋은 기능성으로 최근에는 다양한 건강식품으로 개발이 추진되고 있다.

3) 짠맛

짠맛은 혀의 전면에서 잘 느껴지는데 순수한 짠맛은 식염만이 나타내는 맛이며, 다른 염류는 모두 쓴맛과 떫은맛 등과 복합된 맛이다. 음식 중의 짠맛은 생리적으로 가장 중요한 체액의 삼투압을 유지시키므로 조미상 필수적인 것이다. 이처럼 짠맛은 음식의 맛을 맞출 때 가장 기본이 되는 맛인데 그것은 짠맛 자체의 중요성은 물론이고 발효식품이 많은 우리 식생활에서 짠맛 즉 염의 정도에 따라 발효 패턴이 달라져서 전체적인 음식의 맛에 큰 영향을 주기 때문이다. 또한 소금 맛은 단맛·신맛·쓴맛 등의 미각의 성질과 비교하면 온도나 다른 주변 식품에 의한 영향이 가장 적고 또 그 맛이 일정하다는 점이 특징이다. 소금 맛은 예민하여 맛볼 때는 식염의 1.5 mg이라도 짠맛을 알 수 있으며 물에 녹인 경우는 0.5%정도에도 맛을 느낀다.

짠맛을 내는 물질에는 NaCl, KCl, NH_4Cl, LiCl, $MgCl_2$, NaI 그리고 NaBr과 같은 중성염이 대부분인데 염의 음이온에 의하여 짠맛이 결정되는데 분자량이 커질수록 쓴 맛도 생긴다. 이중에서 대표적인 짠맛은 우리가 소금이라고 부르는 NaCl의 맛이다.

(1) 염화나트륨 (sodium chloride, NaCl)

짠맛의 대표 물질로서 NaCl의 Na^+와 Cl^-으로의 해리시 Cl^-에 의해 짠맛이 나타나며 Na^+는 짠맛을 더욱 강하게 하여 주고 심하면 쓴맛으로 느끼게 한다. 짠맛은 맛 그 자체로서의 역할뿐만 아니라 발효식품이 중요한 식품 자원인 우리에게 있어서는 발효 정도를 좌우하며 그로 인하여 발생되는 유기산의 정도와 탄산미에 영향을 미쳐 식품의 맛에 중요한 변화요인이 될 수 있다. 또한 NaCl은 수분함량을 저하시키거나 단백질 분해 효소의 작용을 억제하는 방법으로 미생물의 생육을 억제하여 식품의 저장기간을 늘리는데도 큰 역할을 한다. 소금은 체내에서는 수화된 형태, 즉 hydrated sodium ion(NaOH)의 형태로 존재하여서 수분이 체외로 자유롭게 나가는 것을 억제하여 체내 수분 조절의 역할도 수행하고 있다. 그러나 지나친 소금의 섭취는 혈압을 높이고 체중을 증가시키고 심장과 신장의 피로도를 높여서 여러 성인병의 원인이 되기도 하여 적절한 섭취가 필요하다. 특히 우리의 식생활에서처럼 김치나 유탕면의 다량 소비 형태는 결과적으로 소금의 섭취를 증가시키는 요인으로 작용하고 있어서 세심한 주의가 요구된다. 따라서 최근에는 이러한 문제를 일부 해결하고자 신장에 무리는 주는 것으로 알려진 나트륨(Na) 성분 대신 칼륨(Potassium, K)으로 대체된 KCl이 건강식품 시장에 선보이고 있으며 sodium malate나 sodium gluconate 등도 부분적으로 기존의 소금을 대체할 수 있는 물질로 거론되고 있다.

(2) 염화칼륨 (potassium chloride, KCl)

보통의 식용 소금에는 나트륨의 함량이 88%로 이 나트륨은 고혈압, 심장병, 뇌졸중 등을 유발할 수 있다. 소금을 많이 섭취하는 식습관을 가진 우리나라에서는 최근에 소금의 짠맛을 유지하면서 염화칼륨을 첨가하여 나트륨의 함량을 28~60% 줄인 저농도 나트륨 소금이 인기를 얻고 있다.

앞에서 언급한 대로 나트륨(Na)은 물을 끌어당기는 성질이 있어 혈압을 상승시키나, 칼륨(K)은 몸속의 나트륨(Na)을 소변으로 배출시켜 혈압을 낮추는 효과를 줄 수 있어서 부분적으로 긍정적이다. 그러나 칼륨의 과잉섭취는 혈중 내 칼륨치를 높여 호흡곤란, 가슴통증, 심장마비 등을 일으킬 수 있어 매우 위험할 수 있다는 보고가 있으므로 일반 소비자를 대상으로 하는 폭 넓은 사용 확대에는 어려움이 있다.

4) 쓴맛

쓴맛은 주로 혀의 깊은 곳에서 느끼며, 미각 중 가장 예민한 것으로 알려지고 있다. 다른 기본적 맛에 비하면 미각을 느낄 때까지의 시간이 길고, 또한 맛이 오래 남아서 없어지기 어려운 특징이 있다. 쓴맛은 기본적으로는 해당 음식의 기호성을 감소시키지만 일부 식품에 미량 존재 시에는 일부 기호성을 증대시키는 효과도 있는 것으로 알려지고 있으며 초콜릿, 차, 커피 그리고 맥주 등에 존재하고 있다. 쓴맛의 뒷맛을 없애는 데는 단맛이 효과적이다. 쓴맛은 다른 맛에 소량을 첨가하면 맛이 달라지는데, 맥주의 홉, 커피, 차의 쓴맛 등이 그 예이다. 쓴맛은 온도에도 민감하게 반응하며 온도가 높을수록 쓴맛은 감소하는 경향을 보여주고 반대로 온도가 내려가면서 쓴맛의 정도가 높아지는 모습을 보여준다. 실제로 한약 등은 식은 후에 마시면 쓴맛이 더해지기 때문에 따뜻할 때 한약을 마시라는 것도 바로 이러한 이유 때문이다. 대표적인 성분으로는 마그네슘, 칼슘 등의 무기염, 알칼로이드, 배당체 등의 유기물질이 있다.

(1) Alkaloid

식물체 속에 있는 함질소 염기성 물질로서 quinine(해열제), strychnine(흥분제) 그리고 caffeine(차, 커피) 등이 여기에 해당된다. 물론 커피의 경우 쓴맛의 주된 성분이 카페인뿐만이 아니라 또 다른 함질소 염기성 물질인 트리고넬린(trigonelline) 그리고 클로로제닉산(chlorogenic acid)와 같은 폴리페놀 화합물, 그리고 리멜라노이딘(melanoidin)으로 최근에 보고되고 있지만 그래도 쓴맛을 내는 알카로이드 물질인 카페인의 기여도는 10~30% 정도에 이르고 있다.

오이에서도 가끔 쓴맛이 나는데 그것은 알카로이드의 일종인 에라테린(elaterin)이란 물질이 들어있기 때문이다. 이 물질은 줄기를 통해 오이로 운반되기 때문에 꼭지부분이 더 쓰고 껍질에 가까울수록 쓴 정도가 심하다. 가뭄이 심할수록 에라테린의 생성량이 증가하고 따라서 오이도 더 쓴맛을 내는 것으로 알려져 있다.

(2) 배당체

감귤류나 자몽과 같은 과일이나 일부 채소에 존재하는 물질로서 단맛과 쓴맛의 밀접한 관계를 보여주는 좋은 사례라 할 수 있다.

감귤류에 있는 naringin이나 양파에 존재하는 quercetin, 자몽에 존재하는 limo-nine 성분 그리고 오이 꼭지 부분의 cucurbitacin 등이 배당체로서 쓴맛을 내는 물질에 해당된다. 이런 물질은 과실류가 익어감에 따라 그 양이 감소되지만 궁극적으로는 소비자에게 특유의 쓴맛을 주거나 통조림이나 주스로 가공시 쓴맛의 원인이 된다. 자몽의 경우를 보면 함유되어 있는 limonine lactone 성분이 가공 중 유기산에 의하여 가수분해되면서 쓴맛을 내는 limonine 성분으로 변하게 된다. 이러한 성질은 자몽의 여러 가공품 생산에 부정적인 영향을 주어서 이를 해소하기 위한 많은 연구가 진행되어 왔으나 최근에는 오히려 웰빙 바람으로 이런 쓴맛의 특성이 소비자에게 매력적으로 부각되고 있다.

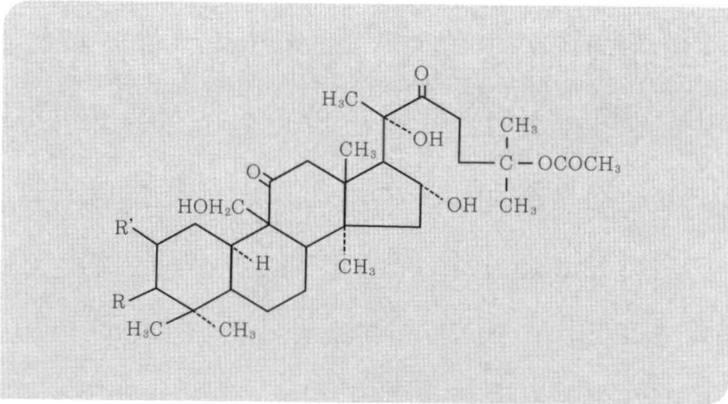

그림 8-4▶ 당이 제거된 cucurbitacin의 구조

(3) 아미노산

아미노산은 존재하는 이성질체의 종류에 따라 단맛을 낼 수도 그리고 쓴맛을 낼 수도 있다. 즉 D형은 단맛을 내는데 비하여 L형은 쓴맛을 낼 수 있으며 leucine, iso-leucine, arginine, methionine, phenylalanine, tryptophan, valine 그리고 proline 등이 여기에 해당된다. 예를 들어서 화학식은 $C_5H_9NO_2$이고 아미노기 $-NH_2$ 대신 2차 아미노기 NH를 가지는 아미노산인 프롤린(proline)은 그 자체에 맛이 있어 L형은 약한 단맛, D형은 좀 쓴맛이 있다. 또한 프롤린과 당을 가열하면 아미노카르보닐 반응을 일으켜 좋은 향기를 내며 갈색이 되므로 빵을 만들 때 프롤린을 첨가하여 맛을 내는 데 이용한다. 또 다른 아미노산인 발린은 분자식 $C_5H_{11}NO_2$이고 분자량은 117.15이다. 발린은 탈아미노화합물인 α-케토이소발레르산에서 생성되는데, α-케토이소발레르산은 류신이나 판토텐산의 판토산 부분의 전구체이기도 하다. 천연 L 발린은 단맛 이외에 쓴맛도 있지만, 합성 D형 발린은 단맛이 강하다.

5) 매운 맛

매운 맛은 미각 신경을 강하게 자극하여 생기는 일종의 통각으로, 적당한 매운 맛은 미각을 자극하여 식욕을 증진시키는 경우도 있다. 우리에게 대표적인 매운 맛 성분으로는 고추의 capsaicin 성분을 들 수 있는데 이 외에도 마늘의 알리신(allicin)과 같은 황화합물이나 일부 방향족 화합물이 매운 맛을 내는 성분을 가지고 있다. 생강의 경우는 진저롤(gingerol) 진저론(gingerone) 같은 성분이 매운 맛을 내는 역할을 하고 있으며 후추에는 차비신(chavicin)이라는 성분이 매운 맛을 낸다. 매운 맛을 내는 또 다른 성분인 시니그린(sinigrin)과 아이소싸이오사이아네이트(isothiocyanate)는 겨자, 갓, 고추냉이 같은 식물에 함유되어 있다.

(1) 캡사이신 (Capsaicin)

화학식은 $C_{18}H_{27}NO_3$이며 알칼로이드의 일종으로, 고추의 매운 맛을 내는 성분이다. 고추씨에 가장 많이 함유되어 있으며, 껍질에도 존재하고 있다. 대표적인 매운 맛 성분으로 고추에 들어있는 capsaicin은 고추 함량의 0.2에서 0.4 % 정도를 차지하고 있으며 김치의 매운 맛을 결정하고 성분으로 알려져 있다. 다양한 산지에서 공급되는 다양한 매운 맛의 특성을 가진 고추를 이용하면서도 대량생산되는 김치의 매운 맛을 일정하게 유지하는 방법은 고추의 함량을 조절하는 것이 아니라 고추의 capsaicin 함량을 파악하여 김치 양념의 capsaicin 함량을 일정하게 유지하는 방법을 사용하고 있기 때문이다.

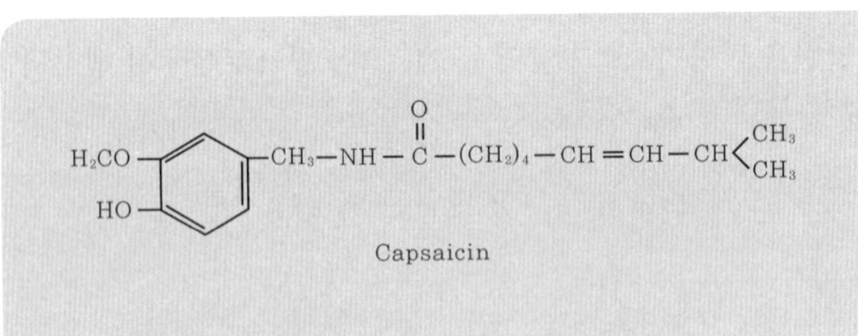

그림 8-5▶ 캡사이신(Capsaicin)의 구조

(2) 황화합물

황화합물로서 매운 맛을 내는 성분에는 겨자와 양파가 대표적인데 양파에는 주로 이황화프로필과 황화알릴(allyl sulfide)이 매운 맛을 주고 있으며 겨자에는 아이소싸이오사이아네이트(isothiocyanate)라는 성분이 있어서 매운 맛을 내고 있다.

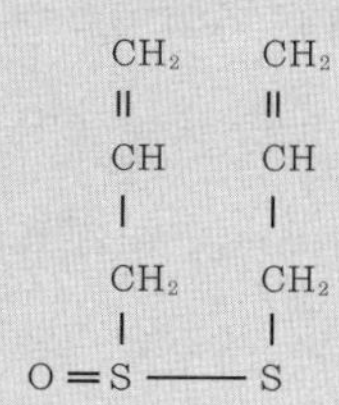

그림 8-6▶ allcin(allythiosulfinate)의 구조

(3) 방향족 aldehyde 및 ketone류

생강에 들어 있는 유사 성분들인 진저롤(gingerol), 진저론(gingerone) 등은 매운 맛을 내는데 이 물질은 다음과 같이 방향족 알데하이드 및 케톤 구조를 가지고 있다.

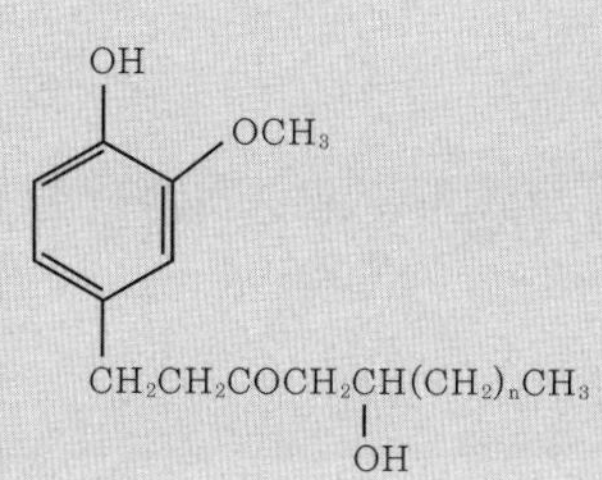

그림 8-7▶ 진저롤(gingerol)의 구조

6) 맛난 맛

다시마나 멸치를 가열하면 기본적인 단맛, 신맛, 쓴맛, 짠맛 이외에도 맛난 맛이라는 제5의 맛을 느끼게 되는데 이 맛을 맛난 맛이라고 정의하고 있으며 기본적으로 다시마 맛을 지니고 L-monosodium glutamate(MSG)로서 맛의 강도가 강하다.

맛난 맛은 다른 말로는 지미(脂味) 또는 감칠맛이라고도 표현하는데, 이는 아미노산 중에서 글루타민산 만들어내는 맛이다. 자연적으로 이 맛은 다시마에서 발견되었으며 이를 이용하여 조미료를 만들게 되었으며 가정에서 만드는 육수도 결국은 천연 조미료의 일종으로 보면된다. 이러한 조미료에 대한 수요가 높아지고 대량생산 기술이 발전하면서 일본에서 조미료를 화학적으로 대량생산하게 되었으며 이렇게 화학적으로 만들어진 감칠맛 나는 조미료를 MSG(Mono Sodium Glutamate)라고 한다. 이름에서 나타나듯이 MSG는 아미노산의 일종인 글루타민산에 나트륨이 결합된 구조로 조미료가 짠맛을 내는 이유가 바로 나트륨의 존재 때문이다. 건강에 대한 관심과 조미료의 화학적 생산방법에 대한 회의감 등으로 요즘은 발효공법에 의해서 조미료를 생산하기도 하는데, 이는 발효미생물인 효모를 이용한 생산방법이다. 시중에서 발효조미료 혹은 천연조미료라는 이름으로 출시되는 제품들은 이러한 발효 공법으로 제조되는 것인데 기본 재료로는 다시마나 표고버섯 등을 사용하고 있다.

(1) MSG 추출법

맛난 맛의 기본 물질인 MSG 추출방법에는 단백질 분해법과 발효법이 있다.

① 단백질 분해법

단백질 분해법은 단백질은 염산으로 처리하여 MSG를 만드는 방법으로 분해 순서는 다음과 같다.

Protein을 HCl로 처리 → L-glutamic acid-HCl → L-glutamic acid → monosodium L-glutamate(MSG)

그러나 이 방법은 염산을 사용한다는 단점을 가지고 있고 사용한 염산이 조미료에 잔존된다는 논란이 생길 수 있다는 문제점을 가지고 있다.

② 발효법

위에서 언급한 화학적 생산방법은 조미료의 대중화를 이끄는데 기여하였지만 생산과정에서 염산을 사용한다는 점에서 많은 고민거리를 주었으며 이를 해결하기 위한 개선 방법으로 등장한 것이 바로 발효를 통한 MSG 제조방법이다. 발효법은 당을 미생물(Pseudomonas, Brevibacterim, Lactofermentum)을 이용하여 발효하여 MSG를 만들어내는 방법으로 발효 순서는 다음과 같다.

Glucose → α- ketoglutaric acid → glutamic acid(Na_2CO_3 첨가) → MSG 생성

(2) 핵산계 조미료

미생물을 이용하여 핵산을 분해했을 때 생성되는 일부 mononucleotide는 MSG와 같은 맛을 지닌다. 대표적으로 널리 쓰이고 있는 것은 sodium 5'-inosinate(5-IMP), sodium 5'-guanylate(5-GMP) 및 그들의 혼합물인 sodium 5'-ribonucleotide이다. 정제된 Glutamic acid는 다시마나 야채 등 식물성 식품에 많이 함유되고 있는 데 비하여 5'-inosinic acid는 쇠고기, 돼지고기 등의 동물성 식품에 많이 함유되고 있기 때문에 sodium glutamate의 맛난 맛을 식물성 맛난 맛, 핵산계조

미료의 맛난 맛을 동물성 맛난 맛이라고 말하는 경우도 있다. 핵산계조미료의 맛난 맛의 강도는 단독으로는 약하기 때문에 sodium glutamate와 혼합해서 만든 복합조미료로 시중에 상품화되어 있다. 즉 핵산계 조미료는 그 맛의 강도가 약하기 때문에 MSG와 혼합해서 만들어서 그 맛을 상승시키고 있다.

3. 맛의 변화요인

같은 맛이라고 하여도 느끼는 사람의 기분이나 환경에 따라 느껴지는 정도가 달라진다. 따라서 맛을 정확하게 객관적으로 평가하고 분석하는 것은 식품의 맛을 결정하고 소비자의 기호에 맞도록 제품을 생산하여 판매한다는 점에서 매우 중요한 작업이라고 할 수 있으며 이러한 변화요인들을 미리 인식하고 이해하는 것이 관능검사를 통한 맛의 정확한 평가에 매우 중요하다. 과거에는 가공식품의 맛의 평가를 객관적으로 하지 못하고 회사 사주의 뜻대로 결정해서 제품의 개발 여부를 결정하는 경우가 종종 있었다. 그러나 맛이라는 것은 매우 미묘하고 주변 환경에 영향을 많이 받을 뿐만 아니라 선진화가 될수록 각 개인의 개성이 강조되고 있기 때문에 객관적인 맛의 평가의 필요성은 매우 중요하다.

1) 맛의 역가

모든 맛을 그리고 모든 강도의 맛을 소비자 느끼는 것이 아니라 일반적으로 느낄 수 있는 최소의 맛의 감각농도가 있는데 이를 최저농도라 부른다. 즉 어떤 식품 성분의 맛을 인식할 수 있는 최저농도를 최저감응농도(threshold value)라 하며 다음의 종류가 있다.

(1) 최소감각농도

용액의 맛이 무엇인지를 분간할 수는 없으나 순수한 물과는 다르다고 느끼게 되는 최소의 농도를 말한다. 어떤 제품에 불순물이 포함되어 있는지를 확인하기 위하여 사용된다.

(2) 최소식별농도

맛의 인식 강도의 변화를 느끼게 하는 최소 단위의 농도 변화를 말하며 식품개발 시에 새로운 식품을 개발할 때 소비자가 실제로 느낄 수 있는 맛의 변화를 주기 위한 첨가량의 결정을 위해서 사용된다. 즉 매운 맛 라면을 개발한다고 하면 매운 맛의 변화를 소비자가 직접 느낄 수 있을 정도의 매운 맛 성분을 첨가해야지만 소비자가 매운 맛의 변화를 실제로 느낄 수 있다. 실제로 소비자의 요구를 반영해서 기존의 라면을 더욱 맵게 개발하고자 했을 때를 가정해 보자.

① 기존의 라면에 0.1그램의 매운 맛 성분을 추가로 첨가하고 관능검사를 실시했는데 검사결과가 기존의 라면과 매운 맛의 정도에 차이가 없다고 결과가 나왔다.
② 추가로 0.1그램의 매운 맛 성분을 첨가하고 관능검사를 실시했는데 역시 관능검사결과가 기존의 라면과 매운 맛의 정도에 차이가 없다고 결과가 나왔다.
③ 추가로 0.1그램의 매운 맛 성분을 더 첨가하고 관능검사를 실시했는데 이번에는 관능검사결과가 기존의 라면에 비해서 매운 맛의 정도가 강해졌다는 결과가 나왔다.

이 경우에 바로 0.3그램의 매운 맛이 바로 최소식별농도가 되며 기업의 입장에서는 기존의 라면보다 더 매운 맛을 만들기 원한다면 0.3그램 이상의 매운 맛 성분을 첨가해야 목표로 했던 매운 라면을 만들 수 있는 것이다. 만약에 0.2그램 이하를 첨가한다면 기존보다 더 매운 맛 라면을 만들지도 못하면서 비용만 낭비하는 결과를 초래하게 된다. 바로 이런 경우에 최소식별농도라는 개념을 효율적으로 사용할 수 있다.

(3) 최소인지농도

어떤 물질의 맛인지 정확히 감지할 수 있는 물질의 농도를 말하며 즉 단맛인지 짠맛인지를 분별할 수 있는 최소의 농도를 말한다.

(4) 한계농도

농도의 증가가 인식 강도의 증가를 더 이상 일으키지 않는 농도를 말하며, 이 이상의 농도에서는 통증이 유발된다. 한계농도는 제품개발 시에 첨가되는 맛 향상 목적의 식품첨가물질의 농도를 결정하는데 최소식별농도와 함께 많이 사용된다. 즉 첨가물의 농도를 높인다고 하여도 소비자가 더 이상 맛 변화를 느끼지 못한다면 그 한계농도 이상을 첨가할 필요가 없게 되며 원가 절감을 할 수 있게 된다.

2) 외부 환경

(1) 식품의 온도

혀는 미각을 일반적으로 10°C에서 40°C 사이에서 잘 느끼고 30°C에서 가장 민감한 것으로 알려지고 있다. 온도 상승 시에는 짠맛과 신맛의 인식정도는 높아지고 신맛은 온도 변화에 큰 영향을 받지 않는다. 그러나 단맛은 종류에 따라 온도에 따른 영향이 다른데 포도당과 맥아당은 온도 상승 시 단맛의 인식 강도도 상승하지만 과당과 유당은 오히려 감소하는 것으로 알려지고 있다. 쓴맛은 온도가 내려갈수록 일반적으로 쓴맛의 인식 강도가 높아지는 것으로 알려져 있다. 그래서 쓴 한약을 먹을 때 식어버리기 전에 먹으라는 것도 바로 쓴맛의 인식 강도를 낮추기 위한 하나의 방법으로 생각된다.

(2) 물질의 농도

물질의 농도 변화는 맛에 대한 사람들의 인식을 전혀 다르게 변경시킬 수 있는데 단맛의 농도가 너무 강할 경우 소비자들은 단맛이라는 달콤한 느낌보다는 종종 짜증을 느낄 수 있다. 그러나 이보다 더 명확하게 농도에 따라 전혀 다른 맛을 주는 경우도 있는데 Na-benzoate(벤조산의 나트륨염)가 대표적인 경우이다. 이 물질은 농도가 0.03 % 이하면 쓴맛이 강하고 농도가 0.03 % 이상이면 단맛이 강한 특징을 보여 주고 있다. 이런 현상은 단맛의 인식 기작과 쓴맛의 인식 기작이 서로 유사하며 경쟁하는 관계라는 설명을 가능하게 하고 있으나 아직은 추가적인 연구가 필요한 상황이다.

(3) 침 (saliva)

물과 점액질 그리고 전분을 말토즈(maltose)로 분해하는 소화효소인 salivary amylase를 가지고 있는 침은 식품과 접촉하여 소화되기 편하도록 분해시키는 특징을 가지고 있다. 침에는 다양한 유기산과 당을 포함하고 있으며 이로 인하여 미뢰가 맛을 느끼는 많은 변화를 줄 수 있다. 실제로 나이가 들수록 침의 분비량이 감소하여 입맛을 떨어뜨리는 경우를 주위에서 많이 볼 수 있고 피로도가 심한 경우도 식욕이 줄어드는데 이것도 침 분비가 제대로 이루어지지 않은 것이 원인으로 이해되고 있다. 또한 당뇨병 환자의 경우는 침에 당 성분의 농도가 일반인보다 높아서 실제로 식품의 단맛을 제대로 느끼지 못하고 이로 인하여 음식을 더욱 더 달게 먹으려는 경향을 가지게 된다.

(4) Age

노화에 따른 침 분비의 변화는 맛을 느끼는 정도를 둔감시키는 경우가 많아서 노인의 경우는 음식의 맛을 제대로 분간하지 못하거나 맛을 느끼는 능력이 많이 떨어지게 된다. 즉 노인의 경우 침 분비가 제대로 이루어지 않거나 혀의 미뢰 부분의 감각이 떨어져서 미각에 둔감하게 되는 경우가 많이 있으며 쉽게 피로를 느껴서 전체적인 맛의 인식 기능을 저하시키게 된다.

(5) 흡연과 질병

흡연은 혀의 미뢰 감각을 떨어뜨려 맛을 느끼는 능력을 떨어뜨리고 소화 능력도 저하시키므로 맛을 느끼는 능력 자체를 감소시킨다. 질병도 역시 몸의 피로 정도를 높이기 때문에 음식의 맛을 제대로 느끼는데 방해 요소가 된다.

3) 유전적인 요인

맛을 느끼는 정도는 유전적인 영향으로도 일부 영향을 받는다. 남자에 비하여 여자가 맛을 잘 느낀다는 보고도 일부 있지만 그것이 유전적인지 아니면 환경적인 요인에 의한 것인지는 명확하지 않다. 유전적인 요인으로 결정되는 대표적인 맛의 인식 강도의 변화사례는 미맹(taste blind)이다. PTC(phenylthiocarbamide)에 대해서 쓴맛을 느끼지 않는 사람을 미맹이라 하며 앞에서 언급한 대로 유전적 요인에 의해 결정되는 것으로 알려져 있다. 미맹의 기준을 여러 맛 중에서 쓴맛으로 정한 것은 쓴맛이 가장 민감한, 즉 최소감각농도가 다른 맛들에 비하여 낮기 때문이다. 미맹의 발생 빈도는 남녀 그리고 인종에 따라 차이를 보이는데 평균적으로 남자의 경우 25.9% 여성의 경우는 22.2%가 미맹으로 보고되고 있으며 인종에 따라서는 그 차이가 더욱 명확하다. 백인은 약 30%, 황인종은 약 15%가 미맹인데 비하여 흑인은 2~3% 정도만 미맹을 보이고 있다.

제 9 장

식품의 색소 (Food color)

식품의 색소는 food color, dye, pigments 또는 colorants라고 불리며 다음과 같이 정의할 수 있다. Color is a complex psychophysical response of light perceived by the eye 또는 ingredients that changed the hue of the product 또는 materials which creates the color 라고 표현된다. 즉 색소는 식품에 색을 부여하거나 만드는데 사용하는 물질을 말한다. 가공식품이나 신선 식품에서의 색소의 역할은 매우 중요하며 특히 소비자가 제품을 선택하는데 결정적인 역할을 하고 있으며 특히 식품의 향보다도 더욱 중요한 제품 선택 기준이 된다. 이러한 색소의 역할은 가공식품 발전과 더불어 더욱 중요한 식품의 성분으로 인식되고 있으며 천연 색소는 물론이고 인공 색소의 개발과 적용 범위는 더욱 늘어나고 있다. 우리는 전통적으로 백의민족이라는 이름에 걸맞게 다양한 색소를 식품에 적용하고 사용하는데 많은 기술적 문제점을 가지고 있었으나 최근에는 식용색소 개발 및 다양한 식품 가공조건에서의 안정적인 색소 적용기술이 급격하게 발전되고 있다. 앞으로도 식용색소 산업의 발전은 급격하게 진행될 것으로 전망되며 추가적인 많은 연구를 통하여 입만 즐거운 식품이 아닌 눈도 즐거운 식품개발이 가능할 것으로 기대된다.

이처럼 식품에서 특히 가공식품에서 중요한 색소의 기본적 기능은 다음과 같다.

1. 식품 선택의 기능
식품의 향은 제품을 선택하는데 있어서 식품의 향을 압도한다. 특히 가공식품의 경우 대부분 포장재로 밀폐되어 있어 제품의 향을 미리 느끼고 제품을 구입하기가 어려우며 또한 관능적인 여러 실험을 통해서 소비자는 식품의 색에 따라서 제품의 선택여부나 제품에 대한 선입견을 미리 결정하는 경우를 많이 보여 주고 있다.

2. 내적인 가치와 영양가와의 밀접한 관계
야채나 생선 같은 신선 식품의 경우에 소비자는 식품 색깔로 제품의 품질과 영양 가치를 판단하는 경우가 많다. 녹색과 회색의 야채를 놓고 구입 결정에 어려움을 겪는 소비자는 없을 것이다. 녹색 채소는 신선하고 영양가도 충분하지만 갈색이나 녹색이 선명하지 못한 야채에 대해서는 신선하지 않다는 선입견을 소비자가 가지고 있고 그 자체를 제품의 영양가와 연관지어서 생각함으로써 제품 구입을 하지 않을 것이다.

1. 색소의 기능

앞에서 간단하게 언급한 대로 식품에서 색소는 매우 중요한 역할을 하고 있으며 식품에 색소를 첨가하는 것은 단순하게 제품을 예쁘게 보이게 위함이 아니라 가공식품의 고유한 특징을 보호하는 것을 포함한 다음과 같은 다양한 이유를 가지고 있다

1) 식품 원래 색을 회복하기 위해서

가공식품은 가공처리 과정에서 적용되는 높은 열로 인하여 고유의 색을 손실하는 경

우가 많이 발생한다. 특히 육가공 제품의 경우 가열처리로 인하여 육제품 특유의 붉은 색은 사라지고 갈색을 띠게 되어 소비자의 제품 선호도에 좋지 않은 영향을 준다. 따라서 육가공 제품의 경우 원래의 붉은색을 띨 수 있도록 직접적인 색소첨가나 육색소 고정작업을 통하여 붉은색을 유지하도록 하는 작업을 수행한다. 또 다른 예로 대량생산되는 고추장의 경우도 제조과정에 따라 약간 검은색을 띠는 경우가 생길 수 있으며 이런 경우에 적절한 붉은 색소를 첨가함으로써 고추장 원래의 색을 소비자에게 전달 할 수 있다.

이처럼 식품의 색소 첨가는 가공 중에 발생된 색의 부정적인 변화를 최소화하기 위하여 효과적으로 사용된다.

2) 색 강도의 일관성 유지

농산물의 경우 수확하는 계절이나 해당 계절의 날씨에 따라 생산되는 작물의 색의 강도가 일정하지 않는 경우가 많이 발생한다. 이런 경우에도 소비자는 항상 일정한 품질 특히 육안으로 관찰되는 식품의 색깔은 항상 일정하기를 원하므로 가공업체에서는 이런 차이를 최소화하기 위하여 적합한 색소를 사용하여 계절별로 색에 차이가 생기는 것을 최소화 할 수 있다. 예를 들어 고춧가루의 경우 항상 같은 정도의 붉은 색을 띠는 것이 아님에도 소비자는 항상 같은 강도의 붉은 색을 기대하므로 허용되는 범위에서 적합한 색소를 첨가하여 항상 일정한 색의 강도를 유지하여 소비자에게 판매되는 것이다.

3) sun-screen effect에 의해 빛에 민감한 flavor나 비타민을 보호하기 위하여

태양 빛 특히 자외선 노출 시에는 식품의 비타민을 포함한 영양 성분 등이 파괴되는 경우가 많은데 포장재나 식품 · 의약품의 외부를 색소 물질로 코팅하여서 자외선의 출입을 차단하는 효과를 볼 수 있다. 특히 천연소재에 대한 소비자의 선호도가 높아지는 추세에서 빛에 민감한 천연 성분의 보호를 위해서는 포장재나 식품의 외부를 색소물질로 코팅하는 방법은 매우 효과적인 저장기술의 하나로 인정받고 있다. 그러나 포장재에 색소물질 코팅 시에는 소비자의 제품에 대한 시각적 선택권을 제한한다는 점에서 사용 시에는 세심한 주의가 필요하다.

4) 식품이 매력적으로 보이게 하기 위하여

식품에 색소를 첨가하는 가장 기본적인 이유는 식품을 소비자에게 선택받게 하기 위함이다. 소비자는 향보다는 시각에 더욱 민감하기 때문에 색소를 첨가해 식품을 보다 매력적으로 보이게 하는 것은 색소 첨가의 매우 중요한 역할이라고 할 수 있다. 앞에서 언급한 대로 포장재에 둘러싸여있는 가공식품의 향은 소비자가 제품을 구입하고 개봉하기 전에는 확인하기 어렵지만 제품의 색은 투명 포장재의 개발로 인하여 소비자가 육안으로 확인할 수 있다. 따라서 제품의 매력적인 시각적 모습은 소비자의 관심을 끌어서 선택받을 가능성을 높일 수 있는 것이다.

5) 식품의 고유한 특징을 보존하기 위하여 (banana milk, chocolate milk)

소비자는 특정 식품에 대한 선입견을 가지고 있다. 예를 들어서 콜라는 검은색, 딸기 우유는 붉은색, 비타민 C는 노란색 그리고 초콜릿은 검은색으로 어떤 특정 식품에 대해서는 특정한 색으로 해당 제품을 특징짓는 경향을 강하게 보이고 있다. 따라서 기업에 입장에서는 이런 소비자의 고정된 인식을 바탕으로 제품개발 시에 해당 제품으로 소비자가 인식하도록 색소를 첨가하고 있다. 바나나 우유는 노란색으로 그리고 초콜릿 우유는 검은색으로 그리고 메론 아이스크림은 멜론의 고유한 인공 색소를 첨가하여 색에 대한 제품의 고유한 특징을 유지하면서 소비자의 제품에 대한 만족도를 높여주고 있다.

6) 식품 품질의 시각적 지표로 사용하기 위하여

신선 식품이 나타내는 색소는 소비자가 제품에 대한 품질을 시각적으로 판단하는데 있어서 매우 중요한 자료이다. 파 또는 깻잎의 색소가 선명한 녹색이라는 것이 해당 제품의 신선도를 보여주는 것이라면 빨간색의 수박의 상태는 잘 익었다는 것을 소비자에게 알려 줄 수 있다. 이처럼 색소라는 것은 소비자가 직접 소비하지 않더라도 시각을 이용해서 간접적으로 품질을 확인할 수 있는 훌륭한 지표로 사용될 수 있다.

2. 색소의 종류

색소는 출발의 기원에 따라 자연 색소, 자연과 동일한 색소 그리고 인공색소로 나누어진다.

1) 자연색소 (natural color)

자연색소는 동물체(animal), 식물체(vegetable) 또는 mineral source에서 얻어지는 것으로 그 안전성이 이미 자연에서 입증된 관계로 미국 식품의약품안전청의 승인을 받을 필요가 없이 즉시 사용이 가능한 색소이다(not required to be certified for FDA(uncertified color additives)). 그러나 자연색소는 대량생산 가공식품에 광범위하게 사용되기에는 가격이 고가이고 저장 중 안전성도 높지 않아서 일반 가공식품에 대한 사용범위는 매우 제한되어 있다. 일반적으로 많이 알려진 자연색소는 아래와 같다,

(1) 카로티노이드(carotenoid)
(2) 플라보노이드(anthoxanthins 또는 flavonoid)
(3) 안토사이아닌(anthocyanin) (오렌지색, 붉은색, 파란색)

(4) 베타사이아닌 그리고 베타잔틴(betacyanin and betaxanthin(붉은색, 노란색))

(5) 클로로필(chlorophyll)

(6) 마이요글로빈(myoglobin)

2) 자연과 동일한 색소 (nature-identical color)

자연에서부터(nature source) 만들어진 색소를 말한다. 즉 자연에서 얻은 색소의 일부 성질을 변경하기 위하여 일부 가공처리하여 만든 색소로서 자연색소와 같이 미국 FDA의 승인을 받을 필요가 없다. 예를 들면 순수한 카로티노이드를 가공하여 제조한 칸타잔틴(canthaxanthin) 그리고 아포 카로티날(apo-carotenal) 등이 있다.

3) 합성색소 (synthetic color)

인공적으로 저렴한 가격으로 대량생산되는 합성색소는 식품에 광범위하게 사용되고 있으며 사용범위와 사용량에 대한 안전성의 입증이 필요하다. 식품에 광범위하게 사용되는 대표적인 인공색소로는 적색 2호(FD&C Red #2), 적색 3호(FD&C Red #3), 청색 1호(FD&C Blue #1), 청색 2호(FD&C Blue #2), 황색 5호(FD&C Yellow #5), 황색 6호(FD&C Yellow #6) 등이 있다.

3. 식품에서 중요한 색소들의 특징

1) 카로티노이드 (carotenoid)

카토티노이드는 색이 오렌지, 노란색 그리고 붉은색을 가진 물에는 녹지 않고 지방 또는 지방성 용매에 잘 녹는 구조가 서로 유사한 색소를 총칭하여 부르며 명칭은 당근(carotene)에서 유래한다. 구조상 탄소와 수소로 이루어진 카로티노이드를 카로틴 이라 하며, 구조가 탄소 수소 그리고 수산기로 이루어진 물질을 잔소필이라고 부른다.

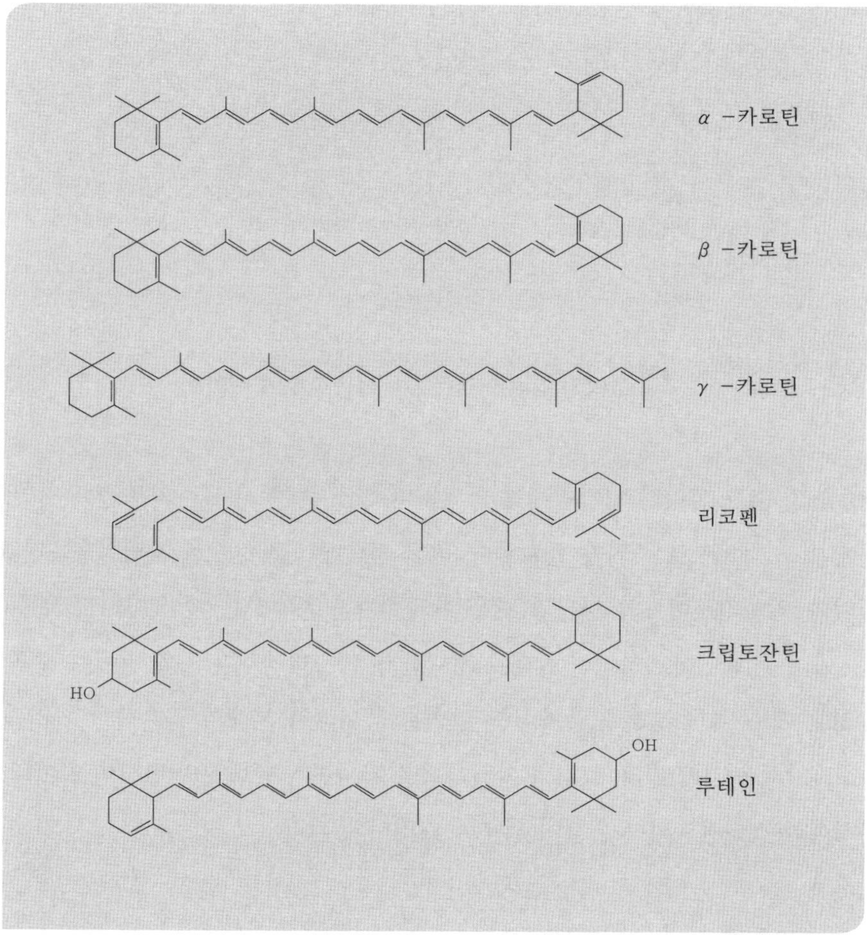

그림 9-1▶ 카로티노이드의 구조

카로티노이드는 뛰어난 색소 물질 기능뿐만 아니라 비타민 A로의 전환 능력이 뛰어나다. 베타 카로틴은 체내에서 비타민 A 두 분자로 전환되고, 알파 카로틴은 체내에서 비타민 A 한 분자로 전환된다.

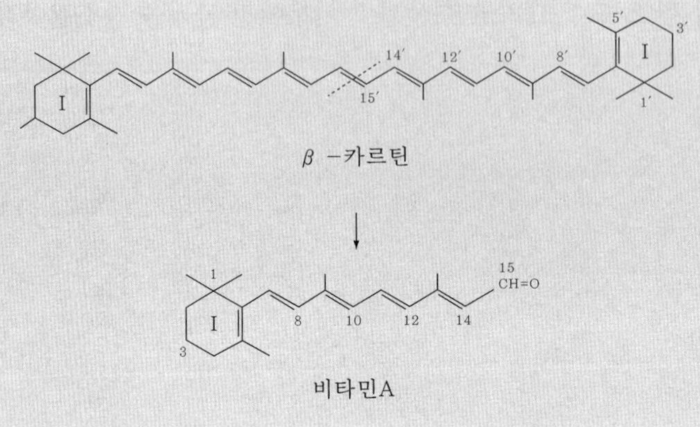

그림 9-2▶ 카로틴의 비타민 A로의 전환

물에 녹지 않고 산이나 알칼리에는 안정하며 산소 존재 시에는 자동산화 및 가열산화 등에 매우 약하므로 주의가 필요하다. 또한 광선에 민감하므로 자외선을 차단할 필요가 있다. 카로티노이드는 당근과 같은 야채류에만 존재하는 것이 아니고 새우나 게 그리고 가재 등에도 아스타잔신 형태로 존재한다. 아스타잔틴은 가열 전에는 새우나 가재 그리고 게 등에 풍부하게 존재하는 단백질에 의해서 본래의 붉은색이 가려짐으로 인해서 흑갈색을 띠게 된다. 그러나 가열과정을 거치면서 단백질의 변성이 일어나고 이로 인하여 아스타잔틴의 붉은색이 외부에 드러나게 된다.

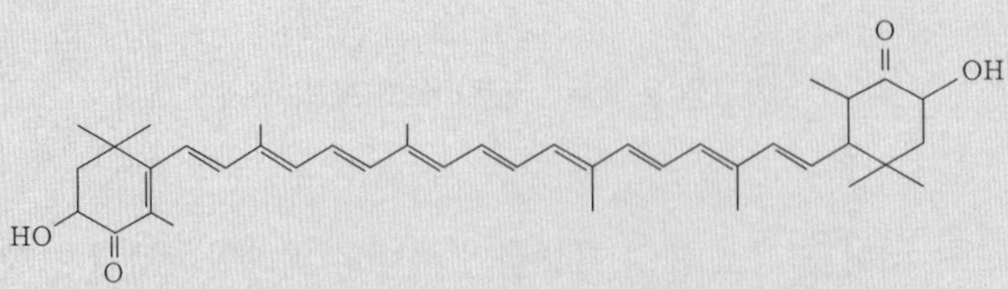

그림 9-3▶ 아스타잔틴의 구조

2) 플라보노이드 (anthoxanthins 또는 flavonoid)

플라보 노이드는 당과 결합한 상태로 다양한 식품(옥수수, 감자, 고구마, 양파)에 존재하는 황색 계통의 색소이며 수용성의 성질을 가지고 있다. 산에는 안정하나 알칼리에는 불안정하다. 가열 조리 시에는 당이 분리되며 색이 더욱 선명한 노란색을 가진다.

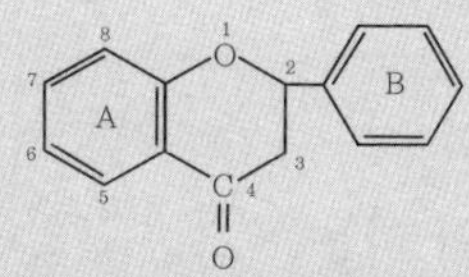

그림 9-4▶ 플라보노이드의 구조

3) anthocyanins (orange, red, blue)

플라보노이드와 같이 배당체이며 식물의 꽃이나 과실 그리고 잎, 줄기 등에 존재하며 적색, 자주색 그리고 청색을 띤다. 주로 식품에는 딸기, 포도, 검정콩, 팥 등에 존재하며 산소에 의해서 급격히 산화된다.

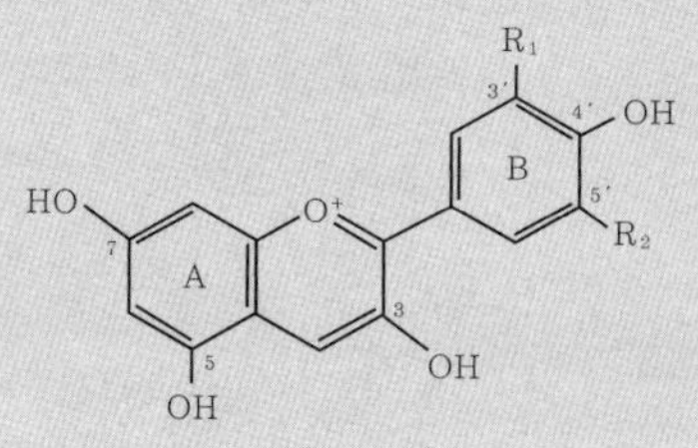

펠라고니딘(pelargonidin)	R_1 = H	R_2 = H
시아니딘(cyanidin)	R_1 = OH	R_2 = H
델피니딘(delphinidin)	R_1 = OH	R_2 = OH
페오니딘(peonidin)	R_1 = OCH_3	R_2 = H
페튜니딘(petunidin)	R_1 = OCH_3	R_2 = OH
말비딘(malvidin)	R_1 = OCH_3	R_2 = OCH_3

그림 9-5▶ 안소사이아닌의 구조

4) 클로로필 (chlorophyll)

클로로필은 아래와 같이 식물체의 광합성에 중요한 역할을 하며 식물의 잎이나 줄기에 초록색 부여한다.

$$6CO_2 + 6\ H_2O + 673\ \text{Kcal} \rightarrow C_6H_{12}O_6 + 6O2$$

(1) 구조

클로로필은 중앙에 마그네슘 2가 이온을 가지고 있는 연결된 이중결합 구조를 가지고 있으며 피톨이 연결되어 있다. 마그네슘 이온과 이중결합은 클로로필의 초록색을 띠는데 매우 중요한 역할을 하고 있으며 피톨 성분은 클로로필의 물에 녹지 않은 성질을 유지하는데 중요하다.

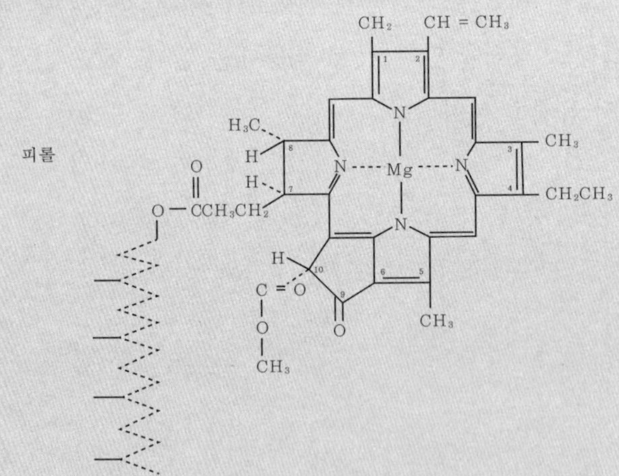

엽록소 a
(엽록소 b는 C-3 위치에 CH_3 대신 CHO가 있음)

그림 9-6▶ 클로로필의 구조

(2) 성질

클로로필은 물에 잘 녹지 않고 acetone, ether, benzene에 잘 녹는다. 클로로필의 물에 녹지 않는 성질은 클로로필의 구조 중에서 피톨의 영향으로 알려져 있으며 실제로 효소(chlorophyllase) 작용으로 피톨이 떨어져 나가면 클로로필은 물에 녹는 성질을 가지는 것으로 알려져 있다. 클로로필은 단백질과 lipoprotein에 결합되어 있어서 잠시 가열하거나 blanching시키면 더욱 진한 색을 띠며 이런 특징은 플라보노이드가 가열 시 선명한 노란색을 띠는 것과 유사하다.

(3) 저장 및 가공 중 변화

클로로필은 가공이나 저장 중 산을 만나면 Mg^{2+} 이온이 떨어져 나가면서 페오피틴(pheophytin)을 만들고 색은 갈색으로 변하게 된다. 그러나 이 경우도 피톨 성분은 그대로 가지고 있으므로 물에 녹지 않은 성질을 유지하게 된다. 지속적으로 산을 만나면 피톨 성분까지 떨어져 나가면서 페오포바디드(pheophorbide)라는 물질이 만들어지고 색은 갈색으로 그리고 물에 녹는 성질을 가지게 된다.

chlorophyll + 산 → pheophytin(갈색, 불용성) + Mg^{2+}
pheophytin(갈색) + 산 → pheophorbide(갈색, 수용성) + phytol

클로로필은 효소(chlorophyllase)를 만나면 피톨이 떨어져 나가면서 클로로필라이드(chlorophyllide)라는 청록색을 띠는 물질을 만들게 되는데 클로로필라이드는 수용성을 띠게 된다.

chlorophyll + 효소(chlorophyllase) → chlorophyllide(청록색) + phytol

(4) 가공방법을 통한 색의 안정화

클로로필이 포함된 녹색 채소는 가열을 포함한 가공이나 저장 중에 산이나 효소의 작용으로 고유의 색을 잃거나 물에 녹는 성질을 가지게 된다. 이런 변화 중에서 소비자는 색의 변화에 상당히 민감한 변화를 가지게 되는데 이런 색 변화를 막는 과정을 색의 고정화라고 한다. 앞에서 언급한 대로 클로로필이 산을 만나면 Mg^{2+}이 떨어져 나가면서 갈색을 띠는 pheophytin이라는 물질이 만들어진다. 이 마그네슘 2가 이온이 떨어져 나온 자리에 구리(Cu^{2+}) 또는 철(Fe^{2+}) 이온을 치환하여 가열 후에도 원래의 선명한 초록색을 유지하는 과정을 색의 고정화 작업이라고 한다.

(5) chlorophyll의 분해

앞에서 언급한 클로로필의 분해 과정을 몇 가지로 요약해 보면 다음과 같다.

① pheophytinization (페오피틴화 과정)

클로로필의 가장 일반적인 분해 과정이며 산이 chlorophyll의 Mg^{2+}을 대체하여 pheophytin(갈색)형성되는 것을 말한다. 산이 발생하는 경우는 건조, 데치기(blanching) 그리고 동결 등으로 조직이 파괴되기 때문이다.

② chlorophyllase activity (효소 작용)

chlorophyll이 chlorophyllase라는 효소를 만나면 수용성인 chlorophyllide와 phytol을 만들어 낸다.

③ photooxidation (광산화)

클로로필이 빛을 만나게 되면 chlorophyll 분자의 이중결합의 파괴로 인한 변색이 일어나게 된다.

(6) 조리과정에서의 변화

야채는 다양한 조리 조건을 만나게 되는데 이중에서 기본적으로 물 속에서 가열 시에는 산이 유리되면서 pheophytin으로 chlorophyll이 전환된다. 또한 클로로필의 활성을 덜 파괴하는 조리방법으로는 데치기(blanching)와 고온순간살균(HTST, hi-gh temperature and short time)이 있다. 데치기는 녹색 채소를 100℃ 정도의 온도로 수초 간 짧게 가열하는 방법으로 다른 조리과정에 비하여 pheophytin으로의 전환이 덜 되는 장점이 있다. 또한 서서히 오래 가열하는 것보다 높은 온도에서 짧게 가열하는 HTST(high temperature and short time)방법이 색 유지에 도움을 준다.

5) 마이요글로빈 (myoglobin)

식육의 붉은색은 육색소(myoglobin)나 혈색소(hemoglobin)로 인한 것인데 육류의 색은 도축 시에 혈액이 제거되므로 90%가 myoglobin에 의한 것이며 마이요글로빈의 구조는 chlorophyll과 유사하며, Mg2+대신에 Fe2+를 가진다.

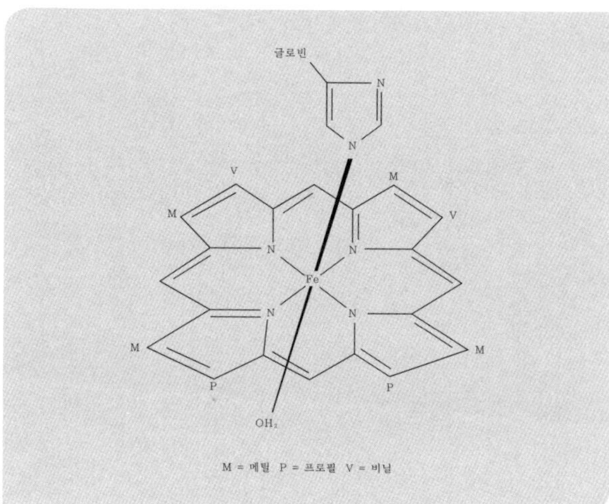

그림 9–7▶ 마이요글로빈의 구조

마이요글로빈은 처음에는 적자색을 띠다가 산소를 만나면 적자색을 띠는 옥시마이요글로빈으로 변하고 지속적인 산소 공급이 이루어지면 암갈색의 metmyoglobin (Fe^{2+}이 Fe^{3+}로 변환)으로 구조변화가 일어난다. 또한 가열하면 글로빈이 변성 분리되면서 Fe^{2+}이온이 Fe^{3+}이온으로 변환되면서 갈색으로 색 변화가 일어난다. 따라서 육가공 제품개발 시에는 갈색화를 방지하는 색 고정화 작업이 필요하다. 갈색화 방지를 위해서는 아질산염(KNO_3, $NaNO_2$)을 첨가하고 첨가된 아질산염은 저장 중 고기에 있는 젖산에 의해서 아질산(HNO_2)으로 전환되면서 환원제를 만나서 니트로소마이요글로빈(nitrosomyoglobin)으로 구조변화가 일어나며 이를 가열하면 니트로소마이크로모겐(nitrosomychromogen)이라는 선홍색을 띤 물질로 변경된다.

제 10 장

가열에 의한 식품가공

식량의 장기저장은 안정적인 삶을 영위하기 위한 인류의 오랜 숙원이었으며 이를 이루기 위한 많은 노력들이 이루어져 왔다. 소금을 사용한 방법, 건조를 이용한 방법 그리고 불을 사용한 이후부터 등장한 가열을 통한 식품의 장기저장 방법은 우리의 음식문화를 기본적으로 바꾸는 중요한 계기가 되었다. 장기저장 기술의 발전은 식품을 한 번에 대량으로 만들어 저장하면서 사용할 수 있는 식품의 대량생산 체제를 가능하게 하였으며 이를 통하여 우리의 생활 방식은 기초적인 먹거리 마련에 대한 부담감을 덜고 다른 부분에 남은 시간을 집중하는 생활 방식으로 발전하게 되었다.

여러 저장기술 중에서 가장 효과적이고 광범위하게 사용되는 방법은 가열에 의한 식품가공 및 저장방법이다. 가열을 통한 식품의 장기저장 방법은 오랜 시간 동안 사용되어 온 고전적인 방법으로 미생물의 사멸을 통해 저장기간을 증대시킨다. 그러나 식품에 가열을 할 경우에는 미생물, 효소, 독소 성분 파괴를 통한 식품의 저장기간 증대라는 긍정적인 효과와 함께 해당 식품의 영양 성분, 색소, 조직 그리고 향미 성분 파괴로 인한 품질저하를 유발하는 단점도 지적되고 있다. 따라서 긍정적인 효과를 극대화시키면서 부정적인 효과를 줄일 수 있는 최적의 가열살균 조건설정이 매우 중요하다고 할 수 있다. 이를 달성하기 위하여 우리는 가열의 기본 원리를 이해함과 동시에 이를 바탕으로 한 여러 가공방법을 다양한 식품개발에 적용하는 것이 필요하며 결국 이것은 소비자의 가공식품에 대한 만족도를 높여 식품산업 발전과 우리의 식생활 개선에 기여할 것으로 생각된다.

1. 열처리 온도에 따른 가열의 종류

열처리 온도에 따라 저온 살균과 고온 살균으로 나누어지고 있으나 현재는 다양한 가공방법의 발전으로 경계가 모호해지고 있다. 1980년대에는 우유의 가열 온도를 가지고 우유업체 간 치열한 경쟁이 벌어지곤 하였다. 당시에 저온 살균을 주장하는 업체는 저온 살균을 통하여 우유의 영양소를 지킬 수 있다고 논리를 가지고 있으며 고온 살균을 주장하는 업체는 고온 살균을 통하여 미생물을 확실히 사멸시킬 수 있다고 주장하여 당시에는 소비자들의 많은 관심을 얻기도 하였다.

물론 가열시간이 동일하다면 가열 온도가 낮을수록 품질변화를 고온 가열보다 최소화할 수 있다. 그러나 현재의 가열 조건의 변화 추세를 보면 저온 장시간 살균보다는 고온 단시간 살균 방향으로 기술개발이 이루어지고 있으며 품질변화도 최소화되는 것으로 알려지고 있다. 그것은 살균 정도가 정해진 상황에서 가열 온도가 높을수록 정해진 살균 정도에 도달하는 시간이 저온 살균에 비하여 줄어들어 결과적으로 가열시간이 줄어들어 품질변화를 최소화 할 수 있다.

1) 저온 살균 (pasteurization)

섭씨 100도 이하에서 살균하는 경우는 영양 성분 파괴를 최소화할 수 있으며, 병원성 미생물, 효모, 곰팡이 등의 미생물 살균은 가능하지만 포자 형성 미생물은 사멸하지 못한다. 따라서 미생물 오염의 문제가 발생할 가능성이 있으며 정해진 살균 정도를 얻기 위한 가열시간이 길어져 오히려 영양 성분 파괴가 증가 될 수 도 있다.

2) 고온 살균 (sterilization)

섭씨 100도 이상으로 가열살균하는 경우는 기본적으로 모든 미생물을 완전히 사멸시키는 것이 목표라고 할 수 있다. 그러나 모든 미생물을 완전 살균한다는 것은 현실적으로 불가능하고 또한 모든 미생물을 살균하기 위해서는 장시간 고온 살균이 필요한데 그럴 경우에는 식품의 영양 성분 파괴의 문제점을 지적할 수 있다. 따라서 병원성 미생물 사멸에 초점을 맞추고 모든 미생물의 사멸 보다는 식품의 가치를 보존하는 살균방법, 즉 상업적 살균이 현실적으로 적용되는 살균방법이라고 할 수 있다.

3) 상업적 살균 (commercial sterilization)

가열가공을 통한 식품의 장기저장 방법은 앞에서 언급한 대로 저장기간 증가라는 장점과 품질저하라는 단점을 명확하게 가지고 있다. 따라서 이 둘을 잘 조화롭게 만드는 가공방법이 필요한데 이것이 현재 식품 업계에서 대부분 사용하는 상업적 살균이다. 상업적 살균이란 식품이 정상적으로 소비되는 환경에서는 식품이 변질되지 않는 조건을 유지하면서 품질을 최대한 지켜주는 가공방법이라 할 수 있다. 실제로 많이 사용되는 상업적 살균은 저장조건과도 밀접하게 연결되어 있는데, 예를 들면 냉장 주스가 여기에 해당된다. 주스는 완전 살균하면 미생물 사멸로 인하여 오랜 시간 동안 저장할 수 있고 냉장보관이 아닌 상온보관도 가능하다. 그러나 오랜 살균으로 인하여 주스의 품질과 영양저하가 심각하게 발생하여 소비자의 주스에 대한 선호도를 떨어뜨리게 된다. 그러나 냉장보관이 철저하게 지켜지는 유통조건이라면 주스 제품을 짧은 시간 동안만 가열하여서 병원성 미생물만 살균하고 일반 세균이 번식할 수 없는 냉장조건에 보관함으로써 적정한 수준의 저장기간은 유지하면서도 소비자에 높은 품질과 영양을 전달 할 수 있는 것이다. 바로 이 방법이 상업적 살균이라는 것으로 이 방법을 적용하기 위해서는 냉장조건이 잘 유지될 뿐만 아니라 포장재를 제품에 적합하게 잘 적용하고 설탕과 같은 저장에 도움을 주는 물질을 일부 첨가하는 등의 보조적인 노력이 필요하다. 실제로 우리가 마트에 가서 주스를 구입할 때 저장기간이 긴 상온보관 주스보다는 저장기간이 짧은 냉장보관 주스의 품질이 좋은 이유도 바로 이러한 살균방법의 차이에 기인한다.

또 다른 상업적 살균의 예는 살균지수의 적용의 경우이다. 일반적으로 공장에 살균을 할 때는 살균정도, 즉 살균지수를 정한다. 예를 들면 살균지수 12라는 것은 식품 1조개 제품 중에 하나가 오염된다는 말이다. 즉 어떤 정해진 살균조건에서 제품을 가열했을 때 1조개의 제품 중에 하나가 오염되는 것은 허용한다는 말이다. 물론 모든 제품을 완벽하게 살균할 수도 있지만 그러면 품질저하가 너무 심하기 때문에 이런 지수를 정해서 사용하는 것이다. 그러면 완전 살균에 비해서는 가열온도나 시간을 완화시킬 수 있기 때문이다. 그렇다면 과연 살균지수 12라는 것은 과연 어느 정도의 살균정도일까? 살균지수 12를 다른 말로 설명하면 10억 인구가 1000년 동안 해당 식품을 먹었을 때 그 중 단 한 개만이 오염될 확률이라는 것이다. 우리나라 인구로 치면 5000만 인구가 1000년×20년 동안 이 식품을 섭취했을 때 그 중 하나가 오염될 확률로 설명할 수도 있다. 보다 좋은 품질을 위해서 이 정도의 작은 오염 가능성을 허용하는 것에 대해 여러분은 어떻게 생각하는지 궁금합니다. 저는 품질을 위해서라면 이런 작은 오염 가능성은 양보할 생각을 가지고 있습니다.

2. 가공방법에 따른 가열의 종류

1) 통조림

건조에 의한 방법이 원료의 관점에서 주로 이루어지고 있다면 여기에 가열과 식품 용기를 더하여 대량생산의 산업화가 가장 먼저 이루어진 분야가 통조림이라고 할 수 있다. 일반적으로 통조림이라고 하면 steel · 알루미늄에 제품을 가열처리 후 충진 하는 과정을 거치는 것을 말하는데 유리병에 충진하는 경우도 종종 있다.

통조림과 병조림의 제조공정은 아래와 같으며 업체마다 약간의 차이가 있을 수 있다.

양철관 (steel · 알루미늄)이나 유리병 등의 용기에 식품을 충진한다

⇩

탈기(내용물의 품질보호)

⇩

밀봉(외부 미생물 침입 방지)

⇩

가열살균(장기저장)

⇩

급속 냉각

(1) 장단점

통조림이나 병조림은 제조공정에서 재료를 가열하여 식품으로 만들고 이를 완전 차단성 용기에 충진한 후 밀폐하고 다시 가열하는 과정을 거치기 때문에 다른 식품에 비하여 저장기간이 월등하다. 또한 내용물은 이미 조리가 된 상태이기 때문에 필요에 따라 내용물을 조리 · 가공하지 않고 그대로 이용도 가능하다. 보관 중에도 외부 오염물질이나 병원성 미생물의 침투를 막을 수 있고 운반도 용이하고 쉽게 개봉해서 사용할 수 있는 장점이 있을 수 있다. 반면에 통조림이나 병조림은 조리 및 탈기 과정뿐만 아니라 밀봉 후 다시 가열하는 등 여러 차례의 가열 및 재가열 과정을 거치기 때문에 소비자에게 전달되는 최종 식품의 품질은 저하될 가능성이 많다.

(2) 용기의 특징

통조림에 사용되는 용기 중에서 대표적인 금속은 알루미늄 캔과 steel can이라고 할 수 있다. 일반적으로 금속은 산소 등의 기체, 수분 및 광선을 완벽하게 차단할 수 있어 제품의 품질을 장기간 보존하는데 장점을 가지고 있으나 반대로 불투명이어서 제품 내용물을 보여줄 수 없어 시각적인 효과를 기대할 수 없는 단점도 가지고 있다. 또한 내열성 및 열 및 전기 전도성이 우수한 특징을 가지고 있어 가열 · 냉각 조작이 용이하다. 금속은 다른 재료와의 복합화가 가능하고 기계적 강도가 우수한 장점을 가지고 있어 운반 및 포장 작업이 용이한 장점을 가지고 있다. 또한 대량생산과 규격화가 가능하여 가격 경쟁력도 우수한 경제적인 장점도 가지고 있으며 환경적인 면에서도 재활용도가 높은 장점을 가지고 있다. 그러나 개봉이 용이하지 않은 점과 산성 식품에 접촉 시 녹이 생기는 단점, 그리고 금속 냄새가 제품의 향미에 영향을 주는 단점도 있으나 맥주관이나 탄산음료에 광범위하게 사용되는 알루미늄 캔의 경우는 이런 단점을 해소하여 녹이 잘 생기지 않고 독성도 적어 위생상 안전하고 금속 냄새도 적어 향에 민감한 제품에 적합하다. 알루미늄 캔은 open이 용이하고 비중이 가벼워 소비자가 이용하기도 편리한 장점을 가지고 있다. 그러나 납땜이 잘 안 되는 점과 제조비용이 상대적으로 steel can보다 높은 점이 단점으로 지적되고 있으며 두께에 따라 pin-hole이 발생하여 외부요인에 대한 저장성이 저하되는 경우가 있어 제조 및 사용에 주의가 필요하다.

포장재로서 유리병은 금속 용기에 비하여 몇 가지 다른 점이 있는데 가장 큰 차이점은 투명하여 내용물의 투시가 가능하다는 점이다. 따라서 내용물의 색이 중요한 제품의 경우에는 소비자에게 제품을 매력적으로 보이게 할 수 있을 뿐만 아니라 유리 재질 자체도 고급스러운 이미지를 소비자에게 줄 수 있다. 식품의 안전적인 측면에서도 유리 용기가 식품과 반응하지 않아 용기의 유해성 및 포장재에 의한 품질 가능성이 적다. 또한 환경적인 면에서도 중금속 이온 용출이 없어 안전하고 재사용이 가능한 장점을 가지고 있다. 그러나 가공 도중이나 운송 중 파손이 쉬운 면도 있고 중량도 있어 포장 및 수송 경비가 많이 들고 또 금속에 비하여 열전도도가 상대적으로 떨어지는 단점이 있다. 또한 투명함으로 인하여 광선에 의한 식품 내용물의 변색 가능성이 높은 점도 지적되고 있으며, 이를 완화하기 위하여 여러 가지 착색제를 사용하고 있으나 이런 경우에 유리 용기의 재활용에 부담을 주고 있다.

(3) 제조공정

통조림과 병조림의 기본 제조공정은 아래와 같다.

원료의 조리 → 충진(담기) → 탈기 → 밀봉 → 가열살균 → 냉각

우선 원료를 조리한 후 용기에 담는 충진 과정을 거치게 된다. 충진된 제품과 용기 사이에는 공기 특히 잔존 산소가 존재하게 되고 식품 조직의 일부에도 잔존 산소가 존재하게 된다. 따라서 제품의 저장기간을 증가시키고 제조공정을 보다 용이하게 만들기 위해서 잔존 기체 성분을 제거해야 하는데 이 과정을 탈기라고 한다.

① 탈기의 의미

식품 조직 내에 잔존하고 있는 산소를 제거하고 또한 충진된 식품과 용기 사이의 빈 공간에 존재하는 잔존 기체를 제거하는 과정을 탈기라고 한다. 이런 탈기 과정을 통하여 식품 저장성 측면에서는 호기성 세균의 발육을 억제하고 산화에 따른 내용물의 향·미·색·영양 저하를 막는 효과가 있다. 또한 포장 측면에서는 가열살균 시 발생하는 공기 팽창에 의한 밀봉부의 파손을 방지하고 관 내부의 부식을 억제하는 효과를 기대할 수 있다. 부수적으로는 뚜껑과 밑면을 안쪽으로 오목한 상태로 유지할 수 있어 내용물 부패 시 발생하는 팽창관의 식별을 용이하게 하여 준다.

② 탈기방법

탈기방법은 크게 가열 방법과 기계적 진공 및 치환 방법으로 나누어진다. 이 중에서 가열방법이 기체제거가 용이하고 다양한 식품에 적용이 가능하여, 가열에 의한 식품 품질저하에도 불구하고 가열을 통한 탈기방법이 광범위하게 사용되고 있다,

가열방법은 용기에 충진된 제품을 섭씨 90에서 98도 정도로 가열된 함을 통과시켜서 통조림 전체를 가열하는 방법이다. 따라서 기체제거가 용이하고 거의 모든 식품에 사용할 수 있는 장점이 있지만 식품 조직이 필요 이상으로 연화될 수 있다는 점이 단점으로 지적될 수 있다. 이러한 단점을 극복하기 위하여 개발된 방법이 기계적 진공법과 이를 발전시킨 gas 치환법이다. 기계적 진공법은 감압 또는 진공처리된 장치 속에서 탈기와 밀봉을 동시에 진행하는 방식으로 주로 식품과 용기 사이의 headspace에 있는 공기 제거에 유리하다. 그러나 흡입력 조절의 어려움 때문에 내용물에 흡입 · 용해되어 있는 기체의 제거가 불충분한 단점도 있다. 따라서 저장기간이 길어짐에 따라 식품에 함유되어 있던 기체 성분이 밀봉 후 용출되어 관내 진공도가 떨어지는 경우가 발생할 수 있다. 또한 지나친 기체 흡입 과정은 종종 식품 성분 자체를 흡입시켜 순수하게 기체제거 자체가 불가능해 질 수 있으며 특히 액체 식품의 경우 더욱 그런 현상이 발생할 가능성이 많다. 그러나 이 진공방법은 가열과정이 없는 장점을 이용하여 가열하기 곤란한 통조림 또는 가열속도가 느린 육류 · 어류와 같은 고단백 · 고지방 고체 식품에 적합하게 사용할 수 있다.

이러한 기계적 진공방법의 일부 단점을 보완한 방법이 gas 치환법이다. 이 방법은 식품과 포장용기 사이의 headspace에 존재하는 공기를 제거할 뿐만 아니라 식품 저장에 필요한 기체 성분을 투입하는 과정을 말한다. 투입되는 기체는 주로 활성이 없거나 적은 질소 성분을 주입하는 경우가 대부분이나 일부 호흡하는 야채류의 경우는 제품의 저장기간을 최대화할 수 있는 일정한 비율로 조정한 기체 성분을 투입하는 경우도 있다. 이 방법의 장점은 진공방법처럼 가열과정을 최소화할 수 있어 품질유지에 효

과가 있고 또한 진공 후에 질소 등 기체 성분을 투입함으로써 밀봉 후 진공도가 떨어져 산소 등이 식품 조직에서 분출되어 저장기간이 저하되는 현상을 억제할 수 있다. 또한 일부 스낵류의 경우처럼 진공법에 비하여 질소를 투입함으로 인하여 외부 충격으로 인한 식품의 파괴를 최소화할 수 있으며 부피감을 주어 제품의 미관을 개선할 수도 있다. 이러한 장점 때문에 gas 치환 방법은 분유와 같은 고체 식품은 물론이고 기능성 음료와 같은 액체 식품에도 진공 후 질소치환방법으로 광범위하게 사용되고 있으며 야채류의 기체치환방법(MAP, modified atmosphere packaging) 등에 이론적 기초를 제공하고 있다.

③ 밀봉

탈기과정을 거친 제품은 밀봉(sealing)의 과정을 거치게 된다. 밀봉은 외부에서 미생물이 침입하는 것을 억제하고 산소가 충진된 제품과 용기로 들어가는 것을 막아주는 과정이다. 밀봉이 충분하지 못하면 외부 산소나 미생물의 유입으로 식품의 변질을 유발할 수 있어 이중 밀봉이 기본적으로 사용되고 있다. 특히 병조림의 경우 밀봉부가 유리와 금속 부분으로 되어있어서 이로 인하여 밀봉에 보다 세밀한 주의가 요구된다.

④ 살균

밀봉을 마친 제품은 다시 살균과정을 거치게 된다. 밀봉 후 살균과정을 거치는 것은 내용물과 포장용기에 부착되어 있는 미생물을 사멸시켜 저장기간을 확보하기 위함이다. 가열방법은 무균상태를 목표로 한 살균보다는 품질유지와 미생물 살균정도를 조화롭게 결합한 상업적 살균 방법을 택하는 것이 일반적이다. 특히 최근에는 저장조건의 개선과 포장방법이 향상되고 있어 상업적 살균의 중요성이 강조되고 있다.

가열의 매체로는 건열과 습열로 나눌 수 있는데 주된 식품 성분의 종류와 열효율에 따라 달라질 수 있다. 단백질 함량이 높은 식품의 경우는 단백질 변성을 최소화하기 위해서 주로 건열을 이용하는 반면에 지방함량이 높은 식품의 경우는 건열을 이용하여 지방의 산화를 줄이는 경우가 있다. 열효율 면에 있어서는 건열보다는 습열이 enthalpy 함량이 높아 같은 온도에서 전달하는 열의 양이 많으므로 주로 습열, 즉 가열된 수증기를 사용하여 가열시간을 줄이는 경우가 많다. 그러나 기본적으로 통조림이나 병조림의 경우 용기 특성상 가열 시 정해진 온도가 가열온도가 식품의 중앙에 도달하는데 걸리는 시간이 다른 가공제품에 비하여 길어서 전체적인 가열시간이 늘어나 품질저하를 일으키는 것이 단점으로 지적되고 있다. 이러한 단점을 극복하기 위하여 최근에는 전자레인지 살균이나 방사선 살균이 제한적으로 사용되고 있으며 이들 방법의 장점은 기본적으로 가열시간을 줄여 품질변화를 최소화하는 장점을 가지고 있는 것으로 알려지고 있다. 기존 가열방법은 식품을 가열 시 식품 표면에서부터 가열이 시작되어 열이 계속 식품 내부로 전달되어 가는 과정을 거치게 된다. 따라서 식품의 겉은 불필요한 열을 상대적으로 더 받게 되어 식품의 품질저하를 가져온다. 그러나 전자레인지나 방사선 가열방법은 식품 내 · 외부를 동시에 균일하게 가열함으로써 가열시간 자체를 대폭적으로 줄일 수 있는 장점을 가지고 있는데 아직은 시설비의 증가 및 방사선의 안전성 문제로 인하여 추가적인 연구가 필요한 실정이다.

⑤ 냉각

조리, 충진, 탈기 그리고 가열살균 후 통조림을 급속하게 냉각한다. 이런 급속냉각은 내용물의 불필요한 고온 노출시간을 단축함으로써 가열에 의한 조직의 연화를 방지하고 향 또는 색과 같은 품질변화를 최소화하기 위함이다. 이런 품질변화가 최소화되는 이유는 급속동결 진공건조에서의 경우처럼 급속동결의 기본적인 장점에 있다. 급속동결의 경우는 형성되는 결정이 매우 작게 형성되므로 동결로 인한 부피 증가가 최소화될 수 있다. 따라서 어류나 야채의 일반적인 냉동 시 발생할 수 있는 부피 증가로 인한 조직감의 손실과 같은 품질변화를 최소화할 수 있다. 급속냉각은 고온 방치시간을 줄이는 효과로 인하여 저장기간을 증가시키는 효과를 기대할 수 있다. 일부 내열성 세균의 경우 가열처리 후에도 완전 살균되지 않고 잔존하는 수가 있으므로, 고온 방치시간이 길면 미생물에 의한 조리 식품의 오염을 유발 할 수 있기 때문이다. 따라서 급속 냉각을 통한 미생물의 번식기회를 최소화하는 것이 매우 중요하다.

급속냉각을 적용하는 방법은 온도를 급속히 섭씨 영하 30도 이하로 낮추는 방법과 가압을 하는 방법을 병행해서 사용한다. 이것은 냉각을 보다 용이하게 하는 것도 이유겠지만 병조림의 경우는 급속냉각 시 유리용기가 파괴되는 현상을 막기 위함도 있다. 가압이라는 것은 온도가 내려가는 것을 도와주고 반대로 온도가 상승하는 것은 막아주는 역할을 한다. 어떤 물질의 온도가 상승한다는 것은 분자 운동이 증가한다는 것을 그리고 온도가 내려간다는 것은 분자 운동이 줄어드는 것을 말한다. 감압의 경우에는 위에서 누르는 힘이 줄어들기 때문에 상대적으로 적은 열로도 분자 운동을 증가시킬 수 있으나 가압의 경우는 위에서 누르는 힘이 늘어나기 때문에 분자 운동의 감소를 가져올 수 있으며 따라서 온도 상승은 어렵지만 분자 운동의 감소를 통한 온도 하락을 촉진시킬 수 있는 장점이 있다. 따라서 냉각작업 시 단순히 온도를 낮추는 작업과 가압 과정을 병행하여 진행할 경우 온도를 급격히 감소시킬 수 있다.

2) 레토르트

pouch는 단층 · 다층 플라스틱 또는 금속박으로 이루어져 있으며, 파우치(주머니) 또는 기타 모양으로 성형되어 있는데 여기에 내용물을 충진하고 밀봉하여 retort(고온 살균 솥)에서 가압살균한 제품을 retort pouch 식품이라고 한다. 원래는 군 간편 식량으로 개발되었으나 지금은 이런 형태의 즉석 제품은 다양하게 개발되어 시중에 판매되고 있는데 통조림에 비하여 열 침투 시간(come up time)이 짧아 품질변화를 상대적으로 최소화할 수 있어 품질이 상대적으로 우수한 편이다. 사용 및 보관 그리고 운송도 매우 간단하여 시장성이 우수한 가공 및 저장 방법이다.

(1) 장단점

통조림에 비하여 저장기간은 오히려 약간 짧을 수 있으나 업체의 입장에서는 개발 및 유통에는 부담이 없을 정도의 저장기간의 감소이기 때문에 단점이라고 볼 수는 없으며 따라서 상업적 무균 상태로 장기간 저장하는 것이 가능하다고 할 수 있다. 레토르트 파우치 제품의 가장 큰 장점은 그 형태에서 비롯된 가열시간의 단축이라고 할 수 있다. 통조림의 용기형태에 비하여 레토르트 파우치용 포장재는 두께가 얇아 가열시간을 줄일 수 있다. 식품의 가열온도의 기준은 식품의 중앙에 원하는 온도가 도달하는 것을 기준으로 한다. 따라서 통조림의 경우는 기준 온도가 식품의 중앙에 도달하는데 걸리는 시간(come up time)이 용기가 얇은 레토르트 파우치보다 많이 걸리게 되고 따라서 전체적인 가열시간이 늘어나게 된다. 결과적으로 형태상, come up time이 통조림에 비하여 보통 50% 이상 줄어드는 레토르트 파우치 제품은 품질 및 영양 손실이 적은 장점을 가지고 있다. 또한 통조림에 비하여 즉석 또는 가열을 통하여 더욱 더 간단히 섭취가 가능하며 휴대 및 개봉도 용이하다. 업체의 입장에서는 플라스틱이나 금속박 포장재의 성형이 금속이나 유리 용기에 비하여 용이하여 포장 단위의 다양성이 가능하여 소비자의 선택의 폭을 넓힐 수 있는 장점도 함께 가지고 있다. 그러나 통조림의 경우 용기에 제품을 바로 충진하면 되지만 레토르트의 경우는 파우치(주머니)를 올려서 입구를 열어 제품을 충진해야하므로 충진속도가 느려 생산성이 저하되는 단점이 생길 수 있다. 또한 용기의 내열성이 금속이나 유리에 비하여 낮으므로 제조공정에서 가열과정 등에 보다 세심한 주의가 필요하다. 이런 점은 다음의 제조공정에서 상세히 설명하고자 한다.

(2) 제조공정

레토르트 제품의 제조공정은 통조림 제조공정과 큰 차이는 없으나 밀봉 후 가열 시 가압가열을 한다는 점이 다르다고 할 수 있으며 일반적인 제조공정은 다음과 같다.

원료 처리 → 충진 → 탈기 → 밀봉 → 가압가열 → 가압냉각

원료처리는 업체마다 약간의 조리방법에 차이점이 있으나 일반적인 식품 가공방법과 동일하다. 조리된 식품은 충진과정을 거치는데 현재 국내에서 생산되는 레토르트 살균제품은 액상과 고형상의 중간형태인 카레, 자장 등이 있으며 고형상으로는 햄버그류, 스테이크 류 그리고 meat ball 등이 있다. 충진과정을 거친 제품들은 산소를 공기를 제거하는 진공과정을 거쳐서 질소를 충진하는 작업을 진행한다. 탈기 이후에는 외부 환경과의 차단을 위해서 밀봉(sealing)을 하는데 통조림 제조공정에 비하여 레토르트 공정에서는 밀봉에 세심한 주의가 요구된다. 파우치의 얇은 부분을 밀봉하기 때문에 가열 시 충진된 식품에서 발생하는 내부 압력을 견디지 못하고 밀봉 부위가 터지거나 이음새가 약해지는 경우가 발생하기 때문이다. 파우치의 두께를 늘리면 밀봉 부위는 튼튼해 질 수 있으나 come up time이 늘어나는 경우가 생길 수 있어서 두께를 늘리기 보다는 이중 밀봉이나 가압가열을 통하여 밀봉 부위가 터지는 것을 막고 있다.

① 가압살균(가열)

조리, 충진 그리고 밀봉 과정을 거친 레토르트 파우치 제품은 파우치에 존재하는 미생물과 충진과정에서 오염된 물질들을 제거하기 위하여 살균을 위한 가열과정을 거친다. 그러나 이런 가열과정이 일반 통조림 가열과정과는 달리 가압이라는 보조수단을 이용하게 된다. 사실상 가압이라는 것은 보다 높은 열을 식품에 전달하게 함으로써 확실한 살균효과를 볼 수는 있으나 식품 품질저하라는 단점도 함께 가지고 있다. 그러나 레토르트 공정에서 가압살균의 더 큰 이유는 품질저하의 가능성에도 불구하고 가열과정에서 발생하는 내부의 높은 압력 때문에 파우치가 터지는 것을 막아주기 위함이라 할 수 있다. 기본적으로 레토르트 조리 식품을 산업화한 일본의 규정을 보면 "식품 중심 온

도가 120도에서 4분간 살균" 하는 것을 레토르트 살균의 이론적인 정의로 규정하고 있으나 최근에는 고온 살균 기술의 발전으로 그 정의가 많이 변하고 있다. 통조림의 경우 용기의 특성 및 형태에 따른 긴 come up time으로 100~120°C에서 40~90분간 살균하였으나 일반적으로 산업화된 레토르트 가열 방법은 115~120°C에서 20~40분간 살균하는 것을 현장에서 사용하여 왔다. 그러나 고(高)품질을 원하는 소비자의 기호를 맞추기 위한 고온 단시간 가열공정 방법의 개발을 요구해오고 있으며 포장방법의 발전도 고온 단시간 가열방법의 상업화를 가능하게 하고 있다. 레토르트 파우치 제품의 고온 가열을 가능하게 만들기 위하여 포장재의 밀봉 부위가 더 높은 내부 압력을 견딜 수 있어야 하고 come up time을 단축하기 위하여 파우치 포장재의 두께를 더욱 얇게 하여야 한다. 따라서 포장재의 두께는 얇게 하면서도 밀봉 부위는 더욱 강하게 하여야 하는 어려움을 갖게 되는 것이다. 135°C에서 8분 이내로 가열하는 방식을 Hi 레토르트, 그리고 150°C에서 2분 이내로 가열하는 것을 ultra 레토르트라고 부르고 있는데 현재 일부 국가에서는 ultra 레토르트 가열방법을 적용하고 있다.

② 가압냉각

가열살균과정을 거친 레토르트 파우치 제품은 냉각과정을 거치게 된다. 냉각은 통조림의 경우처럼 제품이 고온에 방치되는 시간을 줄이기 위함이다. 또한 가압이라는 보조수단을 통하여 냉각속도를 증가시키는 방법을 사용하고 있다. 가압은 앞에서 언급한 대로 높은 온도로 인하여 분자 운동이 활발해진 식품을 위에서 눌러줌으로써 가열된 식품의 온도를 신속하게 낮춰주는데 매우 효과적이다. 그러나 통조림에 사용되는 캔 용기와 달리 레토르트 가공에 사용되는 파우치 포장재의 경우 알루미늄과 플라스틱으로 구성된 다층 필름이기 때문에 급속냉각 시 포장재 필름 다층이 분리되거나 포장재 자체에 균열이 생겨 외부환경으로부터 차단성이 저하되는 경우도 있으므로 포장재의 선택 및 적용에 많은 주의가 요구된다.

3) 무균생산공정 (Aseptic process)

앞에서 언급한 대로 가열 공정은 품질저하라는 부정적인 면을 가지고 있으며 통조림 공정과 레토르트 공정의 차이는 용기 모양의 차이로 인하여 가열시간에 차이가 생기며 이로 인해서 레토르트 제조방법이 통조림 제조방법에 비하여 상대적으로 품질파괴를 최소화 할 수 있다. 그러나 레토르트 방법 역시 향기나 조직감에 민감한 식품들 예를 들면 주스나 즉석밥 등에 적용하기에는 품질유지에 문제점을 가지고 있다. 이런 문제점을 해결하고자 등장한 것이 무균생산공정이다. 무균생산공정이란 용어는 식품의 생산, 포장 공정을 거치면서 영양소 파괴를 최소화시키면서 오랜 기간 동안 식품을 신선하게 유지시킬 수 있는 기술을 의미한다. 무균생산공정은 포장의 중요성이 커서 이 공정을 무균포장공정(Aseptic packaging process)이라고도 한다. 무균생산공정의 장점은 레토르트나 통조림 제조공정과 달리 가열된 식품을 충진하고 포장하는 공정을 무균상태에서 진행함으로써 포장 후 살균을 위하여 재가열하는 문제점을 해소한 것이다. 즉 무균생산공정은 초고온 순간살균법인 UHT(Ultra High Temperature)에 의해 무균 상태로 만든 식품을 무균상태가 유지된 포장기와 포장지를 이용해 충전과 밀봉을 동시에 하는 공정을 말한다. 따라서 통조림처럼 제품을 충진 밀봉하고 난 후 다시 가열처리하지 않아서 전체적인 가열시간을 줄일 수 있어서 품질유지에 매우 좋은 방법이다.

이런 무균생산공정이 현재 다양한 식품에 적용된 이유는 포장재의 발전과 무균포장설비의 발전이 큰 역할을 했다. 즉 내열성, 내충격성, 빛의 투과억제, 산소 및 수분의 이동을 막아주는 포장재가 개발됨으로써 영양소 파괴와 선도변화를 최소화시키면서 다양한 식품을 장기간 보존할 수 있게 되었다. 또한 포장용기에 내용물을 담기 전 포장지를 순간 살균하고 즉시 내용물을 충진하면서 밀봉부를 접착하는 무균포장설비의 발전이다. 이런 무균포장설비는 외부공기 차단을 위한 시스템도 갖추고 있어서 무균(Aseptoc)환경을 제품공정 시간 동안 충분히 유지할 수 있다.

가격이 다소 높더라도 높은 품질의 제품을 선호하는 소비자가 늘어날수록 무균생산공정을 이용한 제품의 개발은 더욱 확대될 것으로 기대되며 이는 결과적으로 우수한 차단능력과 기능성을 가진 포장재의 발전을 함께 가져올 것으로 기대된다.

제 11 장

식품의 관능검사 (Sensory evaluation)

가공식품은 대부분 맛, 향, 색 그리고 조직감과 같은 식품의 기호적 특성이 이미 정해져 나오는 경우가 대부분이며 소비자는 식품을 선택할 때는 이런 식품의 특성을 가장 큰 결정요인으로 생각하고 있다. 물론 건강식품의 경우는 건강에 도움이 되는 정도가 반영이 되겠지만 식품은 약이 아니기 때문에 소비자의 기호도를 얼마나 반영하는가가 가공식품의 성공 여부를 좌우하게 된다. 따라서 개발하고 있는 제품이 과연 소비자의 기호도를 잘 반영하고 있는가를 객관적으로 측정해서 이를 반영하는 것은 매우 중요한 작업인데 이 작업이 바로 관능검사이다.

관능검사란 사람이 측정 도구가 되어 식품의 시각, 후각, 미각, 촉각, 청각으로 감지되는 물질 특성을 측정, 분석, 해석하는 과학의 한 분야이다. 관능검사는 새로운 가공식품의 개발이나 식품 품질평가에 주로 이용되는데, 그 이유는 첫째, 기기를 이용한 분석보다 감도가 좋고, 신속하며, 비용이 적게 든다는 장점이 있기 때문이며, 둘째, 식품의 좋고 싫음을 평가하기 위해선 인간의 감각에 의한 판단 없이는 평가할 방법이 없기 때문이다.

이처럼 식품의 성공 여부를 결정하는 관능검사의 중요성은 점차 높아지고 있으며 이는 식품의 기호성을 객관적으로 평가하기 위해서는 관능검사 패널의 선정은 물론이고 비교대상 샘플의 선정 및 실험 진행방법 등이 과학적 근거를 가지고 합리적으로 진행되어야 하기 때문이다.

1. 관능검사의 이용

관능검사를 이용하여 식품의 품질 특성을 측정하는 방법은 식품산업의 여러 분야에서 이용된다. 실제로 1987년 미국의 IFT(Institute of Food Technologists)의 관능검사 분과위원회에서 미국 내 식품회사는 관능검사를 어떤 목적으로 사용하고 있는지를 조사한 결과 신제품개발, 제품 배합비 결정 및 최적화 작업, 품질 관리규격 제정, 공정개선 및 원가절감, 품질수명 측정, 경쟁사의 감시, 품질 평가방법 개발, 소비자 관리 등의 다양한 분야에서 관능검사가 이용되고 있는 것으로 조사되었다.

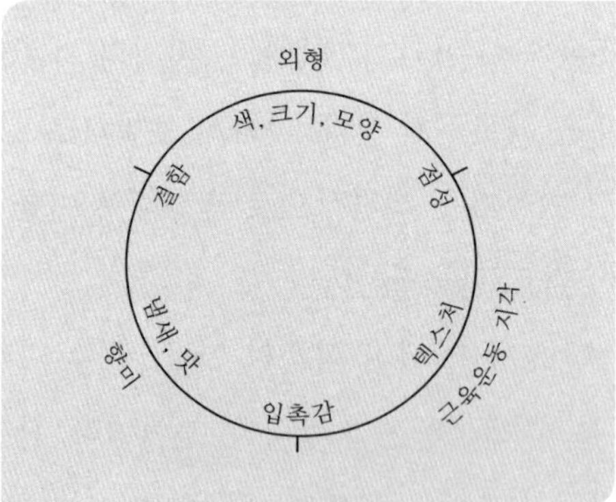

그림 11-1▶ 관능검사 시 평가하는 내용

국내에서도 관능검사의 중요성은 가공식품의 발전 그리고 소비자들의 높은 품질 의식 수준 등으로 급속히 높아지고 있다. 앞에서 언급한 대로 가공식품의 품질 특히 제품의 기호성은 제품개발 시에 결정된다. 완제품 형태의 가공식품을 구입한 소비자가 줄 수 있는 기호성의 변화는 매우 적으며 제품개발 시에 결정된 기호성은 거의 그대로 소비자에게 전달된다. 따라서 제품개발 시에 소비자의 수요에 맞는 정확한 기호성의 결정은 해당 제품의 성공 여부를 결정짓는 매우 중요한 요소가 된다. 과거에는 개발되는 제품의 기호성이 회사 경영자의 뜻에 따라 결정되는 경우가 많았지만 지금은 객관적인 관능검사 평가방법에 의해서 맛이나 색, 향 그리고 조직감 등을 결정되는 것이 일반적이다.

관능검사의 또 다른 중요성은 가공식품의 개발 시 소비계층을 세분화하는 추세에 기인한다. 과거에는 제품이 개발될 때 전 국민을 대상으로 만드는 경우가 많았지만 현재는 주 소비 계층을 세분화해서 즉 연령대, 성별 그리고 직업군까지도 고려해서 해당 그룹의 소비자들이 제품을 선호할 수 있도록 개발하는 경우가 많아지고 있다. 주 소비 계층을 정확하게 만족시킬 수 있는 제품을 개발하기 위해서는 반드시 해당 계층이 기호적으로 좋아할 수 있는 제품을 정확하게 관능검사를 통해서 제대로 개발하는 것이 매우 중요하다. 바로 이러한 이유들로 인하여 관능검사의 중요성은 점차 커지게 되는 것이다.

2. 관능검사 요원 (Panel)

관능검사를 위해 선발된 사람을 test panel, 즉 관능검사 요원이라고 한다. 정확한 관능검사를 위해서 가장 중요한 것은 객관적으로 관능검사 요원을 선발하는 것이라고 할 수 있다. 가장 중요한 선발 기준은 진행하고자 하는 관능검사와 무관한 즉 연관성이 없는 사람으로 선정되어야 한다. 또한 관능검사 요원은 성별이나 나이보다는 능력에 따라 선정되지만, 일반적으로 18세 이하와 65세 이상은 검사요원에서 제외되는 경우가 많다. 18세 이하는 법적 연령 이하이기 때문이고, 65세 이상은 냄새와 맛에 대한 감각이 저하되기 때문이다. 또한 검사에 관심이 있으며, 쉽게 모일 수 있고, 당뇨병이나 저혈당증 혹은 시료에 대한 알레르기 반응이 없으며, 약물을 복용하지 않는 사람을 관능검사 요원으로 선발한다. 질문의 의미를 잘 이해하고 표현능력이 우수한 사람, 결과의 재현성이 있는 사람도 관능검사 요원이 갖추어야 할 기본 자격이다.

3. 관능검사 고려되는 식품의 특성

1) 외관

시료의 색, 크기 및 형태, 탁도, 질감, 탄산함유 정도와 같은 외형적 특성을 말한다. 이러한 외형적 특성은 시각 및 촉각을 이용하여 측정된다.

2) 맛

성인의 혀에는 보통 2,000개 이상의 미뢰가 존재하고, 미뢰를 이루고 있는 미각세포에 의해 맛이 감지된다. 자극을 주는 물질이 혀에 닿으면 확산에 의해 타액층을 통과하여 미각세포 끝부분의 세포와 결합하게 되고, 신경도입부를 통해 맛에 관한 정보가 뇌에 도달하게 되면서 맛을 인지할 수 있게 된다.

(1) 맛의 인지농도

① 최소감각농도

용액의 맛이 무엇인지를 분간할 수는 없으나 순수한 물과는 다르다고 느끼게 되는 최소의 농도를 말한다.

② 최소식별농도

맛의 인식 강도의 변화를 느끼게 하는 최소 단위의 농도 변화를 말한다.

③ 최소인지농도

어떤 물질의 맛인지 정확히 감지할 수 있는 물질의 농도를 말한다.

④ 한계농도

농도의 증가가 인식 강도의 증가를 더 이상 일으키지 않는 농도를 말하며, 이 이상의 농도에서는 통증이 유발된다.

(2) 맛의 종류

① 단맛

단맛은 설탕의 수소결합 강도에 의해 인지되는 정도가 결정된다. 단맛을 내는 물질로는 설탕과 같은 당류, 솔비톨(sorbitol), 만니톨(mannitol) 등의 당알콜류, 사카린, 아스파탐 등의 인공감미료 및 일부 방향족 아민류 등이 있다.

표 11.1 여러 당류와 감미료의 상대적 감미도

당류	감미도	당류	감미도
Sucrose	1	Paratinose	40–45
Lactose	0.4	Lacturose	50–60
Maltose	0.5	Na–Cyclamate	30–80
Galactose	0.6	Acesulfame–K	130
D–Glucose	0.7	Glycyrrhizine	100–170
D–Fructose	1.1	Aspartame	100–200
D–Xylose	0.7	Dulcine	70–350
Sorbitol	0.5	Na–Saccharinate	200–700
Mannitol	0.7	Stevioside	300
Glycerol	0.8	Thaumatin	2000–3000
Glycine	0.7	Alitame	2000

② 짠맛

짠맛을 내는 화합물은 모두 양이온과 음이온의 수용성 염으로서 대표적인 것은 식염이며, 표 11.2에서 보듯이 무기염의 종류에 따라 정미성에 차이가 있다.

표 11.2 무기염류의 정미성

정미의 종류	무기염류
짠맛을 강하게 나타내는 것	NaCl, KCl, KI
짠맛에 쓴맛을 약간 함유한 것	KBr
쓴맛이 강한 것	MgCl2, MgSO4
불쾌한 맛을 나타내는 것	CaCl2

③ 신맛

신맛은 산에 의해 느껴지며, 산의 종류에 따라 신맛의 강도에 차이가 난다.

유기산의 신맛은 주석산(tartaric acid)이 가장 강하며, 이어서 시트르산(citric aci-d), 사과산(malic acid), 젖산(lactic acid), 아세트산(acetic acid)의 순이다.

④ 쓴맛

쓴맛은 기본 맛 중에서 가장 예민하여 가장 낮은 온도에서도 감지될 수 있으며, 전체의 맛이 미량 존재하는 쓴맛에 영향을 받는 경우가 많다. 쓴맛을 내는 물질은 퀴닌, 카페인 등의 알칼로이드계 화합물 및 나린진(naringine), 헤스페리딘(hesperidin) 등의 일부 글리코시드(glycoside)계 화합물 등이다.

⑤ 감칠맛

감칠맛은 식품 중의 일부 향미를 증진시키고 나쁜 향미를 억제하여 각종 조리식품의 맛을 좋게 해준다. 감칠맛 성분으로는 글루타민산 발효균에 의해 공업적으로 생산하는

MSG(Mono sodium glutamate)와 핵산의 주성분인 뉴클레오티드(nucleotide) 성분이 있다. 뉴클레오티드 중 감칠맛을 내는 성분은 5′-GMP, 5′-IMP, 5′-XMP가 있으며 그 작용의 크기는 5′-GMP 〉 5′-IMP 〉 5′-XMP 순이다. 5′-GMP는 표고버섯, 송이버섯 등의 주요 향미성분이며, 5′-IMP는 쇠고기, 닭고기, 어류 등의 주요 향미성분이다.

(3) 맛의 혼합 효과

① 맛의 대비 (contrast)

서로 다른 맛 성분이 혼합되었을 경우 주된 맛 성분의 단맛이 강하게 느껴지는 현상을 말한다.

예) 불순물이 함유되어 있는 검은 설탕이 정제된 백설탕에 비하여 단맛이 강하게 느껴진다.

② 맛의 억제 (inhibitory effect)

서로 다른 맛 성분이 몇 가지 혼합되었을 경우에는 주된 맛 성분의 맛이 약화되는 현상을 맛의 억제라 한다.

예) 커피에 설탕을 혼합하면 커피의 쓴맛이 억제된다.
오렌지 주스에 설탕을 혼합하면 신맛이 억제된다.

③ 맛의 상승 (synergistic effect)

같은 종류의 맛을 가지는 2종류의 맛 성분을 서로 섞으면 각각 갖고 있는 것보다 훨씬 강하게 느껴지는 경우를 말하며 대표적으로 단맛에서 그런 현상이 종종 발생하곤 한다.

④ 맛의 상쇄

2가지 맛 성분을 혼합함으로써 각각의 고유한 맛을 나타내지 않고 약해지거나 없어지는 현상을 말하며 결과적으로는 조화된 맛을 띠게 되는 현상을 말한다.

예) 간장이나 된장은 많은 소금이 있으나 맛난 맛과 상쇄되어 짠맛이 강하지 않음

예) 김치 맛은 짠맛과 신맛이 상쇄되어 조화된 맛 (덜 익은 김치는 짜다)

예) 청량 음료의 맛은 단맛과 신맛이 조화된 맛 (김빠진 사이다는 달다)

(4) 맛의 한계값

맛을 감지할 수 있는 정신적 한계 값을 나타낸 것을 맛의 한계 값이라 한다. 한계 값의 크기는 맛의 종류에 따라 다르며, 단맛 〉 짠맛 〉 신맛 〉 쓴맛의 순이다. 즉, 단맛은 높은 농도에서 맛이 인지되는 반면, 쓴맛은 가장 적은 농도에서도 감지될 수 있다. 맛을 인지할 수 있는 한계 값은 개인차가 커서 예민한 사람은 둔한 사람의 1/50 농도에서도 맛을 감지할 수 있으며, 50대 후반이 되면 신맛을 제외한 대부분의 맛에 대한 예민도가 감소한다.

3) 냄새

냄새는 냄새를 내는 물질이 후각기관의 세포막 표면에 화학적으로 결합하여 인지되는 화학적 감각을 말한다. 맛의 종류는 비교적 간단한 반면 냄새의 종류는 매우 다양하여 사람이 구별할 수 있는 냄새의 수는 1600만개에 이른다고 한다. 둔화현상은 미각에 비하여 빠르게 나타나고 오래 지속되며, 한계 값 농도는 맛에 비하여 일반적으로 낮다.

4) 관능검사의 환경 설정

(1) 순응/피로

동종의 자극에 언제나 접해 있으면 곧 반응이 약해지는 경향이 있는데 이를 순응 또

는 피로라고 하며 해결방법으로는 판정수를 한정하고 적절한 휴식을 통해서 이를 최소화한다.

(2) 이력 효과

처음에 맛본 자극 이후의 것에 처음 맛이 영향을 주는 경향을 말하며 이를 최소화하기 위해서는 양치질, 휴식 그리고 가글을 이용한다.

(3) 위치 효과

특정 위치에 놓인 시료가 선택되는 경향을 말하며 해결방법으로는 재료 위치의 무작위화를 통한 위치 효과 최소화가 한 방법이다.

(4) 기대 효과

특정의 선입관념이 판정에 영향을 미치는 경우를 말하며 이는 관능검사 전에 관능검사 요원에게 제공되는 정보를 제한함으로 부분적으로 해소 할 수 있다.

4. 관능검사의 종류

1) 차이식별검사 (Discriminative test)

일반적으로 식품의 관능검사에 가장 널리 사용되는 검사로 검사물간에 차이가 있는지 없는지를 확인하는 검사이다. 차이식별검사는 검사물간의 전체적인 차이 유무를 조사하는 종합적차이검사(overall difference test)와 검사물간에 주어진 특성에 대한 차이를 조사하는 특성차이검사(attribute difference test)의 두 종류로 나뉜다.

(1) 종합적 차이식별검사

① 삼점검사 (triangle test)

가장 널리 사용되는 검사방법으로 2개의 검사물간에 차이가 있는지를 조사하기 위해 사용된다. 일반적으로 식품의 원료나 가공방법의 변화, 포장 또는 저장 방법의 변화가 제품에 영향을 주는지 여부를 결정하기 위하여 사용한다. 동일한 2개의 검사물과 서로 다른 1개의 검사물(모두 3가지 샘플) 중에 다른 것을 선택하는 방법으로 정답을 얻을 확률이 1/3로 통계적 효율성이 높다. 외관상 차이가 있는 경우에는 한 가지씩 샘플을 제공하는 것이 좋으나, 가급적 시각적으로 차이가 있는 샘플에는 사용하지 않는다.

삼점검사

이름 :　　　　　　날짜 :

검사물의 종류 :

다음 3개의 세트로 구성된 2개의 검사물 세트가 있습니다.
각 세트에서 제시된 3개의 검사물 중 2개는 같고 하나는 다른 시료입니다.
어느 검사물이 다른 것인지 골라 해당번호에 ○표 하십시오.

검사물 번호 : 425 _____ 573 _____ 743 _____
754 _____ 265 _____ 639 _____

의견 :

그림 11-2▶ 삼점검사 검사표

② 일-이점검사(Duo-trio test)

기준 검사물(reference)과 2개의 검사물을 제시하고 두 검사물 중에 기준 검사물(reference)과 같은 검사물을 선택하도록 하는 방법으로 간단하고 이해하기 쉽지만 우연히 정답을 얻을 확률이 50% 로 통계적 비효율성이 높다. 삼점검사보다는 덜 피로감을 주고 시각적으로 샘플이 달라도 실험을 진행할 수 있다.

일-이점검사

이름 : 날짜 :
검사물의 종류 :

다음 검사물 중 왼쪽에 R이라고 표시되어 있는 검사물은 기준 검사물입니다. 기준 검사물을 먼저 맛보고 오른쪽의 검사물을 맛보십시오. 오른쪽에 있는 두 검사물 중 기준 검사물과 같은 것에 ○표 하십시오.

	검사물	
	352	647
기준 검사물 R		
기준 검사물과 같은 것	______	______

의견 :

그림 11-3▶ 일-이점검사(Duo-trio test) 검사표

③ 단순차이검사

삼점검사나 일-이점검사가 적합하지 않은 경우에 이용되는 방법으로 2개의 검사물 간에 차이가 있는지를 검사하므로 단순 이점 대비법이라고도 한다. 시료의 향미가 강

하여 평가 후 입안에 후미가 오래 남거나, 자극의 종류가 복합해서 패널요원들을 혼동시킬 우려가 있을 때 주로 이용된다.

단순차이검사

이름 : 날짜 :
검사물의 종류 :

1. 2개의 시료 중 왼쪽 것부터 맛보십시오.
2. 2개의 시료가 같은지 다른지 평가하여 아래에 표시하시오.
   ________ 2개의 시료가 같다.
   ________ 2개의 시료가 다르다.

의견 :

그림 11-4▶ 단순차이검사 검사표

(2) 묘사분석 (Descriptive analysis)

소수의 고도로 훈련된 패널 요원을 이용하여 제품에 대한 모든 관능적 특성을 밝히기 위해 사용되는 방법이다. 패널 요원은 향미, 맛, 텍스처 등의 특성을 감지할 수 있도록 오랜 기간 훈련이 되며, 이때 사용하는 용어도 통일하게 된다. 일반적으로 묘사분석은 제품에 대한 묘사만 할 뿐, 수치화되지 않아 통계처리할 수 없는 단점이 있다. 따라서 제품의 관능적 특성을 수치화하여 통계 분석할 수 있도록 정량적 묘사분석이 개발되어 이용되고 있다.

이름 : 날짜 :
검사물의 종류 :

외관

자주색 ——|——————————|——
연한 진한

냄새

딸기향 ——|——————————|——
약함 강함

과일향 ——|——————————|——
약함 강함

향미

딸기향미 ——|——————————|——
약함 강함

과일향미 ——|——————————|——
약함 강함

톡쏘는 신 ——|——————————|——
약함 강함

신맛 ——|——————————|——
약함 강함

단맛 ——|——————————|——
약함 강함

그림 11-5▶ 주스의 정량적 묘사분석검사표

(3) 소비자기호도검사 (Consumer test)

해당 제품의 소비자 또는 소비가능한 자를 대상으로 제품에 대한 전체적 또는 특정 성질의 선호도 및 기호도를 알아보기 위하여 사용되는 방법이다. 소비자기호도검사는 제품개발 초기 혹은 개발 도중에 소비자로부터 제품개발의 방향 및 개선점에 대한 의견을 얻기 위해서도 이용되고, 제품이 개발되고 난 후의 제품에 대한 선호도 또는 기호도를 평가하기 위해서도 이용된다.

이름 : 날짜 :

1. 왼쪽부터 순서대로 시료를 맛보십시오.
2. 가장 좋아하는 것부터 가장 좋아하지 않는 것까지 시료의 순위를 정하시오.

544	153	859	611	052
______	______	______	______	______
↑ 가장 좋아하는 것				↑ 가장 좋아하지 않는 것

의견 :

그림 11-6▶ 선호도 순위검사 검사표

□	□	□	□	□	□	□	□	□
대단히 싫어한다				좋지도 싫지도 않다				대단히 좋아한다

그림 11-7▶ 기호도검사에 주로 사용되는 9점 척도

제 12 장

식품 포장

식품 포장이란 과거에는 제품을 둘러싸서 전달하는 단순한 역할로 가공식품 발전에 큰 영향을 주는 분야는 아니었다. 그 이유는 포장이 보호하는 식품의 가치가 그다지 크지 않은 것도 중요한 이유였다. 내용물의 가치가 크지 않은데 포장을 하는데 많은 돈을 투자할 이유가 없었기 때문에 과거의 식품 포장은 단순히 제품을 담는 기능에 국한되어 있었다. 그러나 고부가가치 식품의 발전과 편리성을 중시하는 즉석 조리 식품의 급격한 발전은 포장산업의 중요성을 높여주었으며 이로 인하여 식품 포장 산업은 급격한 발전을 이루고 있다.

가치가 높아진 식품을 보호하기 위하여 우리는 과거보다 차단성과 안전성이 높아진 고부가가치 포장재를 사용할 필요가 생겼다. 그리고 높아진 소득 수준은 품질만 뒷받침된다면 고부가가치 포장재 사용으로 이전보다 비싸진 제품을 기꺼이 구매하도록 만들었다. 또한 즉석조리식품의 발전은 포장의 중요성을 더욱 높여주고 있다. 바쁜 현대인들에게 필수적인 가공식품으로 자리잡은 즉석조리식품에 사용되는 포장은 제품의 저장성을 높여주는 역할 뿐 아니라 조리 기구로서의 역할도 하기 때문에 매우 중요하다. 더구나 즉석조리식품의 경우는 식품과 포장재를 동시에 전자레인지를 이용하여 가열하는 제품의 특성상 포장재 특히 플라스틱 포장재의 높은 열에서의 화학적 안전성이 중요한 이슈로 부각되는 등 포장재의 안전성 또한 식품 포장재의 중요한 한 분야로 인식되고 있다. 언급한 대로 식품 포장재의 중요성은 날로 높아지고 있으며 이에 대한 충분한 이해를 통하여 앞으로 개발될 다양한 식품에 적합한 포장재를 선택함으로써 제품의 가치와 안전성을 높이는 것은 매우 중요한 식품 분야라고 할 수 있다.

1. 식품 포장의 의미와 중요성 그리고 구성 요소

1) 식품 포장의 의미와 중요성

포장이라는 분야는 최근에 식품의 저장성 향상이라는 원래의 목적 이외에도 즉석조리식품의 가공성 향상이라는 식품업계의 당면 목표로 인하여 그 중요성이 더욱 증대되고 있다. 포장은 식품의 유통과정에 있어서 그 품질을 물리적 그리고 화학적으로 보존하고 위생적인 안전성을 유지하여 생산, 유통, 수송의 합리화를 도모함과 아울러 상품가치를 증대시키고 판매를 촉진하기 위하여 알맞은 재료나 용기를 사용하여 식품에 적절한 처리를 하여 포장하는 기술이나 그렇게 한 상태라고 기본적으로 정의하고 있다.

식품 위생법에서는 포장을 식품 또는 첨가물을 넣거나 싸는 물품으로 식품 또는 첨가물을 수수할 때 함께 인도되는 물품을 말한다.

한편 한국공업규격에 의하면 물품의 유통 과정에 있어서 그 물품의 가치 및 상태를 보호하기 위하여 적합한 재료 또는 용기 등을 시공한 기술 및 시행한 상태를 포장이라고 정의하고 있으며, 이것을 낱 포장, 속포장 및 겉포장의 3종류로 분류하고 있다. 겉포장이란 화물의 외부 포장을 말하며, 물품의 상자, 포대, 나무통 및 금속 등의 용기에 넣거나 용기를 사용하지 않고 그대로 묶어서 포장한 상태 및 기호 또는 화물 표시방법을 말한다. 예를 들면 사과 포장에 사용되는 종이 박스나 대용량 포장에 사용되는 포장용기 등이 여기에 속한다고 할 수 있다. 또한 속포장이란 포장된 화물의 내부 포장을 말하며, 물품에 대한 수분, 습기, 햇빛 및 충격 등을 방지하기 위하여 적합한 재료 및 용기 등으로 물품을 포장하는 방법을 말한다. 사과 박스 내부에 사과의 물리적인 손상을 막기 위하여 사용하는 polystyrene(스티로폼) 등이 속 포장에 해당한다고 할 수 있다. 마지막으로 낱 포장은 물품 개개의 포장을 말하며, 물품의 상품 가치를 높이거나 물품 개개를 보호하기 위하여 적합한 재료 및 용기 등으로 물품을 포장하는 방법을 말한다. 예를 들면 각각의 사과의 수분증발을 막기 위하여 표면에 왁스칠을 한다거나 껌이나 과자의 낱개 포장 등이 여기에 속한다고 할 수 있다. 최근에는 개별 제품을 보다 더 고급스럽게 보이고 수분과 같은 저장에 위해한 요인들을 보다 효과적으로 억제하기 위하여 개별 포장이 증가되는 추세이지만 불필요한 플라스틱 폐기물의 증가가 여전한 숙제로 남아 있다.

국내와 달리 우리보다 일찍 식품 포장의 중요성을 인식하고 체계적인 연구를 진행중인 미국에서는 포장에 관한 정의가 다음과 같이 매우 명확하고 광범위하게 설명되어 있다. 원문에 의하면 다음과 같이 정의되어 있다. Packaging science is organized body of knowledge that includes the fabrication of materials to carry out the functions of a package and the application of those materials to carry out those functions of a package(포장과학이라는 것은 포장의 역할을 수행하기 위하여 포장재를 제조하는 기술과 제조된 포장재를 기능에 맞게 식품에 적용하는 분야를 포함하는 지식의 종합체이다). 즉 포장이라는 분야를 단순히 용기를 제조하는 것 뿐만 아니라 내용물 즉 식품에 적합한 포장재를 선택하고 이를 통하여 식품의 저장기간과 이용 편리성을 높일 수 있는 고부가가치적인 산업을 통틀어 말하고 있다.

위에서 언급한 것처럼, 포장이라는 분야는 매우 광범위하고 동시에 식품산업의 발전에 매우 중요한 분야임에도 불구하고 국내에서는 체계적인 교육 및 연구가 많이 부족한 상태이다. 그러나 앞으로 실용적인 면에서 연구 분야 및 과제가 무궁무진한 매우 전망 있는 분야라고 할 수 있다. 이 장에서는 식품 포장재의 전반적인 내용에 대해서 비교적 상세하게 기술하고자 한다.

2) 식품 포장의 구성 요소

식품 포장 분야의 구성 요소는 크게 식품과 포장재 그리고 이들 상호간의 연결이고 궁극적인 식품 포장의 목표인 제품에 따른 포장재의 선택 이렇게 크게 세 가지로 나누어 질 수 있다.

(1) 포장재

포장재는 내용물과 환경과의 경계를 이루는 차단막의 역할을 하는 재료로서 단순히 외부의 먼지나 미생물 그리고 불순물로부터 내용물을 보호하는 역할이나 수송을 편하게 하는 역할로 시작되었으나 최근에는 다양한 가공식품의 개발과 가공방법의 다양화에 따라 포장재의 역할과 중요성이 저장성 향상을 통한 소비자 및 식품 업계의 이익 증대와 가공 적성 향상을 통한 내용물의 품질 개선 그리고 포장재의 안전성 향상으로 이어지는 등 점차 커지고 있다. 포장재는 수수되는 물건의 종류에 따라 그 성격이 결정되는데서 보듯이 포장재 그 자체보다는 포장재가 보호하고자 하는 내용물의 중요성이 더욱 중요하다고 할 수 있다. 따라서 포장을 효과적으로 하기 위해서는 내용물 즉 식품에 대한 이해가 매우 중요하며 이를 위해서는 식품학 전반에 관한 지식을 우선 습득하는 것이 필요하다.

(2) 식품

식품 포장학에서 주된 관심사항은 어떻게 하면 식품을 오랫동안 소비자가 이용할 수 있게 할 수 있을까 하는 문제와 가공 및 저장 중 식품 성분과 포장재의 상호 반응으로 인하여 식품 성분의 품질변화를 초래하지 않고 생산초기 품질을 그대로 소비자에게 전달해 주는데 있다고 할 수 있다. 예를 들면 오렌지 주스의 경우 생산초기에 특유의 향 성분이 저장 중 포장재와의 반응이나 밀봉 포장방법의 결합으로 인한 산소출입으로 저하되는 경우가 나타는데 이런 경우는 식품 특성에 적합한 포장을 하지 못한 경우라 할 수 있다. 최근에는 포장재를 식품과 함께 가공과정 중에 가열하고 소비자도 한번 더 가열하는 제품이 많이 개발되고 있어 단순한 품질변화 문제를 넘어 가열시 포장재에서 유출된 화학물질의 안전성 문제까지 거론되고 있다. 따라서 식품 포장은 일반 제품의 포장과는 매우 다른 특성을 가지고 있어 식품 포장학에 있어 식품의 중요성이 더욱 커지고 있다.

(3) 식품과 포장재의 연결 (식품에 적합한 포장재의 선택)

아무리 훌륭한 차단성과 기계적 강도를 가진 포장재라 하여도 식품에 적합하지 않는 포장재라면 당초에 기대하였던 포장재의 역할을 할 수 없게 된다. 식품에 적합한 포장재의 선택은 식품 성분의 특성과 종류 그리고 가공방법을 고려하여 선택한다.

식품의 가공방법은 내용물을 가공한 후 별도의 조치를 취하지 않은 포장재에 제품을 충진하고 포장재와 내용물을 동시에 가열하는 retort방법과 살균 과정을 거친 포장재에 조리된 식품을 무균 설비에서 포장재에 충진하는 무균처리공정을 거치는 무균가공방법으로 나누어 질 수 있다. 이런 가공공정에 적합한 포장재의 선택은 내열성이나 외부 환경에 대한 차단성을 고려하여 진행되어야 한다.

가공방법에 따른 포장재의 선택뿐만 아니라 식품 성분에 따른 포장재의 선택도 매우 중요하다. 식품의 성분 특성 특히 수분함량, 산도, 지방, 설탕, 염류의 함량 정도에 따라 포장재의 선택은 달라져야 하며 이를 소홀히 할 경우에는 저장기간의 단축은 물론이고 품질저하도 일어나므로 매우 세심한 포장재의 선택이 중요하다.

2. 식품 포장의 역할 및 기능

식품에 사용되는 포장의 역할은 다른 제품 포장과는 달리 식품을 담고 있는 단순한 용기로서의 기능과 외부충격 방지기능 이외에도 식품가공에 함께 사용된다는 점 때문에 다음과 같은 기능을 가지고 있으며 이런 역할을 제대로 수행하지 못하였을 경우에는 저장기간 감소나 품질저하 그리고 식품의 안전성에까지 부정적인 영향을 줄 수 있다.

1) 저장기간 증가 (increase shelf life)

식품 포장의 가장 기본적인 역할은 저장하고자 하는 제품을 안전하게 오랜 시간 동안 보관해서 소비자에게 전달하는 것이다.

2) 용기로서의 기능 (contain the packaged materials)

(1) 포장은 기본적으로 제품을 담을 수 있어야 한다
(contain the packaged materials)

이것은 포장의 가장 고전적인 기능이라 할 수 있으며 따라서 기본적으로 포장에 사용되는 재료를 이용하여 용기 형태를 만들 수 있어야 한다. 용기를 만든다는 것은 포장재와 포장재 사이의 접착 능력과 용기 성형성을 필수적으로 요구하게 된다. 예를 들어 플라스틱 용기를 만든다면, 여기에 사용할 플라스틱 재료인 폴리머는 열을 가하면 녹는 성질을 가져야 하고 반대로 온도가 내려가면 다시 굳어지는 성질을 가지고 있어야 포장용기 형태를 만들 수 있게 된다. 또한 다양한 유아용 식품이나 소비자에게 매력적으로 보이게 하거나 사용상 편리성 증가 그리고 가공식품의 발전으로 용기 형태가 매우 다양해지기 때문에 제품에 특징적인 모양을 만들기 위한 성형성이 매우 중요한 기능으로 부각되고 있다.

(2) 식품의 충진 조건을 만족해야 한다 (withstand filling condition)

식품을 포장재에 담는 과정을 충진이라고 표현하는데, 고온으로 가열된 식품을 충진하는 경우도 있고 제품을 충진한 후에 살균을 위해 열을 가하는 경우가 있다. 만약에 포장재가 이러한 고온 조건에 견디지 못한다면 용기 형태의 변화 및 파손 그리고 제품의 품질저하가 일어나 포장의 기능을 할 수 없게 된다. 예를 들어 기능성 음료의 경우 충진과정 중에 미생물 번식을 막기 위한 살균과정을 거치게 된다. 그런데 포장재 특히 플라스틱 포장재 중에서 이런 가열조건을 견디지 못한다면 용기의 파손은 물론이고 내용물의 품질저하 그리고 포장재 성분의 내용물로의 전이로 인한 안전성 문제가 제기될 수 있기 때문에 충진 조건에 견딜 수 있는 용기의 특성이 요구된다. 플라스틱 용기뿐만 아니라 유리 용기의 경우도 병조림이나 레토르트 공정 과정에서 고온 가열 후 급속냉각 과정 중 유리 용기가 파손되는 경우가 있으므로 적절한 과정을 거쳐서 생산된 유리 용기를 사용하는 것이 필요하다.

(3) 포장재는 내용물과의 반응이 없어야 한다
(withstand interaction with the contents)

내용물을 충진한 후 저장하는 동안 그리고 포장재와 내용물을 동시에 가열하는 즉석조리식품의 경우에는 내용물과 포장재 사이에 반응이 일어나 내용물의 품질저하를 유발하는 경우가 발생할 수가 있다. 예를 들면, 오렌지 주스의 경우 제품을 다 섭취한 후에도 용기에 주스 냄새가 오랜 시간 동안 남아 있는 경우가 있다. 이것은 오렌지 주스의 향 성분이 포장재로 전이된 것으로 주스의 향 성분 감소로 인한 주스의 품질저하를 유발하게 되며 반대로 말하면 포장재 성분도 주스로 전이될 가능성이 있다는 것을 의미한다. 포장재 성분이 식품으로 전이 될 경우에는 플라스틱 냄새와 같은 이취 성분이 내용물에 흡착되어 식품의 고유한 향과 맛을 감소시키거나 변형시키는 문제점을 유발할 수 있다. 양념이 강한 식품의 경우 그 양념의 향과 맛의 masking effect로 소비자가 이취를 느끼지 못하는 경우가 있을 수 있으나 밥과 같이 약한 맛을 가지고 있는 식품의 경우 소비자가 플라스틱 냄새를 느끼는 경우가 실제로 발생하고 있다. 또한 즉석 유탕면의 경우에 내용물을 섭취한 후에 용기를 보면 포장용기 내부가 주황색 또는 노란색을 띠는 경우가 있는데 이것은 내용물의 성분이 포장재로 전이되어 생기는 현상으로 품질저하는 물론이고, 반대로 생각하면 포장재의 내용물로의 전이 현상도 일어날 수도 있다는 점을 보여주는 현상으로 심한 경우에는 내용물의 안전성까지 위협하는 경우도 생길 수 있다. 이러한 현상이 최근에 빈번하게 거론되고 있는 식품 포장재에 의한 환경호르몬 발생 가능성을 포함한 포장재의 안전성에 대한 문제이다. 특히 즉석 유탕면의 경우에는 사용되는 PS(폴리스타일렌) 용기가 높은 온도에 노출되어 용기 구조가 일부 파괴되어 스타일렌다이머나 트라이머와 같은 환경호르몬 의심 물질이 검출되어 사회적인 이슈가 된 적도 있다. 따라서 포장재는 식품과 직접 접촉하여 품질저하를 일으키는 물론이고 식품의 안전성에 위협을 줄 수 있는 내용물과의 반응을 통한 전이 현상이 없어야 한다.

(4) 포장재는 용기의 밀봉이 가능해야 한다 (be closeable or sealable)

포장용기는 충진 후 외부 환경으로부터 내용물의 오염 및 이동과 사용에 편리를 위해서 밀봉이 가능해야 하며 밀봉이 충분하지 못하면 내용물의 품질저하를 유발할 수 있다. 특히 대용량 제품 그중에서도 탄산음료나 맥주의 경우는 내부 압력이 높고 장기간 섭취하므로 저장 중 기체 성분의 손실을 효율적으로 막는 밀봉 작업이 제품의 품질에 매우 중요한 역할을 한다. 그러나 밀봉이 너무 강하면 소비자가 내용물을 섭취시 불편함을 줄 수 있으므로 밀봉의 강도를 적당히 조절하는 것이 중요하다.

국내에서는 플라스틱 포장재를 많이 사용하는 관계로 플라스틱 소재를 중심으로 설명하면, 플라스틱 포장재의 밀봉에는 열과 접착제를 이용할 수 있는데 최근에는 식품의 안전성과 같은 환경 문제 등으로 열을 이용한 밀봉 방법이 많이 사용되고 있다. 그런데 모든 포장재가 같은 정도로 열에 의한 녹임과 재접착으로 밀봉이 가능한 것이 아니라 플라스틱 포장재의 구조에 따라서 많은 차이가 생길 수 있다. 또한 플라스틱 포장재별로 가지고 있는 다른 특징으로 인하여 여러 가지 포장재를 함께 사용하여 각각의 장점을 이용하는 다층(mulitilyaer) 포장재가 최근에는 대세를 이루고 있는 것이다.

플라스틱 포장재 중에서는 폴리에틸렌 구조가 가장 열에 의한 밀봉 능력이 뛰어난 것으로 평가된다. 따라서 다층 포장재 구조의 안쪽에는 기체 차단성이 뛰어나지는 못하지만 밀봉이 가능하도록 주로 폴리에틸렌 재질을 주로 사용하고 있다.

플라스틱 소재와는 달리 병 종류에는 홈을 파서 밀봉이 가능하도록 하고 있으며 금속은 용기 제조과정 및 방법에 따라 two piece나 three piece can으로 나누어지고 매우 높은 열로 용기 접촉 부분을 녹여서 밀봉하는 방식을 채택하고 있어 매우 강도 있는 밀봉이 가능하다. 종이 포장의 경우 자체 밀봉이 거의 불가능하고 이것이 종이 단독으로 식품을 포장하여 장기저장하는데 어려움이라 할 수 있으며 플라스틱 포장재와 함께 사용하거나 외부 포장 전용으로 사용되기도 한다.

3) 외부 환경으로부터 내용물 보호 기능

포장재의 가장 기본적이 기능 중에는 외부 환경 즉 수분이나 산소, 자외선 그리고 기계적 또는 물리적 충격이라 할 수 있는 외부충격으로부터 식품 내용물을 보호하는 것이 있다.

(1) 기계적 또는 물리적 충격에 대한 보호 기능이 있어야 한다 (mechanical barrier)

포장 식품은 수송 또는 저장하는 동안에는 외부에서 물리적인 충격을 받아 내용물이 파손되는 경우가 발생하게 된다. 따라서 포장재는 이러한 외부 충격으로부터 내용물을 보호하는 기능을 가지고 있어야 한다. 과거에는 포장재 자체를 강하게 만들어 외부 충격으로부터 제품을 보호하는 방법을 사용하였으나 최근에는 중량 감소를 통한 수송비

절감 및 포장비 감소를 위해서 충격 흡수가 가능한 적합한 포장재를 선택 사용하거나 포장재 내부에 기체 성분을 투입하여 외부 충격으로부터 제품을 보호하는 다양한 방법을 사용하고 있다.

대표적으로 즉석 유탕면에 사용되는 폴리스타일렌(PS) 수지는 그 자체는 강한 기계적 강도를 가지고 있지는 않지만 외부의 충격 흡수력이 뛰어나서 식품의 충격을 방지하는 목적으로 많이 사용되고 있으며, 과자류의 경우에도 포장재 내부에 식품과의 화학반응을 최소화 할 수 있는 질소 기체를 충전시켜 식품의 산화 방지는 물론이고 외부 충격으로부터 내용물을 보호하고 있다. 그러나 다양한 가공식품의 개발 그리고 시장에서의 요구 저장기간이 늘어나는 현실과 방부제에 대한 엄격한 규제로 인하여 단순한 기계적 차단성뿐만 아니라 식품 저장기간과 안전성을 높일 수 있는 다양한 기능적 차단성을 요구하고 있다.

(2) 포장재는 기능적 차단성을 가지고 있어야 한다 (barrier properties)

식품 포장재의 가장 기본적인 기능 중에 하나는 외부 환경과 내용물 즉 식품과의 경계를 구분하는 것이다. 식품은 저장 및 수송 도중에 기계적 충격뿐만 아니라 수분, 산소 그리고 자외선 등과 같은 저장에 유해한 여러 가지 조건을 접하게 된다. 또한 살균 시간의 단축으로 인한 미생물 오염 가능성 증가와 저장기간 향상을 위한 인공 첨가제 등의 첨가가 어려운 상황에서 이러한 외부조건에 내용물이 그대로 노출된다면 내용물의 저장성은 현저하게 떨어지게 된다. 따라서 다양한 가공식품의 개발과 소비자의 이용 편리성 및 기업의 이익 증대를 위한 저장기간의 증대를 위해서는 식품 포장재는 여러 위해한 환경 요소들을 적절하게 차단해 주는 역할을 필요로 한다.

수분에 식품이 노출될 경우에는 식품의 조직감 손상이나 미생물에 의한 오염 등이 발생할 수 있으므로 수분 차단이 식품 포장재에 있어서 매우 중요하다. 수분 차단이 필요한 경우에는 기본적으로 플라스틱 포장재로는 폴리비닐리덴 다이클로라이드(polyvinyliden dichloride, PVDC)나 가격이 저렴한 폴리에틸렌(polyethylene, PE)이나 폴리프로필렌(polypropylene, PP)을 사용하여 효과적인 수분 차단을 할 수 있다. 다른 재료로는 알루미늄 호일을 사용하면 플라스틱 포장재보다 더욱 효과적인 수분 차단을 기대할 수 있으며 유리 재질도 수분 차단에 매우 효과적인 역할을 할 수 있다.

또한 산소에 식품이 노출될 경우에는 지방식품의 산화현상이나 호기성 미생물의 번식으로 인하여 저장기간을 단축시킬 수 있으므로 산소의 효과적인 차단 역시 매우 중요하다. 차단이 필요한 경우에는 플라스틱 소재로는 에틸렌 비닐알콜(ethylene vinyl alcohol, EVOH)이나 폴리비닐리덴 다이클로라이드(polyvinyliden dichloride, PVDC)와 같은 재료를 사용하여 효과를 볼 수 있다. 금속이나 유리는 부식이나 높은 중량감등의 단점은 있으나 산소에 대한 차단성이 좋아서 내용물을 산소로부터 안전하게 보호할 수 있다.

최근에 불고 있는 웰빙 바람 등으로 건강을 생각한 다양한 기능성 음료 등이 개발되고 있으며 이러한 기능성 음료의 경우 건강에 관여되는 여러 천연물질을 첨가하는 경우가 많은데 이런 물질들은 산소에 의한 산화에 민감할 뿐만 아니라 빛에 노출 시 자외선에 의한 물질의 파괴가 일어날 수 있으므로 이에 대한 주의가 매우 필요하다. 자외선에 대한 차단을 위해서는 알루미늄 호일과 같은 금속 포장 재료를 사용하거나 플라스틱에 착색을 하는 방법으로 소기의 목적을 이룰 수 있으며 실제로 일부 자외선에 민감한 제품들, 즉 참기름 제품의 경우에는 금속 용기를 많이 사용하거나 유리에 착색을 하여 사용하기도 한다. 투명 유리 용기의 경우 자외선 차단성이 매우 부족하여 착색 등의 방법을 사용하고 있으나 이러한 자외선 차단 포장재를 식품에 적용할 때 주의할 점은 차단 효과의 지속성을 반드시 확인해야 한다. 자외선 차단 효과가 포장재 제조 및 사용 초기에는 높을 수 있으나 시간이 지남에 따라 감소하는 경우를 종종 보이기 때문에 식품의 저장기간이 길어짐에 따라 식품 품질 변화, 즉 색이나 향에 변화를 초래하게 된다. 물론 이러한 포장재의 차단성에 대한 내구성은 자외선에만 국한된 것은 아닐 것이다.

화장품의 자외선 차단제의 경우도 일정한 차단시간이 정해진 것처럼 식품 포장재의 외부 충격 및 환경 조건에 대한 차단성의 내구성(durability)이 필요한 것이다

따라서 식품 포장재는 저장기간 동안에 저장 초기와 같은 기능(기계적 강도, 수분 및 기체 차단성, 자외선 차단성)을 계속적으로 유지하여야 하며 그 기간은 최소한 식품의 저장기간을 충족시켜야 한다. 더구나 최근에는 가공식품의 저장기간이 길어지고 저장기간 설정도 자율화되는 추세이므로 이러한 포장재의 기능성에 대한 내구성 확인이 점차 중요해 지고 있다.

4) 소비자가 내용물을 쉽게 접할 수 있어야 한다 (permit access)

식품 포장에 있어서 소비자에게 접근을 허락한다는 면은 크게 두 가지로 나눠 볼 수 있는데 한 가지는 내용물을 포장재에서 쉽게 꺼낼 수 있어야 하고 다른 하나는 소비자에게 시각적으로 제품을 보여줄 수 있어야 한다는 점이다.

(1) 개봉이 용이해야 한다 (removal, reuse)

포장재는 식품을 담는 역할을 하는 기능을 가지고 있지만 소비자가 원할 경우에는 언제든지 포장재를 해체하여 소비자가 내용물을 사용할 수 있도록 하여야 한다. 많은 식품 회사들이 소비자가 내용물을 쉽게 꺼내도록 하기 위하여 절단선을 포장재에 넣어 주거나 플라스틱 캡과 같은 손으로 열 수 있는 부가장치를 포장재에 부착하고 있으나 일부 포장재의 경우 포장재를 해체하는데 도구를 필요로 하거나 노약자나 장애인이 손으로 포장재를 개봉하여 내용물을 사용하기가 어려운 경우가 아직도 일부 발견되고 있다.

국내에서 포장 햄 제품으로 널리 판매되고 있는 제품의 경우에는 캔을 개봉한 후 내용물이 용기에서 나오지 않아서 소비자들이 많은 곤란을 겪는 경우가 있으며 스낵 면에 들어 있는 기름 스프의 경우 절단선이 있음에도 불구하고 손으로 개봉하기가 어려운 경우도 있다. 이런 전통적인 식품에서의 개봉 시 발생하는 문제점뿐만 아니라 최근

에 개발되고 있는 전자레인지 조리용 즉석식품의 경우 무균설비공정이나 레토르트 공정 중에 내용물의 높은 압력에 의한 포장재 용기와 리드 필름 사이 접착 부분의 터짐 현상을 최소화하기 위하여 접착 강도를 너무 높임으로 인하여 소비자가 제품을 개봉하는데 어려움이 있다. 또한 개봉 후에도 리드 필름이 용기 부분에 그대로 남아있어 식품을 섭취하는데 불쾌감을 줄 수 있으므로 세심한 주의가 필요하다.

또한 젊은 층의 경우 음료나 대용량 식품의 경우 개봉 후 여러 차례 나누어 소비하는 경우가 많으므로 개봉 후 재밀봉의 기능도 중요하며, 자원의 효율적 이용과 환경의 관점에서 용기는 재사용(reuse)될 수 있어야 한다.

(2) 소비자가 직접 제품을 느낄 수 있어야 한다 (visible)

아무리 우수한 좋은 품질이라도 소비자에게 알려지지 않은 제품은 소비자의 인기를 얻을 수 없다. 우리가 어떤 물건을 직접 보고 만지면서 제품에 대하여 평가하는 것과 눈을 가리고 제품을 만지면서 평가하는 것은 평가 결과에 큰 차이를 주게 된다. 따라서 제품의 가치를 높이기 위하여 사용된 포장재가 오히려 소비자와 식품 상호간에 communication을 방해한다면 포장재로 인하여 소비자의 제품선택에 오히려 부정적인 줄 수도 있다.

식품의 선택에 있어서 중요한 품질 지표에는 향, 색, 조직감 그리고 영양학적 가치 등이 있다. 그러나 현실적으로 제품이 밀봉된 상황에서 향이나 조직감 등을 직접 체험하고 구입하는 것은 어렵고 실제로는 식품의 색(color 또는 dye)이 식품 선택에 있어서 가장 중요하다고 할 수 있다. 색에 대한 소비자의 충성도는 매우 높아서 우리는 콜라는 검은색, 맥주는 갈색, 비타민 C는 노란색 그리고 바나나 맛 우유는 노란색 등으로 고정되어 있는 경우가 있다. 일부에서 색에 대한 기존 관념을 무시하고 노란색 콜라 그리고 하얀색 맥주 그리고 하얀색 초콜릿 등이 시도되었으나 아직까지는 소비자들로부터 좋은 결과를 얻지는 못하고 있다. 이것은 그만큼 소비자의 제품선택에 있어서 색의 영향력을 보여 주는 실제 사례라고 할 수 있다.

더구나 최근에 개발되고 있는 기능성 음료나 유아용 식품의 경우 소비자에게 매력적으로 보이기 위한 다양한 색상을 보여주고 있다. 따라서 내용물에 대한 소비자의 선택을 위하여 우선 용기는 투명(visibility 또는 clarity)해야 한다. 투명하지 못한 용기는 소비자에게 제품의 색을 비롯한 상태를 보여 줄 수 없는 약점을 가지게 되어 제품의 특성을 소비자에게 알릴 수 없다. 그러나 투명한 포장재는 소비자가 제품의 색이나 상태를 확인할 수 있는 반면에 일반적으로 자외선을 차단하지 못하는 경우가 대부분이어서 색을 강조하는 기능성 음료에 사용시에는 자외선에 의해서 제품의 색이 변색되는 문제를 갖게 된다. 따라서 기존에 개발된 천연 기능성 음료의 경우는 대부분 포장재에 색을 첨가하여 소비자는 내용물의 색을 알 수 없는 상태에서 제품을 구입해야 하는 불편과 재활용에 어려움을 주고 있다. 이런 문제를 해결하기 위해서는 투명함과 동시에 자외선 차단성을 갖는 포장재를 개발 · 이용하는 것이 좋은 해결 방안이 될 것이다. 특히 최근에는 투명하면서 일정한 정도의 자외선 차단 포장재(PEN)가 개발되어 일본을 비롯하여 몇몇 나라에서 비타민 C음료와 같이 자외선에 민감한 기능성 음료에 일부 사용되고 있다. 이런 투명 포장재는 포장재의 분리수거 및 재활용을 용이하게 한다는 환경적인 장점도 가지고 있으므로 추가적인 연구를 통하여 그 활용 범위를 넓힐 필요가 있을 것으로 보인다.

5) 소비자에게 내용물이 매력적으로 보일 수 있게 해야 한다 (have consumer appeal)

앞에서 언급한 대로 포장의 용도가 내용물을 외부 환경으로부터 보호하도록 하는 것이 중요한 기능이라고 하지만 포장재 자체가 내용물을 소비자에게 시각적으로 보여 주지 못한다면 소비자의 제품에 대한 선택권과 제품의 매력을 소비자에게 충분히 보여주지 못하는 단점이 생기게 된다. 이러한 투명성뿐만 아니라 제품에 대한 정보를 명확하게 깨끗하게 전달할 수 있도록 인쇄가 적절해야 하며 내용물의 저장뿐만 아니라 포장재도 저장기간 동안 변색되거나 퇴색되는 일이 없어야 한다.

(1) 인쇄성 (printability)

포장재는 표면에 제품 홍보자료나 제조일자 그리고 제품 성분에 관한 기본 정보를 인쇄(printability)를 통하여 소비자에게 알려 줄 수 있다. 인쇄가 가장 적합한 포장재로는 플라스틱이 대표적이며 그 중에서도 폴리에틸렌(PE) 필름이 인쇄가 쉬운 대표적인 포장재라고 할 수 있다. 초기 인쇄의 선명함과 용이함과 아울러 중요한 것은 이런 인쇄가 제품의 저장기간 동안 변색되거나 퇴색되지 않고 지속될 수 있는 인쇄의 지속 가능성이라고 할 수 있다. 아무리 식품 내용물이 훌륭한 상태라고 하여도 이를 포장하고 있는 재료의 인쇄 상태가 명확하지 않고 퇴색되어 있다면 소비자의 제품에 대한 신뢰도도 함께 떨어질 것이다. 따라서 인쇄과정에서의 이러한 시각적 그리고 디자인적인 측면을 충분히 고려해야 한다. 그러나 최근에는 이런 시각적인 부분 이외에도 인쇄과정에서 사용되는 인쇄 용제가 포장재에 잔존되는 경우가 발생 할 수 있어 세심한 주의가 요구되고 있다. 즉, 이러한 인쇄과정에는 톨루엔, 메틸 에틸 케톤, 에틸 아세테이트 그리고 아이소 프로파놀 등 여러 다양한 인쇄 용제 등이 사용되고 있어 이런 유기용제 등이 포장재에 과량 잔존시에는 저장 중 기화되어 내용물로 전이되어 제품에 이취를 유발하여 품질을 저하시키거나 과량 기화 시에는 제품의 안전성에도 영향을 줄 수 있다. 따라서 포장재의 잔존 용제량은 엄격히 규제되고 있으며 추가적인 연구를 통하여 제품에 전이되는 잔존 인쇄 용제량도 규제가 이루어질 가능성이 매우 높으므로 인쇄 용제의 사용량은 제품 포장에 지장이 없는 범위에서 최소화 하는 것이 매우 중요하다.

(2) 포장재의 시각적 durability (변색이나 탈색 방지)

포장재의 인쇄성에서도 지적한 내용이지만 포장재는 인쇄 부분뿐만 아니라 포장재 자체도 자외선과 같은 외부 환경에 오랜 시간 동안 노출되면 포장재의 결합력 약화로 인한 포장재의 기본적 기능저하뿐만 아니라 포장재의 탈색 및 변색으로 포장의 기본적인 시각적 역할을 못하게 하는 경우가 있다. 일상생활에서도 종이 포장재의 경우 차 안에 오래 보관 되었을 때 색이 변색되는 경우를 종종 경험하게 되며 이런 현상은 플라스틱 포장재에서도 발생할 수 있다. 이런 플라스틱 포장재나 종이 포장재의 탈 · 변색은 소비자의 내용물에 대한 신뢰도를 떨어뜨릴 수 있으므로 식품의 저장조건이나 기간에서 시각적인 변화를 초래하지 않는 포장재의 선택과 사용이 필요하다. 일부 포장재는 자외선 차단 효과를 높이기 위해서 색소 물질로 착색 과정을 거치는데 이러한 과정은 내용물의 색 변화를 자외선으로부터 보호해 주는 역할을 하는데 저장 중에도 이러한 착색이 변색되거나 탈색되는 일이 없어야 한다.

(3) 포장재의 투명성 (clarity)

포장재의 외부 환경에 대한 차단성을 강조하다 보면 특히 자외선에 대한 차단성을 위해서 포장재에 짙은 색을 코팅하는 방법 등으로 포장재의 기능적인 역할을 강조하는 경우가 있다. 그러나 제품에 대한 소비자의 선택을 위해서는 포장재는 투명성(clarity)을 가지고 내용물의 색을 포함한 특징을 소비자에 보여주는 것도 중요한 역할이다. 더구나 앞에서 언급한 것처럼 다양한 기능 식품이 개발되는 상황에서 제품의 자연 색이나 구매욕을 불러일으키는 내용물 식품 색의 시각적 노출은 매우 중요한 과제라고 할 수 있다. 이러한 문제점을 해결하기 위해서 자외선 차단성이 있으면서 투명한 플라스틱 포장재 개발이 활발히 진행되어 일본에서는 일부 업체에서 기능성 음료 등에 PEN (polyethylene naphthlate)과 같은 소재를 사용하여 효과를 보고 있다. 국내에서도 일부 업체에서도 이에 대한 필요성이 높아지면서 일부 PEN 소재의 생산 및 PET 플라스틱 소재와의 혼합 과정을 거쳐 투명하면서도 자외선 차단성이 있는 포장재의 개발이 완료 단계에 있다. 그러나 식품 저장기간 동안 자외선 차단효과를 유지할 수 있는 효과의 지속성 문제와 고가격 문제 등 아직도 내용물에 대한 시각적 효과를 거둘 정도로 투명하면서도 자외선을 식품 저장기간 동안 차단하는 포장재의 개발 및 현장 적용이 충분하지 않은 상황이다.

6) 사용 후 포장재의 폐기 및 재활용이 용이 해야 한다 (permit disposal)

포장재는 사용 후에 환경에 대한 부담을 줄이기 위해서 재활용이나 폐기가 친환경이어야 한다.

(1) 안전성

식품 포장재의 안전성이라는 것은 식품에 사용 단계에서의 안전뿐만 아니라 사용 후에 폐기처리 과정 중에 환경에 대한 안전성이라는 것도 포함하게 된다. 식품 포장재는 사용 후에 환경 부담을 줄이기 위해서는 포장재 부피를 쉽게 줄일 수 있거나, 분해성이 뛰어나거나 소각 시 유독성 물질이 검출되지 않아야 한다. 특히 우리의 경우에는 플라스틱 포장재가 대부분을 차지하고 있으므로 사용 후에는 매립보다는 소각하는 방법을 많이 택하고 있다. 그러나 소각을 위해서는 소각장을 건립하고 또한 소각 시 유해 물질 검출을 줄여야 하는 문제를 가지고 있으므로 궁극적으로 플라스틱 포장재를 안전하게 사용 후 처리를 하기 위하기 위해서는 생분해 능력을 가지고 있는 플라스틱 포장재의 개발 및 적용이 우선되어야 할 것이다.

(2) 재활용성

앞에서 언급한 대로 플라스틱의 경우는 분해가 잘 안 되고 소각 시 유해 물질이 발생할 가능성이 있어 환경에 대한 부담이 높은 것이 단점으로 지적되고 있다. 또한 플라스틱은 그 자체를 세척이나 가열하는 과정을 통하여 다시 사용한다는 것은 불가하지만 유리나 금속 포장재의 경우는 세척하거나 열에 녹여서 재활용이 가능하여 플라스틱에 비하여 상대적으로 재활용이 용이하다.

그러나 최근에는 다양한 즉석조리식품과 기능성 식품이 개발되면서 식품의 저장기간을 높이고자 한 가지 종류의 포장재를 적용하기 보다는 여러 종류의 포장재를 함께 사용하는 복합 포장재의 사용범위가 넓어짐에 따라 용기의 재활용에 많은 어려움을 주고 있어 이를 해결 할 수 있는 방법 개발이 시급하다고 할 수 있다.

7) 포장재는 안전성(be safe)이 있어야 한다

내용물과 함께 용기를 가열하는 다양한 즉석 식품의 개발은 포장재와 내용물을 동시에 가열하는 경우를 만들고 있다. 이러한 경향은 즉석조리용 냉동식품은 물론이고 상온보관용 즉석식품에 광범위하게 나타나고 있으며 최근에 급격히 보급되고 있는 냉장용 생면의 소스 조리에도 포장재와 함께 내용물을 가열하는 경우가 많이 등장하고 있다. 포장재와 내용물의 동시 가열은 가열온도와 시간이 포장재의 내열 온도를 벗어나게 되면 필연적으로 포장재의 열성 변성을 초래하여 여러 비식품 물질들이 내용물로 이동하거나 공기 중에 용출될 수 있다. 이것은 단순히 해당 식품의 품질저하뿐만 아니라 석유화학 물질인 플라스틱 포장재와 포장재 제조 시 첨가된 여러 첨가재료들의 용출과 식품으로의 전이로 인한 식품의 안전성에 부정적인 영향을 줄 수 도 있으며 실제로 즉석 유탕면의 환경호르몬 의심 물질 검출 사건, 포장재 인쇄 용제의 잔존 문제 그리고 젖병에서의 환경호르몬 검출 등 식품 포장재로 인하여 식품의 안전성을 위협하는 문제들이 계속 발생하고 있어 이에 대한 충분한 연구가 반드시 필요하며 이를 고려한 포장재의 선택이 매우 중요하다. 다행히 최근에는 이에 대한 소비자, 업계 그리고 해당 기관의 관심이 높아져서 포장재의 안전성을 높이기 위한 다양한 연구가 진행 중이며 최근에는 포장재의 성형성과 유연성을 높이기 위하여 장난감이나 일회용 랩에 사용되었던 가소제의 일종인 프탈레이트 계열의 화학물질 사용을 전면적으로 금지하기도 하였다.

(1) 내용물의 포장재로의 전이

식품 성분이 가공이나 저장 중 포장재로 전이되는 경우가 발생할 수 있다. 이런 경우에는 식품의 품질저하가 발생하여 제품에 대한 소비자의 만족도를 떨어뜨릴 수 있다. 예를 들면 오렌지 주스의 경우는 향 성분의 농도가 품질 수준에 중요한 영향을 미치는데 플라스틱 포장재의 경우는 향 성분을 흡수하여서 주스의 품질을 저하시킬 수 있다. 실제로 주스를 다 섭취한 후에 플라스틱 용기에 오랫동안 주스 향 성분이 남아 있는 경우를 경험할 수 있다.

또 다른 경우는 즉석 유탕면의 경우인데 국물이 용기에 흡수되어서 용기 색이 진한 주홍색으로 변하는 경우를 볼 수 있는데 이 경우도 식품 성분이 포장재로 이동한 사례로서 품질저하를 유발할 수 있다.

그러나 더욱 중요한 것은 이러한 식품 성분의 포장재로의 이동에 의한 품질저하는 포장재 성분의 식품으로의 이동을 촉진시켜서 식품의 안전성에 큰 영향을 주는 전(前) 단계로 이해할 수 있다.

(2) 포장재 성분의 내용물로의 이동

앞에서 언급한 대로 식품 성분의 포장재로의 이동은 포장재 성분의 식품으로의 이동을 동반하게 된다. 포장재는 특히 석유화학 원료로부터 만들어지는 플라스틱 포장재 성분의 식품으로의 이동은 맛과 향의 변화와 같은 단순한 품질저하는 물론이고 식품의 안전성에 중요한 영향을 미치게 된다. 따라서 이를 최소화하는 것은 식품 포장의 매우 중요한 부분이라고 할 수 있으며 용기 소재 및 제조방법 개선 그리고 내용물의 특성에 적합한 포장재의 선택이 포장재의 안전성을 높이는데 중요하다.

8) 포장재는 가격 경쟁력(be economical)이 있어야 한다

식품 포장재는 식품을 위해서 존재한다. 따라서 아무리 기능이 우수하여도 포장재의 가격 자체가 너무 고가이면 오히려 실제 제품의 개발 및 성공에 부정적인 요인이 되므로 포장재 자체의 가격이나 과(過)포장 문제를 충분하게 고려해야 한다.

(1) 과(過)포장의 문제점

포장재에 사용되는 재료 및 용기 제조비용, 저장의 용이함, 수송의 편리성, 그리고 폐기물 처리 비용 등이 제품 원가에 부담을 많이 주어서는 곤란하다. 실제로 식품회사는 물론이고 많은 회사에서 제품을 포장할 때 필요 이상의 과포장을 하는 경우를 많이 볼 수 있다. 이는 소비자의 제품에 대한 만족도를 높이기 위함도 있지만 업체에서 제품의 유통 및 저장조건에 대한 확신 및 조건 설정에 대한 연구가 충분하지 못하여 필요 이상의 과도한 포장재를 사용하는 경우이다. 이러한 과포장은 완제품의 가격 상승 및 환경오염으로 이어지게 된다. 따라서 식품 내용물의 저장기간에 적합한 포장재를 선택하기 위한 저장성에 관한 연구가 충분하게 진행되어야 한다.

(2) 기능성 포장재 장단점

최근에 고부가가치 식품의 개발은 사용할 수 있는 포장재의 종류 및 품질을 과거에 비하여는 다양하게 만들고 있다. 그러나 일부 포장재의 경우 그 기능성 및 효과에 비하여 지나치게 고가이다 보니 사용에 많은 제약을 주고 있다. 실제로 기능성 천연 성분 함유 음료에 자외선 차단 효과를 주거나 고부가가치 냉장 육가공 제품의 저장기간을 증가시킬 수 있는 기능성 포장재가 많이 등장하고 있으나 높은 가격으로 적용에는 많은 어려움을 주고 있다.

3. 식품 포장재의 종류 및 특징

포장의 재료로는 금속(steel, aluminum), 유리(standard glass, toughened

glass, high temperature glass), 종이(kraft paper, sulfite paper, glassin paper, clay coated paper, lacquered paper), 플라스틱(thermoplastics, thermoset), 그리고 두 가지 이상의 재료를 사용하여 제조한 혼합 포장재(composite) 등이 있다. 미국에서는 금속 재료의 사용 비중이 42%로 가장 높고 다음은 플라스틱(23%)이며 다음으로는 종이(20%) 그리고 유리(15%)가 차지하고 있다. 미국에서 플라스틱의 비중이 금속보다 적은 이유는 재활용 문제로 플라스틱 가격이 상대적으로 높은 것이 큰 이유라고 할 수 있다. 이와는 달리 국내에서는 편리성 및 다양한 적용 가능성으로 플라스틱의 사용 비중이 계속 높아지고 있으며, 단일 재료보다는 혼합 포장재의 사용이 증가되고 있는 추세이다. 그러나 이러한 플라스틱 포장재와 다층 포장재의 사용 증가는 차단성과 이용 편리성이라는 장점과 분리수거 및 재활용의 어려움이라는 환경적인 부담을 주고 있는데 국토가 좁고 님비 현상이 강한 국내의 현실에서는 단점이 더욱 클 수 있으므로 궁극적으로는 플라스틱 포장재의 선택과 이용에 제한을 줄 수 있다.

혼합 포장재는 포장재가 각각 가지고 있는 장점들을 모아서 만든 포장재로서 단층 플라스틱 여러 종류를 다층으로 만들어 사용하는 경우도 있고 플라스틱과 금속 또는 플라스틱과 종이류 등으로 각 층을 이루는 다층 구조를 만들어 사용하고 있다. 이러한 다층 포장재는 단층에 비하여 차단성 및 기능성이 뛰어난 장점이 있어 고부가가치 기능성 식품 등에 광범위하게 사용되고 있으나 재활용이 어렵고 포장재 단층과 단층 사이의 접촉 부분에서 이물질이 용출될 수 있는 단점이 지적될 수 있다.

1) 금속 (steel / aluminum)

포장 재료로서 금속은 일반적으로 기계적 강도가 매우 높아 외부의 물리적 충격에도 내용물을 잘 보호할 수 있으며, 산소 및 수분 그리고 광선의 침투를 완벽하게 차단할 수 있는 장점을 가지고 있다. 그러나 산도가 높은 식품의 경우는 금속 표면을 녹슬게 하여 내용물의 안전성까지 영향을 미치는 경우가 발생할 수도 있다. 대부분의 식품이 산성과 강산성인 pH4.5 이하인 경우가 많은 상황에서 식품과 금속 표면과의 반응으로 인한 녹을 방지하기 위하여 여러 코팅 물질들이 사용되거나 내용물과 접촉하는 부분에 플라스틱을 사용하는 방법 등이 이용되고 있다. 식품 포장용기로서 금속재료의 종류에는 철과 주석을 이용한 주석판(tinplate)과 철과 크롬을 이용한 TFS(tin free steel) 그리고 알루미늄(aluminum) 등이 있다.

금속재료를 사용한 포장용기의 대표적인 형태는 캔(can)인데 캔은 산소 등의 기체, 수분 및 광선을 완벽하게 차단할 수 있어 내용물의 산화 그리고 수분 재흡수를 최소화할 수 있으며 기계적 강도도 우수하여 내용물을 장기간 품질 손상 없이 저장하는데 매우 우수한 용기로 광범위하게 특히 서구 유럽에서 사용되고 있다. 또한 캔은 다른 재료 특히 종이나 플라스틱과의 복합화가 가능하여 다양한 식품에 적합하도록 활용성을 높일 수 있고 금속의 단점이라고 할 수 있는 금속 냄새나 녹스는 문제를 보완 할 수 있는 장점을 가지고 있다.

이러한 기능상의 장점 이외에도 경제적으로도 치수의 정확성으로 금속은 대량생산 설비에 적합한 점을 추가로 가지고 있어 저렴하게 대량생산할 수 있으며 또한 일반적으로 내열성이 우수하여 열 및 전기 전도성이 높다. 이러한 점은 식품의 충진 후 가열 시간을 단축시켜 가열에 의한 내용물의 품질 파괴를 최소화할 수 있으며 기업의 입장에서는 비용 절감이 가능하여 원가 절감에 기여 할 수 있다. 또한 기계적 강도가 우수하고 대량생산과 규격화가 가능하여 금속을 이용한 포장용기 대량생산을 보다 용이하고 경제성이 높일 수 있도록 도와주고 있다. 환경적으로도 금속재료는 재활용도가 높아 환경오염의 부담을 줄여 줄 수 있어 친환경인 소재로 인식되고 있다.

그러나 이러한 장점에도 불구하고 캔은 소재 자체가 불투명이어서 제품 내용물을 보여 줄 수 없어 시각적인 효과를 기대할 수 없으며 금속 캔의 경우는 플라스틱에 비해 중량이 무거워 제품 수송비가 많이 드는 단점이 있다. 용기 모양의 종류도 성형상의 문제로 플라스틱에 비하여 매우 단조롭기 때문에 제품의 단량을 다양화하기 어려운 약점을 가지고 있다. 또한 전자레인지 사용이 가정에서 일반화되고 있는 상황에서 전자레인지를 이용하여 용기와 함께 내용물을 가열할 수 없다는 단점도 가지고 있어 고부가가치 즉석식품개발에 적용하기는 한계를 가지고 있다. 이외에도 향에 민감한 제품의 경우는 금속 향을 민감한 소비자가 느낄 수 있어 기호성 식품 등 다양한 제품 적용에는 제한을 받고 있는 것도 현실이다.

2) 유리 (Glass)

유리는 모래를 주성분으로 하는 거대 분자로서, 포장 재료로서 오래 전부터 사용되어 왔다. 주성분은 모래이며 여기에 유동성과 충격 내성을 주기 위하여 limestone($CaCO_3$)과 sand ash(Na_2CO_3)를 적은 양 첨가하여 매우 높은 열(500도 이상)을 가하여 용기로서 제조하고 있다. 유리의 정확한 화학 구조는 $Na_2O \cdot CaO \cdot 8SiO_2$이며 각 성분의 대표적인 구성 무게 비율은 아래와 같으며, 용도에 따라 구성 비율이 달라질 수 있다.

표 12.1 유리의 구성 성분 및 구성 비율

유리 구성 성분	구성 무게 비율 (%)
SiO_2	68 – 73
Na_2O	12 – 15
CaO	10 – 13

고급식품 포장재료로서 간주되는 유리의 장단점은 다음과 같다. 우선 유리는 투명하기 때문에 소비자에게 고급스럽게 보이며 내용물의 색을 비롯한 관능적인 상태를 소비자에게 쉽게 알릴 수 있으며, 제품을 매력적으로 보이게 할 수 있다. 또한 외부의 수분이나 산소에 대한 차단성이 매우 좋아 저장기간 동안에 안정적으로 식품을 저장할 수 있

다. 이와 아울러 유리는 그 자체가 반응성이 없어 수분이나 지방이 많은 식품 그리고 강산성 식품(식초 등)까지도 원하는 품질수준을 안전하게 저장기간까지 보관할 수 있다. 이런 inert한 성질(화학적 내구성)은 최근에 관심이 높아지고 있는 포장재의 안전성이라는 관점에서 내용물을 조리나 가열조건에 관계없이 저장기간 동안 포장재와 내용물의 반응없이 안전하게 저장할 수 있다는 점에서 매우 중요한 장점으로 부각되고 있다.

그러나 이러한 장점을 가진 유리도 투명한 특성 때문에 자외선 차단능력이 없다는 점과 중량감 그리고 운반 중 파손 가능성 때문에 사용에 많은 제약을 받고 있으나, 최근에는 이러한 단점을 극복할 수 있는 방법이 연구되고 있다.

3) 종이 (paper)

종이는 나무의 식물 섬유를 추출하여 이를 물에 분산시켜 물을 매개로 얇고 편편한 원하는 형태로 만든다. 리그닌으로 결합된 셀룰로즈(cellulose)로 구성되어 있는 종이의 분자량은 200,000에서 500,000정도로서 길고 강한 고분자 구조를 취하고 있다.

종이는 중량에 비하여 강도가 우수하며 가공이 용이한 장점을 가지고 있어 포장 재료로서 일정한 영역을 구축하고 있다. 북미 지역에서는 원료 확보가 용이하고 가격이 저렴하고 재활용성이 우수한 친환경적인 특징 때문에 매우 폭넓게 사용되고 있으나, 우리나라에서는 원료 거의 대부분을 수입에 의존하고 있기 때문에 포장재로서의 사용은 폭넓게 이루어지지 못하고 있으며 bag이나 box 형태로 물건을 수송하는데 이용되고 있다. 그러나 최근에는 뛰어난 수분흡수와 조절 능력 그리고 충격흡수 능력을 이용하여 플라스틱과 함께 사용하면서 내용물의 저장성을 높이는데 많은 기여를 하고 있다.

4) 플라스틱 (polymer or plastic)

플라스틱은 모노머로 구성되어 있는 거대 분자라고 간단히 정의할 수 있다. 보다 정확하게 표현하면 일정한 분자량을 갖는 저분자 단위 구조 즉, 단량체인 모노머가 여러 번 반복되어 있는 물질로 단일 분자량을 갖지 않고 여러 분자량을 가지고 있으며, 높은 기계적 강도, 높은 점도 성형성 그리고 고무적 탄성을 지니고 있다. 플라스틱 포장재는 모노머의 결합방식에 따라 첨가 중합 폴리머(additional polymer)나 축합 중합 폴리머(condensational copolymer)로 나누어진다. 첨가 중합 폴리머는 모노머 사이의 결합이 부가적인 생성물 없이, 이중결합을 가지고 있는 모노머들이나 두 가지 종류의 관능그룹을 가지고 있는 모노머들이 서로 연결되어 폴리머를 형성하는 것을 말하며, 폴리에틸렌이나 폴리프로필렌이 대표적인 첨가 중합형 폴리머에 해당된다. 축합 중합 폴리머는 두 개 이상의 기능그룹을 가지고 있는 모노머들이 결합과정에서 작은 생성물을 만들어 내며 결합을 한다. 대표적인 필름으로는 PET(polyethylene terephthalate)와 nylon 등이 있다.

(1) 폴리에틸렌 (polyethylene, PE)

폴리에틸렌 필름은 구조가 간단하고 저렴하여 식품 포장재로 광범위하게 사용되고 있다. 폴리머 구조는 $(-CH_2-CH_2-)_n$이고 필름 자체는 투명하며 유연하다. 식품포장에 일반적으로 무난하게 사용될 수 있는 이유는 저렴한 가격 이외에도 필름 자체가 무취, 무향이라서 무난하게 사용할 수 있다는 점도 있다. 기능상으로 폴리에틸렌 필름은 일반적으로 수분 투과도는 낮지만 기체 투과도는 높아서 제품의 향 손실 가능성이 높음으로 향에 민감함 제품이나 향 손실이 제품 품질에 중요한 영향을 미치는 커피와 같은 기호 식품에 폴리에틸렌 필름 단독으로 사용하는 것은 피하는 것이 일반적이다. 그럼에도 불구하고 폴리에틸렌 필름이 폭넓게 사용되는 이유는 저렴한 가격 이외에도 인쇄능력이 우수하여 소비자에게 외관이 매력적으로 보이게 할 수 있을 뿐만 아니라 접착력이 우수하여 제품의 밀봉이 유리한 면이 있기 때문이다. 또한 최근에 많이 적용되고 있는 다층 필름에도 우수한 접착력을 이용하여 다른 재질의 포장재와의 접착하여 사용하는 경우가 많이 증가하고 있다.

제조 방법에 따라 폴리에틸렌 필름은 밀도가 달라지는데 밀도에 따라 저밀도(low density polyethylene: LDPE 0.915~0.925 gram/cm^3), 중밀도(medium density polyethylene: MDPE 0.935gram/cm^3) 그리고 고밀도(high density polyethylene: HDPE 0.945gram/cm^3)로 나누어지며, 밀도가 증가함에 따라 기계적 강도 및 차단성이 증가하지만, 접착력은 떨어지므로 사용하는 제품의 특성에 맞는 밀도의 선택이 중요하다.

(2) 폴리 프로필렌 (polypropylene, PP)

폴리프로필렌은 폴리에틸렌처럼 폭넓게 사용되는 재질로 구조는 $(-CH_2-CHCH_3-)_n$이며 기본적으로 투명하며 유연성이 있다. 식품 포장재로서 PP는 충격 강도가 PET보다 높은 편은 아니지만 PE보다는 우수한 편이다. 또한 수분 및 기체 차단성도 일반적으로 PE보다는 우수한 편으로 다양한 제품에 무난하게 사용되어 왔다. 또한 공정 개선을 통한 내열성 PP의 제조를 통하여 최근에 유행하고 있는 레토르트나 전자레인지 조리 식품에 많이 사용되고 있어 앞으로 사용범위가 확대될 것으로 보인다. 그러나 이러한 장점에도 불구하고 폴리프로필렌은 이취(off-flavor) 발생 및 제품 향의 포장재로의 흡착 가능성이 높은 것이 단점으로 지적되고 있다. 실제로 주스 포장재의 내면에 폴리프로필렌을 사용한 경우에 포장재의 특유의 성분이 주스 내용물에 전이 되거나 또는 주스의 향 성분인 리모넨 성분이 포장재로 흡착되어 품질저하로 연결될 수 있으므로 이점에 대한 세심한 주의가 요구된다.

(3) 폴리비닐 클로라이드 (polyvinylchloride, PVC)

폴리비닐 클로라이드는 일반 가정에서 PVC wrap으로 많이 사용되고 있는 포장재로 구조는 $(-CH_2-CHCl-)_n$이다. 일반적으로 투명하며, 햇빛에 민감하여 실내에서 사용하는 것이 바람직한 특징을 가지고 있다. 식품 포장재로서 PVC wrap은 유연성이 우수하여 가정에서 야채를 비롯한 식품 포장용 랩 필름으로 많이 사용되고 있으며 지방 성분에 대한 차단능력이 우수하고 자체 접착능력이 뛰어나서 음식 배달점에서 음식 일회용 포장 등으로 많이 사용되고 있다. 그러나 이러한 장점에도 불구하고 수분이나 기체 차단성이 좋지 못하고 지나친 열을 가하면 클로라이드 성분이 유출되어 유해성 발암 물질이 생성될 수 있으므로 전자레인지나 고온에 사용 시에는 주의해야 한다.

(4) 폴리에틸렌 테레프탈레이트 (polyethylene terephthalate, PET)

폴리 에틸렌 테레프탈레이트는 에틸렌과 terephthalic acid가 축합중합반응으로 생성된 포장재로 구조는 HO-CH_2-CH_2-OH(ethylene glycol)과 HOOH-C_6H_4-COOH(terephthalic acid)가 일대일 반응으로 H(-O-CH_2-CH_2-O-CO-C_6H_4-CO-$)_n$OH 구조를 만들고 반응과정에서 H_2O를 만들게 된다. 음료수 포장재로 PET라는 이름으로 널리 알려져 있고 일반적으로 기계적 강도가 높은 특징을 가지고 있으며 화학 물질에도 안정하다. 식품 포장재로서는 전반적으로 기체 차단성이 양호하며 외부 충격에도 강하여 음료수 포장에 많이 사용되고 있다. 고온에서도 이취 발생 가능성이 그다지 높지 않아서 다양한 제품에 광범위하게 사용될 수 있으며 특히 새로 개발 중인 여러 기능성 포장재(SiOx, 자외선 차단 필름 등)들이 PET를 기초 필름으로 선택하고 있을 정도로 그 응용 가능성이 매우 높은 포장재이다.

(5) 나일론 6, 6 (nylon 6, 6)

의류 소재로도 우리에게 널리 알려진 나일론 필름은 six carbon인 hexamethyl diamine(H_2N-$(CH_2)_6$-NH_2)과 역시 six carbon인 adipic acid(HOOC-$(CH_2)_4$-COOH)가 1:1로 반응하여 H(-HN-$(CH_2)_6$-NH-CO-$(CH_2)_4$-CO-$)_n$OH 구조를 만들고 그 과정에서 H_2O를 만든다. 일반적으로 필름 자체는 무취, 무향이며 매우 투명하다. 식품 포장재로는 기계적 강도가 폴리에틸렌보다 우수하여 제품을 외부 충격으로

부터 보호할 수 있고 열에 대한 안정성이 뛰어나고 저온에서도 부러지거나 하는 물리적 변화가 적어서 즉석조리식품이나 냉장식품에 효과적으로 사용할 수 있다. 또한 기체 차단성이 우수하여 육가공 제품 포장재로도 많이 사용되고 있다

(6) 폴리카보네이트 (PC)

폴리카보네이트는 식품 포장재로는 광범위하게 사용되지는 않고 있지만 특유의 높은 기계적 강도로 인하여 생수 대용량 제품과 일부 대포장 음료 제품에 폭넓게 사용되고 있다. 구조는 (-O-C_6H_{10}-C-C_6H_{10}-O-CO-)이고 일반적인 특징은 투명하며 무취, 무향이다.

(7) 폴리염화비닐리덴 (PVDC)

육가공 제품에 폭넓게 사용되고 있는 나일론은 대체하기 위하여 기능성 소재로 개발된 PVDC는 saran으로 이름으로 불리며 대중적으로 판매되고 있으며 일부 선진국에서는 고온에서의 높은 안전도 때문에 가정에서 빠른 속도로 PVC를 대체하고 있다. 구조는 (-CH_3-CClCl-)이며 일반적인 특징은 부드러운 성질을 가지고 있으면서도 충격저항성이 우수하고 자체 접착력도 좋은 면이 있다. 식품 포장재로서는 수분 및 기체 차단성이 우수하여, 나일론을 대체하여 육가공 제품 포장재로의 일부 사용되고 있으며 앞으로도 사용범위가 폭넓게 늘어날 가능성이 있다. 또한 향 보존성도 매우 우수하여 기능성 제품에 폭넓게 사용될 수 있을 것으로 기대되며, 미국에서는 saran이라는 제품명으로 시판되고 있으며 높은 가격에도 불구하고 일부 가정에서는 PVC를 대체하고 있다.

(8) 에틸렌 비닐알콜 축합폴리머 (ethylene vinyl alcohol coploymer)

일반적으로 EVOH 또는 EVAL로 불리며 기능성 포장재로 매우 광범위하게 사용되

고 있다. 필름 자체적인 특징은 무색 무취하고 $CH_2 = CH_2$(에틸렌)과 $CH_2=CH-O-CO-CH_3$(vinyl acetate)가 다양한 비율로 혼합되어 $-(CH_2-CH_2)_x-(CH_2-CH-OH)_y-$ 구조를 만든다. 이러한 다양한 비율의 조합으로 제품에 맞는 포장재를 선택 제조할 수 있다. 즉 비닐 아세테이트 함량이 증가하면 할수록 기체 차단성은 높아지지만 수분 차단성은 저하된다. 반대로 에틸렌 함량이 증가하면 할수록 수분 차단성은 높아지지만 기체 차단성은 저하된다. 이것은 수분의 극성과 필름 구성 성분 사이의 극성 정도의 차이에 기인한다. 따라서 EVOH 필름은 일반적으로 기체 차단성 및 수분 차단성이 우수한 편으로 간주되지만 그 정도는 구성 성분의 함량에 따라 크게 좌우되므로 내용물에 맞는 포장재의 제조 및 선택이 가능해지는 장점을 가지고 있다.

표 12.2 다양한 식품 포장재의 물리적 특징과 적용 사례

폴리머 종류	비중	Water vapor barrier	Gas Barrier	Resisitance to grease and oils	Use temperature range(°F)	Applications
Acetal–homopolymer and copolymer	1.41	Fair	Good	Good	–40 to 250	Closure, fitments
Acrylic and modified Acrylic	1.1–1.2	Fair	–	Good	0 to 230	Bottles, closure, thermoforms
EVOH	1.14–1.21	Fair	Very Good	Very Good	Up to 300	sheet(cups and trays), tubes
Ionomer	0.93 – 0.96	Good	Fair	Good	–40 to 150	Laminates, films
Nylon 6, 6	1.13–1.16	Fair	Good	Good	Subzero to 250	film, closure, fitments, tube
Polybutylene	0.91–0.93	Good	Fair	Good	Up to 220	tubing, closure
Polycarbonate	1.2	Fair	Fair	Good	–100 to 250	Bottles, closures, film
Polyester(PET)	1.38–1.41	Good	Good	Good	–80 to 400	Bottles, film, thermoforms

폴리머 종류	비중	Water vapor barrier	Gas Barrier	Resisitance to grease and oils	Use temperature range(。F)	Applications
Polyethylene Low density	0.910–0.925	Good	Fair	Good	–60 to 180	Bottles, tubes
Linear low density	0.900–0.940	Good	Fair	Good	–60 to 212	thermoforms, coating
Medium density	0.926–0.940	Good	Fair	Good	–50 to 200	
High density	0.941–0.965	Good	Fair	Good	–40 to 212	
Polypropylene	0.900–0.915	Very good	Fair	Good	0 to 212	Bottles, boxes, cups, tray
Polystyrene General Impact	1.04–1.08 1.03–1.10	Fair Fair	Fair Fair	Fair to Good Fair to Good	up to 195 0 to 190	Closures, cups Bottles
Polyvinyl chloride Plasticized Unplasticized	1.16–1.35 1.35–1.45	Fair Fair	Poor Good	Good Good	subzero to 180 subzero to 180	Closure Bottles
Polyvinylidene chloride	1.60–1.70	very good	very good	good	subzero to 120	films, coatings
SAN (styrene acrylonitrile)	1.07–1.08	Fair	Good	Fair to good	to 205	Bottles, jars, tube, trays

참고 문헌

1. 김정숙 외 공저, New 식품학, 지구문화사, 2010.
2. 장현기 외 공저, 식품학개론, 유림문화사, 1997.
3. 김공환 저, 식품공학, 라이프사이언스, 2007.
4. 강우원 외 공저, 식품화학, 보문각, 2008.
5. 채수규 저, 기본식품화학, 도서출판 석학당, 2011.
6. 권영주 외 공저, 식품화학, 영지문화사, 2002.
7. 강인수 외 공저, 식품화학, 지구문화사, 2009.
8. Owen R. Fennema, Food chemistry, Marcel Dekker Inc, 1985.
9. 김동훈 저, 식품화학, 탐구당, 1997
10. 안덕준 저, 최신 식품학, 보문각, 2009.
11. 안덕준 저, 식품저장학, 보문각, 2004.
12. 김주현 외 공저, 식품학, 양서원, 2012
13. Shallenberger, R.S. and Birch, G.G. Sugar Chemistry. The Avi Pub. Co.,Inc, 1975.

찾아보기

ㅊ

ㅋ

ㅌ

ㅍ